热带水果活性成分提取、纯化与分析

——核果篇

主编◎吴晓鹏　吕岱竹　徐　志

天津大学出版社
TIANJIN UNIVERSITY PRESS

图书在版编目（CIP）数据

热带水果活性成分提取、纯化与分析. 核果篇 / 吴晓鹏，吕岱竹，徐志主编. — 天津：天津大学出版社，2022.8

ISBN 978-7-5618-7275-8

Ⅰ. ①热… Ⅱ. ①吴… ②吕… ③徐… Ⅲ. ①热带及亚热带果－生物活性－化学成分－研究 ②核果－生物活性－化学成分－研究 Ⅳ. ①S667 ②S662

中国版本图书馆CIP数据核字（2022）第147678号

REDAI SHUIGUO HUOXING CHENGFEN TIQU，CHUNHUA YU FENXI — HEGUO PIAN

出版发行	天津大学出版社
地　　址	天津市卫津路92号天津大学内（邮编：300072）
电　　话	发行部：022-27403647
网　　址	www.tjupress.com.cn
印　　刷	北京盛通商印快线网络科技有限公司
经　　销	全国各地新华书店
开　　本	787 mm×1092 mm　1/16
印　　张	15.25
字　　数	353千
版　　次	2022年8月第1版
印　　次	2022年8月第1次
定　　价	78.00元

热带水果活性成分提取、纯化与分析

EDITORIAL BOARD

核果篇

编委会

水果中的营养素对维持人体的正常生命活动有着无可替代的作用，而热带水果由于风味独特，深受消费者喜爱。热带水果种类繁多，仅在海南岛栽培和野生的果树就有 29 个科 53 个属 400 余个品种，主要品种有龙眼、荔枝、香蕉、桃金娘、锥栗、橄榄、杨梅、酸豆、杨桃等，从南洋群岛等地引进的品种有榴梿、人心果、腰果、牛油果（鳄梨）、番石榴、甜蒲桃、波罗蜜、杜果、山竹、柑橘、红毛丹等。香蕉、荔枝、龙眼、杜果、菠萝等热带水果在市场上较常见，这些品种的种植面积达到热带水果总种植面积的60% 以上。还有一些品种的种植面积和产量较小，如莲雾、火龙果、波罗蜜、番木瓜、番石榴、黄皮等。我国作为热带水果生产大国，种植面积和产量都超过世界总量的四分之一，荔枝、龙眼等热带水果的种植面积和产量都位居世界前列。同时，我国也是热带水果进口大国，香蕉多年来占我国进口水果的第一位。

为了维持健康，人们需要从膳食中摄入碳水化合物、蛋白质、脂肪酸等主要营养成分，以及微量的特殊营养成分，如维生素 C、多酚、黄酮、矿物质元素、活性多糖和不饱和脂肪酸等活性成分。随着生活水平的不断提高，人们对食物的要求不仅包括色、香、味等，还包括保健功能，而食物的保健功能大多与植物中的活性成分有着密切的关系。因此，植物中的活性成分已成为营养学和作物育种领域的研究热点。热带水果生长于高温多雨、全年长夏无冬、水热资源丰富、植物生长繁茂的热带地区，特殊的气候与地理环境造就了一些特别的植物代谢产物，因此热带水果普遍具有生长周期短、活性成分种类繁多、营养价值高等特点。如香蕉除了富含碳水化合物、蛋白质、脂肪等营养物质外，还含有多种矿物质元素（如钾、磷、钙等），以及维生素 A、维生素 C，具有较高的营养价值和较好的保健作用。欧洲人认为它能缓解忧郁而称它为"快乐水果"，香蕉还是女性钟爱的减肥佳果。据中医典籍记载，杜果果实、叶、核等均可入药。例如：《本草纲目拾遗》记载杜果有止呕、治晕船等功效；《岭南采药录》记载食用杜果可益胃生津，止渴降逆；《食性本草》记载杜果具有主妇人经脉不通、丈夫营卫中血脉不行之功效；杜果叶作为中药记载于《中药大辞典》中。此外，《中国药植图鉴》《南宁市药物志》等药典记载杜果核具有消食滞、治疝痛、驱虫的作用，杜果皮可入药制成利尿峻下剂。现代医学也开始关注杜果中具有抗氧化、抗肿瘤、降血糖等作用的药学活性成分。

世界热带水果主要集中分布于东南亚、南美洲的亚马孙河流域、非洲的刚果河流域和几内亚湾沿岸等地。因受社会经济、历史条件影响，上述区域除少数地区发展商品性热带种植园经济外，绝大部分地区仍以传统农业为主,部分地区尚处于原始农业形态,因此对热带水果中活性成分的研究起步较晚,未成系统。我国热带水果资源十分丰富,有效、合理地利用天然资源,对其进行快速、有效的提取、纯化、检测和评价,是热带水果营养物质利用和改良的关键步骤之一。热带水果中功能性营养物质的改良对人体健康意义重大,热带水果活性成分研究对热带水果中功能性营养物质的改良具有重要的指导意义,研究热带水果中的活性成分并进行提纯、利用可以进一步发展热带水果传统加工技术,促进热带水果产业升级,有利于公众身体健康,还可以带动农业和农村经济发展。

本丛书的编写旨在为热带水果研究相关专业的本科生、研究生和相关的科技工作者提供有关热带水果活性成分的基本信息,帮助其了解热带水果活性成分提取、纯化、分析的基本途径、方法、步骤。本丛书共分为三册,分别介绍了热带浆果、热带核果、热带复果及其他类型的热带水果中活性成分的种类、提取方法、纯化方法、分析手段和步骤等。

本丛书在编写过程中参考并引用了一些专著中的相关内容,在此向这些专著的作者致以诚挚的谢意。本丛书的编写工作还获得了财政部和农业农村部国家现代农业产业技术体系(CARS-31)、中国热带农业科学院基本科研业务费(GJFP201701503)的资助和中国热带农业科学院大型仪器设备共享中心的支持,在此一并表示感谢。热带水果活性成分研究涉及众多学科的交叉领域,诸多的理论和观点尚在探讨之中,而本丛书的篇幅有限,可参考的文献资料较少,虽然本丛书力求反映本领域的研究进展,但限于编者的能力和水平,书中难免存在错漏之处,恳请各方专家不吝指正。

编者

2022 年 1 月

目　录
CONTENTS

绪　论

核果（drupe）是果实的一种类型，属于单果，是由一个心皮发育而成的肉质果。一般情况下，核果的内果皮木质化形成核，常见于蔷薇科、鼠李科等类群植物中。核果既可以由单心皮雌蕊、上位子房形成，亦可由合生心皮雌蕊、下位子房形成。核果的外果皮薄，中果皮肉质，内果皮木质化，形成坚硬的果核，每核内含1粒种子，如桃、杏、胡桃等。

根据果实的特征，可将核果分为三类：①硬度大的核果，其特征是果肉细胞小、细胞数量多、连接紧密、细胞壁厚度大；②果肉质地比较脆的核果，其特征是果肉细胞大、细胞壁厚度小、细胞之间空隙小；③有韧性的核果，其特征是果肉细胞小、细胞数量多、连接紧密、细胞壁厚度小。常见的热带核果有荔枝、龙眼、芒果、牛油果、椰子等，这些核果不仅含有丰富的糖类和碳水化合物，还含有蛋白质、脂肪、纤维素等对人体有益的物质。多数核果富含维生素C，同时含有丰富的氮、磷、钾、钙、铁、钾、锌等人体必需元素。

本册书将从植物性状、产地与品种、营养和活性成分以及活性成分的提取、纯化与分析等方面，对热带核果，如芒果、牛油果、椰子、毛叶枣、荔枝、蛋黄果、山竹、龙眼、橄榄、杨梅、红毛丹、石榴、羊奶果、人心果等14种水果进行介绍，旨在为热带核果的进一步开发利用提供参考。

第一章　芒果

一、芒果的概述

芒果(拉丁学名: *Mangifera indica* L.)是无患子目漆树科杧果属植物的俗称。人们常说的芒果通常指其果实。芒果又称杧果、马蒙、抹猛果、莽果、望果、蜜望、蜜望子。芒果是著名热带水果,被誉为"热带果王",是最具经济价值的热带植物之一。

芒果树是常绿大乔木,高 10~20 m。树皮灰褐色,小枝褐色,无毛。叶互生,常聚生于枝顶,叶薄且具革质。叶形和大小变化较大,通常为长圆形或长圆状披针形,长 12~30 cm,宽 3.5~6.5 cm;叶先端渐尖、长渐尖或急尖,叶片基部呈楔形或近圆形,边缘皱波状,无毛;叶面略具光泽,侧脉 20~25 对,斜升,两面突起,网脉不显,叶柄长 2~6 cm,上面具槽,基部膨大。一年抽 3 次新梢,以秋梢为结果母枝。圆锥花序长 20~35 cm,多花密集,被灰黄色微柔毛,分枝开展,最基部分枝长 6~15 cm;花小、杂性、黄色或淡黄色;花梗长 1.5~3 mm,具节;萼片卵状披针形,长 2.5~3 mm,宽约 1.5 mm,渐尖,外面被微柔毛,边缘具细睫毛;花瓣长圆形或长圆状披针形,长 3.5~4 mm,宽约 1.5 mm,无毛,里面具 3~5 条棕褐色突起的脉纹,开花时外卷,花盘膨大,肉质;雄蕊仅 1 个发育,长约 2.5 mm,花药卵圆形,不育雄蕊 3~4 个,具极短的花丝和疣状花药原基;子房斜卵形,直径约为 1.5 mm,无毛;花柱近顶生,长约 2.5 mm。花虽多,但完全花一般只占所有花的 5% 左右,有些品种的雌、雄蕊异熟或自花不孕,因而结果少。开花至果实成熟时间因气候和品种而异,通常需 110~150 d,5—9 月可陆续采收。芒果果实属于核果,不同栽培品种的果实的形状和大小相差极大,但多数果实形状微扁,以肾形最多,亦有椭圆形、鸡蛋形、圆形、心形等形状,长 5~10 cm,宽 3~4.5 cm。肉质果皮,较肥厚。果肉味甜,肉质细腻,香气浓郁,风味独特,营养丰富。木质果核,扁平,较坚硬。芒果资源多样,大部分芒果成熟后果肉及果皮为黄色,但也有部分品种的芒果果皮为红色或绿色。

芒果喜温好光,对气温、光照的要求较高,对土壤的要求次之。芒果生长的有效温度为 18~35 ℃,最适宜生长的温度为 25~30 ℃,坐果和幼果生长的日均温需高于 20 ℃。温度过低会引起授粉受精不良,导致花序枯死或种胚败育死亡。环境温度低于 20 ℃时,植物生长缓慢;低于 10 ℃时,新梢及花穗会停止生长,即将成熟的果实会受寒害;低于 5 ℃时,幼苗、嫩梢和花穗受寒冻;在 0 ℃左右时,幼苗的地上部,成年树的花穗、嫩梢和外围叶片都会受害,严重时会枯死;低于零下 3 ℃时,幼苗会被冻死,大树亦会严重冻伤。温度过高亦不利于芒果的生长;气温高于 37 ℃时,小花和果实会被日灼。世界上芒果产区的年均温在 20 ℃ 以上,最低月均温高于 15 ℃。在我国,芒果能正常生长结果的产区年均温为 19.8~24.1 ℃,以年均温为 21~22 ℃、最冷月温度高于 15 ℃、几乎全年无霜的地区为主。芒果不但喜温而且喜光,充足的光照可以促进植物开花坐果、花芽分化,提高果实品质,改善果实外观。通常树冠在阳面或在空旷环境下的芒果树单株开花多,坐果率高;树冠郁闭、枝叶过多、光照不足的芒果树开花和结果都较少,果实外观和品质均差。为提高产量和延长盛产期,通常需要对果树整形修剪,以改善芒果的光照条件。年降水量亦影响芒果的生长,芒果树有着较强的耐旱能力,通常在年降水量 700~2 000 mm 的地区生长良好。年降水量分布不均也会对芒果的生长发育产生影响。花期和结果初期如空气过分干燥,易引起落花落果;雨水过多又会导致烂花和授粉受精不良;夏季降雨过于集中,常诱发严重的果实病害;采收后的秋旱会影响秋梢母枝的萌发生长。芒果倾向于生长在海拔 200~1 350 m 的山坡、河谷及旷野的林中,对土壤适应性较强,但忌渍水和碱性过强的石灰质土。除贫瘠的盐碱地外,在各类型微酸性土壤中均能种植芒果。由于芒果是一种深根果树,因此种植时以土层深厚、排水良好、地下水位不高(3 m 以下)的地块为宜。芒果的经济寿命较长,因此定植建园前应对芒果的适宜性进行科学评价,种植时必须进行科学的栽培管理。

芒果的繁殖方法分为有性繁殖和无性繁殖。有性繁殖即种子播种繁殖,也被称为实生繁殖,是植物最常见的繁育方法。有性繁殖需要经历采种、贮藏、播种等步骤,所繁殖的种苗一般习称"宝生苗",这种繁殖方式存在实生树变异性大、不能保持母本优良性状的问题。无性繁殖包括嫁接、扦插和压条等方式,以嫁接法较为常用。用嫁接法繁殖的芒果不易变异,能保持母本的优良性状,可用于优良种苗的大量繁殖以及定植果园更新优良品种。芒果树种植后需要一定的生长周期才能开花结果,通常实生繁殖的芒果树结果需要 10 年左右;无性繁殖的结果时间有品种差异,有的 3~5 年结果,有的 4~7 年结果。虽然栽种后芒果树需要好几年的时间才能开花结果,但其寿命很长,一般能活几十甚至数百年,有的 100~200 年生树仍能开花结果。芒果树一年四季常青,不同地区的花芽分化期不同,通常在 11—12 月;1—3 月一般为花蕾发育与开花期;4—5 月是果实迅速增长期,在这个时期,芒果树的生长速度极快。芒果从开花至果实成熟需 100~150 d,产果期一般在 5—9 月。

二、芒果的产地与品种

(一)芒果的产地

全世界约有 90 个芒果种植国家。从地理位置来看,北起我国四川南部,南至美洲南部,横跨南北纬 30° 之内的干湿季分明的热带、亚热带季风气候区。目前,芒果的种植主要集中在亚洲的印度、巴基斯坦、孟加拉、缅甸、马来西亚等国,非洲的东部和西部,美洲的巴西、墨西哥、美国等。其中,亚洲是芒果种植面积最大的地区,产量也最高,占世界总产量的 85%;其次是美洲,产量约占世界总产量的 14%。

印度是芒果的发源地,4 000 多年前的原始芒果树结出的果实涩而干苦,后经印度人不断驯化,芒果才有了如今的甜润味道。至今,印度已培育出上千个芒果品种。相传印度有一位虔诚的信徒送了释迦牟尼一片芒果园给他乘凉,芒果树因此成了印度教的神树,具有举足轻重的地位。现今,在印度的佛教和印度教的寺院里都能见到芒果树的叶、花和果的图案,在各种宗教活动中也能看到芒果树的影子。相传第一个把芒果介绍到印度以外的人是我国唐朝的高僧——玄奘法师。在《大唐西域记》中,有"庵波罗果,见珍于世"这样的记载。随后,芒果传入印度尼西亚、泰国、马来西亚、菲律宾等东南亚国家,又传到了地中海沿岸国家,直到 18 世纪后才陆续传到巴西、西印度群岛和美国佛罗里达州等地。目前印度仍是全球芒果产量最大的国家,在全球总产量中的占比达到 39%。

我国是全球第二大芒果生产国,种植历史悠久。大规模规范化种植芒果始于 20 世纪 60 年代。在我国海南、广西、广东、云南、四川、福建、台湾等地区已建立规模化种植的芒果园,成为热带地区的重要特色农业产业。我国芒果区域间种植搭配比较合理,基本可分为五大优势产业带:海南早熟芒果、广东雷州半岛早中熟芒果、广西右江河谷中熟芒果、云南西南部—云南南部—云南中元江流域芒果和金沙江干热河谷流域晚熟芒果,可实现全年产出供应。不同产区发展的优势品种也有差异。目前,芒果的年产量为 200 多万吨,约占全球总产量的 18%。

海南属于热带地区,气候温和,雨量充足,土地肥沃。芒果适合在热带地区种植,对土壤要求不高,经济寿命长,效益好,是海南的主要产业之一。由于地理位置和气候优势,海南已经成为我国芒果优势产区之一。海南芒果具有上市早、果品好、无公害等优势,在国内外市场上大受消费者的欢迎。2003 年海南省的"无公害牌"红芒获得全国绿色食品称号,"神泉牌"贵妃芒获得"中国果后"称号。

(二)芒果的品种

芒果易于杂交,品种繁多。目前全世界共有 1 500 多个品种,绝大部分在印度境内。自 20 世纪 90 年代初开始,印度首都新德里每年都会在 7 月份举办隆重的芒果节。届时,印度各地的芒果生产商纷纷将他们引以为豪的芒果带来展览,每年仅参展的芒果就有 400 多个品种。这些芒果有的大如西瓜,有的小如杏子;有的红艳欲滴,有的黄如美玉;它们形状各异,有圆的、长的、椭圆的、两头尖尖的;味道也各不相同,有的酸甜,有的甘甜。每种芒果都有各自的特点,例如海顿纤维多,果味浓;金煌果味浓,纤维少,吃起来汁多味美,很是可口。随着各国之间的密切交往,一些珍贵的稀有芒果品种更是美誉传四海,受到世界上许多国家和人民的喜爱。芒果从植物学角度可以分为两大种群:单胚类型和多胚类型。单胚类型:种子仅有一个胚,播种后仅出一株苗,实生树变异性大,不能保持母本的优良性状。印度芒及其实生后代(如红芒类),我国的紫花芒、桂香芒、串芒、粤西1号芒和红象牙芒等均属单胚品种。多胚类型:种子有多个胚,播种后能长出几株苗,能发育成苗的胚多属无性胚,故实生树变异性小,多数能保持母本的性状。菲律宾的芒果品种、泰国芒及我国海南省的土芒多属这一类型。

我国的芒果约有40种,各芒果产区均有主栽品种。在保留原有部分主栽品种外,各地通过多年引育种试验,筛选出了适合各产区的芒果商业栽培新品种,使芒果优良品种比例大幅度提高。如贵妃芒、金煌芒、台农1号芒、凯特芒等品种适应性强、品质优良,已成为我国芒果产业的主栽品种。海南以贵妃芒、金煌芒、台农芒、象牙芒、澳芒等品种的种植为主;广西以台农1号芒、桂七芒、金煌芒、红象牙芒、玉文芒等品种的种植为主;广东主要种植金煌芒、紫花芒、东镇红芒、桂香芒、红芒6号、夏茅香芒、粤西1号芒等;云南华坪县主要种植凯特芒、圣心芒、红象牙芒等,元江县种植的芒果品种有贵妃芒、台农1号芒、白象牙芒、爱文芒、金煌芒、红芒6号等;四川则主要发展晚熟品种,有凯特芒、圣心芒、爱文芒、红芒6号等。下面介绍一下主要的芒果品种。

1. 象牙芒

象牙芒原产自泰国,树冠高大,干枝、分枝较小,直立性强。花序圆锥形,花序轴淡红色。果实长而弯曲,形如初生象牙,故得名。象牙芒果实比较大,成熟后果肉淡黄色,肉质嫩滑,味清甜,纤维少,品质极佳。

2. 白玉芒

白玉芒原产自马来西亚,果实长椭圆形,与象牙芒相似。成熟后果皮浅黄色,果肉乳黄色,肉质嫩滑,味清甜,纤维少,品质上等。现为海南主栽品种之一。

3. 吕宋芒

吕宋芒原产自菲律宾的吕宋岛,是国际市场畅销的优良品种,果皮淡绿色,成熟后转为鲜黄色,极薄。果肉黄色,细嫩、多汁、味甜,纤维极少或无,果核小,品质极佳。

4. 青皮芒

青皮芒又叫泰国白花芒,海南栽培较多。成熟的果皮呈青黄色或暗绿色,果肉淡黄色,质地柔滑,味浓甜而芳香,纤维极少。青皮芒蘸着辣椒盐吃,风味独特。

5. 贵妃芒

贵妃芒也叫红金龙,果形近似吕宋芒。未成熟果紫红色,成熟后底色深黄,盖色鲜红,果皮艳丽诱人。贵妃芒味甜芳香、口感浓郁、水分充足,品味俱佳。现为海南主栽品种之一。

6. 鸡蛋芒

鸡蛋芒是生长于海南的一种特色芒果,有鸡蛋般大小。果实卵形至长卵形,成熟后果皮与果肉呈黄色,果肉味浓甜、多汁、腻滑,有着奇异的椰乳芳香。

7. 澳芒

澳芒原产自澳大利亚,为世界著名品种,有"芒果王子"之称。果肉有苹果味,甜而不腻、浓郁芳醇,果大核小,外表光滑亮丽,呈金黄色,带有红色霞晕。

8. 台农芒

台农芒果小,呈扁圆形。果皮金黄明亮,清新可人。果肉饱满、多汁、细嫩,果味浓郁,柔滑无纤。

9. 金煌芒

金煌芒个头一般比较大,成熟之后,果皮呈金黄色,果肉橙黄,香甜多汁,纤维极少,肉质很细腻,是最甜的芒果品种之一。

10. 腰芒

腰芒个头较小,有鸡蛋般大小。成熟后果皮黄灿灿的,肉甜汁多、细腻顺滑,芒果味浓郁。

11. 辣椒芒

辣椒芒是近几年培育出的新品种,个头比腰芒还要小,果皮红绿中泛紫,形似辣椒。果肉橙黄、甜蜜多汁,果味异常浓郁。最有特色的是,该种芒果的果核非常小,只有细细一条,整个芒果满满都是果肉。

12. 苹果芒

苹果芒色泽红润,表皮好似红霞一般艳丽,因形似苹果而得名。果实大小适中,除具有芒果香味外,还有香蕉、波罗蜜香味。肉质坚实、绵细软糯、清甜可口,纤维极少,肉多汁足。

13. 凯特芒

凯特芒个头跟小西瓜相似,也称"大脸芒"。果香诱人,果肉在众多芒果中不算最软糯,带着点脆嫩,多汁的口感不输西瓜。

三、芒果的主要营养和活性成分

芒果味道鲜美、柔嫩多汁、营养丰富,集热带水果精华于一身,与荔枝、香蕉、龙眼和菠萝并称为世界五大热带水果,素有"热带果王"的美誉。芒果果实绝大部分用来鲜食,也可用来加工,例如:未成熟嫩果具酸味,多用于制作腌制食品或烹调佐餐;成熟果实可用于制作糖水、果酱、蜜汁饮料、谷物片糕以及婴儿食品等;此外,一些品种的果实亦可以切片制作罐头。芒果的嫩叶在爪哇、菲律宾常被当作蔬菜烹调食用;叶片燃烧的余烬是居家良药,可用于治疗烫伤、烧伤。芒果的花在过去常用来制取玫瑰油,晒干后还可以入药,适用于腹泻、慢性痢疾等症。芒果果皮可提取芒果苷和单宁,用于预防白喉、风湿病等。芒果树的茎干分泌树胶,可用于制作保健品、黏合剂等。木材既可做家具及室内地板,又可制作包装箱、火柴盒及火柴梗、船桨等。可以说,芒果全身皆是宝。

（一）芒果的营养成分

芒果中含有糖、蛋白质、粗纤维、矿物质、脂肪、维生素、胡萝卜素等营养物质。果实营养成分的含量通常会因品种及成熟期不同而略有差异。据分析，每 100 g 芒果果肉中含有热量 32~50 kcal（134~209 kJ）、蛋白质 0.65~1.31 g、脂肪 0.1~0.9 g、碳水化合物 11~19 g、膳食纤维 1.3 g；芒果果肉中含多种微量元素，每 100 g 芒果果肉中含有钙 7 mg、铁 0.2~0.5 mg、磷 11~12 mg、钾 138~304 mg、钠 2.8~3.6 mg、铜 0.06~0.1 g、镁 10~14 mg、锌 0.09~0.14 mg、硒 0.25~1.44 μg、锰 0.2~0.24 mg；同时，芒果果肉中含有大量的维生素，每 100 g 芒果果肉中维生素 B_1 含量为 0.01~0.03 mg，维生素 B_2 含量为 0.01~0.04 mg，烟酸含量为 0.3~0.4 mg，维生素 C 含量为 14~41 mg，维生素 E 含量为 1.21 mg，维生素 A 含量为 150~347 μg，视黄醇当量为 90.6 μg，胡萝卜素含量为 897~2 080 μg。芒果的胡萝卜素含量是苹果的 45~104 倍，维生素 C 含量是苹果的 3~10 倍，硒含量是苹果的 2~12 倍，维生素 B_1、维生素 B_2 的含量与热带水果柑橘和菠萝相比也毫不逊色。

（二）芒果的活性成分

芒果中含有丰富的类胡萝卜素、芒果苷、多酚、黄酮、没食子酸、槲皮素等生物活性物质，具有抗氧化、降血糖、降血脂、抗肿瘤、抑制革兰氏阳性菌及革兰氏阴性菌等生长的生物活性。经常食用芒果还可以促进皮肤黏膜生长、滋润肌肤，对于预防便秘也有一定的效果。随着研究的不断深入，有关芒果生物活性物质的报道日渐增多，新物质不断被发现，如三萜类化合物、四环三萜类化合物、羽扇豆醇等相继被报道。

1. 芒果苷

芒果苷（mangiferin，MGF），又名莞知母宁、芒果素，化学名为 2-C-β-*D*- 吡喃葡萄糖基 -1，3，6，7- 四羟基黄酮，是一种四羟基苯并吡酮碳苷，属双苯吡酮类化合物，具有弱酸性，分子式为 $C_{19}H_{18}O_{11}$。作为一种纯天然化合物，芒果苷不仅存在于芒果的果实、叶、树皮中，而且存在于百合科植物知母中和鸢尾科植物射干的花、叶等部位中，还存在于瑞香科植物沉香、龙胆科植物东北龙胆和川西獐牙菜、水龙骨科植物光石韦中。芒果苷属于多酚酸类化合物，具有较强的抗氧化活性和多种药理作用。近年来国内外关于芒果苷的各种药理作用（如镇咳、祛痰、平喘、中枢抑制、抗氧化、抗炎、抑菌、抗糖尿病、抗病毒、抗肿瘤、降尿酸、利胆和免疫调节等）有大量的研究报道。芒果苷受到越来越多的关注，具有良好的开发前景。

2. 类胡萝卜素

类胡萝卜素是一类重要的天然色素的总称，是广泛存在于微生物、植物、动物及人体内的一类黄色、橙色或红色的脂溶性色素。在植物中，类胡萝卜素主要存在于新鲜的水果和蔬菜里，具有抗氧化、抗肿瘤、增强免疫和保护视力等多种生物学作用。类胡萝卜素可分为两类：一类是胡萝卜素类，另一类是叶黄素类。主要的类胡萝卜素包括 α- 胡萝卜素、

β- 胡萝卜素、γ- 胡萝卜素、叶黄素、玉米黄素（又称玉米黄质、玉米黄质素）、β- 隐黄素（又称 β- 隐黄质）、番茄红素等。自 19 世纪初分离出胡萝卜素至今，人们已经发现近 450 种天然的类胡萝卜素。利用新的分离分析技术，如薄层层析、高压液相层析以及质谱分析等，人们还在不断发现新的类胡萝卜素。

芒果中的类胡萝卜素种类与含量丰富。类胡萝卜素的积累与品种、果实发育期、栽培条件有着密切的关系。类胡萝卜素的种类及含量是决定芒果果实品质的主要因素之一。芒果中的类胡萝卜素主要有 β- 胡萝卜素、堇菜黄素、叶黄素、番茄红素、紫黄质、黄体黄质、9- 顺式 - 紫黄质、新黄质、玉米黄质、α- 胡萝卜素和反式 -β- 胡萝卜素。研究发现，色泽不同的芒果的类胡萝卜素的组成基本一致，但不同类胡萝卜素组分的含量不同。类胡萝卜素不仅是一种重要的天然色素，还是一种具有特异功能的新型天然色素。仅植物和微生物可自行合成类胡萝卜素，动物不能合成类胡萝卜素，故人体主要从植物性食物中获取类胡萝卜素。寻找富含类胡萝卜素的资源一直是近些年研究的热点。

3. 槲皮素

芒果中含有一定量的槲皮素。槲皮素又名栎精、槲皮黄素，溶于冰醋酸，碱性水溶液呈黄色，几乎不溶于水，乙醇溶液味很苦。可作为药品使用，具有较好的祛痰、止咳作用，并有一定的平喘作用，可用于治疗慢性支气管炎。此外，还有降低血压、增强毛细血管抵抗力、减小毛细血管脆性、降血脂、扩张冠状动脉、增加冠脉血流量等作用，对冠心病及高血压患者有辅助治疗作用。

4. 没食子酸

芒果中含有的没食子酸可作为抗氧化剂使用，具有消炎、抗突变、抗氧化、抗肿瘤及抗自由基等多种生物活性，既可用于生产焦性没食子酸和制备药物、试剂，亦可用来制造燃料、焰火稳定剂、蓝黑墨水和笛音剂，还可作为植物生长调节剂等使用。

四、芒果中活性成分的提取、纯化与分析

（一）芒果中类胡萝卜素的分析

β- 胡萝卜素是芒果果肉中含量最丰富的类胡萝卜素，占总类胡萝卜素含量的 48%~84%。研究表明，芒果中 β- 胡萝卜素的含量极高，约为桂圆的 185 倍、草莓的 123 倍、杨梅的 93 倍、桑葚的 65 倍、葡萄的 61 倍、桃的 41 倍、苹果和梨的 37 倍、猕猴桃的 27 倍、西瓜的 8 倍。因此，芒果是补充类胡萝卜素的良好食物来源。类胡萝卜素是维生素 A 的前体物质，当人体需要维生素 A 时，它能迅速转化，维生素 A 缺乏人群可多食用芒果。

为探讨芒果果实中类胡萝卜素的动态变化规律，张金云对芒果中类胡萝卜素的提取条件进行了研究，其运用高效液相色谱（HPLC）技术测定了不同果肉颜色芒果的果实在生长发育过程中 α- 胡萝卜素、β- 胡萝卜素、β- 隐黄质、番茄红素、玉米黄质素 5 种类胡萝

卜素含量及叶绿素、总类胡萝卜素含量的变化,分析了芒果果实不同色泽的呈现与类胡萝卜素积累的关系,探讨了果实套袋对台农芒果果肉色泽、类胡萝卜素组分的影响。试验结果表明:随着芒果果实的发育和成熟,果肉由绿白色变为黄色,果肉叶绿素含量降低,总类胡萝卜素含量升高,至完熟时达最高;不同品种芒果的类胡萝卜素组分中,除玉米黄质素的含量随果实的发育而降低外,β- 隐黄质、β- 胡萝卜素、α- 胡萝卜素、番茄红素的含量均随果实的发育而升高,至完熟时达最高;不同品种的芒果均以 β- 胡萝卜素含量为最高。对橙黄、橙红、深黄、乳白等不同颜色的芒果代表品种台农 1 号芒、爱文芒、小鸡芒、封顺无核芒等果实的果肉色泽变化与类胡萝卜素含量变化的关系的分析表明,芒果果肉呈现橙黄、橙红、深黄、乳白等颜色差异的原因不是果肉中积累的类胡萝卜素组分不同,而是总类胡萝卜素含量及橙色类胡萝卜素成分 β- 胡萝卜素含量不同。完熟时,小鸡芒果肉呈深黄色,β- 胡萝卜素含量最高,达 35.18 μg/g,色度角为 90.85°;封顺无核芒果肉呈乳白色,β- 胡萝卜素含量最低,仅 11.45 μg/g。

目前测定类胡萝卜素组分的检测方法主要有高效液相色谱法、分光光度法、薄层色谱法。

1. 仪器、试剂和材料

本试验用到的仪器为电子天平、台式冷冻离心机(Universal 32R)、电热恒温水浴锅(KD-S24 型)、方成榨汁机、超声波清洗机、马头牌 JYT-1 架盘药物天平、岛津(Shimadzu)UV-1700 型紫外分光光度计(岛津企业管理(中国)有限公司)、Series 200 型高效液相色谱仪(珀金埃尔默企业管理(上海)有限公司)、氮吹仪。

本试验用到的试剂为玉米黄质、紫黄质、番茄红素、α- 胡萝卜素、β- 胡萝卜素、β- 隐黄质的标准品,色谱级甲醇、乙腈、正己烷、二氯甲烷、异丙醇。

本试验用到的材料为采自南亚热带作物研究所芒果种质资源圃的芒果样品。从芒果第二次生理落果开始,每隔 10 d 随机选台农 1 号芒、爱文芒、封顺无核芒、小鸡芒、汤米·阿特金斯(Tommy Atkins)芒、马里卡(Mallika)芒样品各 5 株,每株 3 个果,每个品种每次总共采 15 个果,直到果实完熟期为止。

2. 果皮与果肉总类胡萝卜素含量的测定

采集一定量的果皮或果肉,经液氮研磨成粉末后放置于 -70 ℃的环境中备用。称取粉末 1 g,加入 10 mL 含 0.1‰ 2, 6- 二叔丁基 -4- 甲基苯酚(BHT)的丙酮,静置 50 min 后离心,取上清液。利用紫外分光光度计在 350~700 nm 范围内扫描,分别记录样品在 470 nm、645 nm、662 nm 处的吸光度。每个样品进行 3 次重复试验。按照以下公式计算叶绿素 a、叶绿素 b 和总类胡萝卜素的含量。

$$c_a = 11.75 A_{662} - 2.35 A_{645} \tag{1-1}$$

$$c_b = 18.61 A_{645} - 2.96 A_{662} \tag{1-2}$$

$$c_{xc} = (1\,000 A_{470} - 2.27 c_a - 81.4 c_b)/227 \tag{1-3}$$

式中：c_a、c_b 和 c_{xc} 分别代表叶绿素 a、叶绿素 b 和总类胡萝卜素的含量，μg/mL；A_{662}、A_{645} 和 A_{470} 分别代表样品在 662 nm、645 nm、470 nm 处的吸光度。

（二）芒果营养活性成分的分析

彭达等研究了高压处理对台农芒采后营养活性成分及抗氧化能力的影响。该试验以台农芒为材料，采用 20 MPa 的高压分别处理 1 min、5 min、10 min、15 min、20 min，对照组不做任何处理。将处理组和对照组在 13 ℃的环境下贮存 7 d，测定处理前后样品的色差、失重率、硬度、可滴定酸含量、可溶性固形物含量、维生素 C 含量、类胡萝卜素含量、总酚含量、果肉抗氧化能力的变化。

1. 仪器、试剂和材料

本试验用到的仪器为 L2-600/5 型超高压设备（天津华泰森淼生物工程技术有限公司）、恒温培养箱（天津莱玻特瑞仪器设备有限公司）、UV-2100 型紫外可见分光光度计（尤尼柯（上海）仪器有限公司）、SB-5200DT 型超声波清洗机（宁波新芝生物科技股份有限公司）、手持式糖度计（深圳市汇科计量检测技术有限公司）、TA.XT.PLUS 物性测试仪（英国 Stable Micro Systems 公司）、UltraScan VIS 分光测色仪（美国 HunterLab 公司）、旋转蒸发仪（瑞士 Buchi 公司）。

本试验用到的试剂为丙酮（国药集团化学试剂有限公司）、石油醚（国药集团化学试剂有限公司）、β- 胡萝卜素（上海麦克林生化科技有限公司）、抗坏血酸（国药集团化学试剂有限公司）、二苯基苦基苯肼（DPPH）（上海源叶生物科技有限公司）、福林酚（国药集团化学试剂有限公司）、2, 6- 二氯靛酚钠（国药集团化学试剂有限公司）、没食子酸（上海源叶生物科技有限公司），以上试剂均为分析纯。

本试验用到的材料为购自海南省三亚市的台农芒果实样品，七八成熟，果重（100 ± 20）g，采摘后立即装箱，通过快递（2 d）运到实验室并及时处理。

2. 试验方法

参照奥尔特加（Ortega）等的方法，并做适当修改。挑选大小一致（（100 ± 10）g）、外观无机械损伤、成熟度一致（八成熟）的新鲜芒果，随机分成 6 组，每组 36 个。将其中 5 组用 20 MPa 的高压分别处理 1 min、5 min、10 min、15 min、20 min，加压处理过程以水为流体介质，水温为（20 ± 1）℃，加压处理完成后立即擦干芒果表面的水，对照组不做任何处理。然后将 6 组芒果分装于大小为 40 cm × 28 cm、厚度为 0.12 mm 的聚乙烯（PE）材质的保鲜袋中（没有孔洞），每袋 12 个，每组 3 袋（即 3 个平行），封口后放置在 13 ℃的环境下保存，每隔 3 d 进行相关指标测定。

1）色差的测定

参照麦馨允等的方法，并做适当修改。芒果表皮的颜色使用测色仪进行测定，根据国际照明委员会（CIE）色空间原理，以 L、a、b 色度坐标值表示芒果表皮的颜色。

2）失重率的测定

参照麦馨允等的方法测失重率，计算公式如下：

$$失重率 = (W_0 - W_i)/W_0 \times 100\% \tag{1-4}$$

式中：W_0 表示芒果的初始质量，g；W_i 表示第 i d 测量的芒果质量，g。

3）可滴定酸含量的测定

参照高莹等的方法，并进行适当修改。取一定质量的果肉，与水按质量比 1 : 3 打浆成果汁。取 30 mL 果汁于 50 mL 容量瓶中定容，充分摇匀后静置 10 min。以 8 000 r/min 的转速离心 20 min，取上清液，测定体积。再取 20 mL 上清液于三角瓶中，滴加 2 滴 1% 酚酞指示剂，用标定好的 NaOH 溶液滴定，记录滴定数值。重复 3 次，按下式计算结果。

$$可滴定酸含量 = V \times c \times V_1 \times f/(V_s \times m) \times 100\% \tag{1-5}$$

式中：V 为样品提取液总体积，mL；c 为 NaOH 溶液的浓度，mol/L；V_1 为消耗 NaOH 溶液的体积，mL；V_s 为滴定时所取上清液的体积，mL；m 为果肉样品质量，g；f 为柠檬酸折算系数，g/mmol。

4）总酚含量的测定

参照刘凤霞等的方法，并做适当修改。取 10 g 果肉，加入 20 mL 80% 丙酮溶液研磨，超声 30 min，以 8 000 r/min 的转速离心 15 min，取上清液。用旋转蒸发仪除去上清液中的丙酮，旋蒸后转移至 50 mL 容量瓶中，用蒸馏水定容。再取 0.5 mL 容量瓶中的溶液定容至 10 mL。然后取 1.5 mL 溶液加入 0.5 mL 福林酚，3 min 后加入 1 mL 10% Na_2CO_3 溶液，避光反应 1 h。用蒸馏水做空白对照，在 760 nm 波长下测定吸光度。采用没食子酸标品作标准曲线，总酚含量以 100 g 样品含有的没食子酸的质量（mg）表示，即单位为 mg 没食子酸/100 g。

5）类胡萝卜含量的测定

参照 Ortega 等的方法，并做适当修改。取 10 g 果肉，加入丙酮与石油醚混合液研磨，混合液的比例为 $V_{丙酮} : V_{石油醚} = 4 : 1$。再加入 1 g $MgCO_3$，超声 30 min，以 10 000 r/min 的转速离心 20 min。取上清液置于分液漏斗中，加入 75 mL 20% NaCl 溶液萃取，分离后排出水相，用石油醚定容至 50 mL，再用石油醚稀释 5 倍后在 450 nm 波长下测定吸光值。采用 β- 胡萝卜素标品作标准曲线，类胡萝卜素含量以 100 g 样品含有的 β- 胡萝卜素的质量（μg）表示，即单位为 μg β- 胡萝卜素/100 g。

6）果肉抗氧化能力的测定

DPPH 自由基清除能力的测定参照李晓博等的方法，并做适当修改。

果肉提取液的制备：取 10 g 果肉，加入 20 mL 80% 丙酮溶液研磨，超声 30 min，以 10 000 r/min 的转速离心 15 min，取上清液定容至 50 mL，稀释至适当浓度后进行抗氧化能力分析。

DPPH 自由基清除能力的测定：用无水乙醇配制 0.1 mmol/L DPPH 溶液，现配现用;取 2 mL 果肉提取液置于试管中,加入 2 mL DPPH 溶液后混合均匀,避光静置 30 min,用纯水做空白对照,在 517 nm 波长下测定样品的吸光度;以测得的维生素 C 标准液的 DPPH 自由基清除能力数据绘制标准曲线($y=8.029\ 5x-6.781\ 3$, $R^2=0.998$);样品的 DPPH 自由基清除能力以 1 g 样品相当于多少 mg 维生素 C 的 DPPH 自由基清除能力表示。

7)铁还原能力的测定

参照孙梦洋等的方法,并做适当修改。取 2.5 mL 果肉提取液(果肉提取液的制备方法同果肉抗氧化能力的测定)与 2.5 mL 0.2 mol/L 磷酸缓冲液(PBS, pH=6.6)混合,再加入 2.5 mL 1% 铁氰化钾溶液。混合均匀后,在 50 ℃水浴中加热 20 min,快速冷却后加入 2.5 mL 10% 三氯乙酸溶液终止反应,随后以 3 000 r/min 的转速离心 10 min。取 2.5 mL 上清液,依次加入 2.5 mL 蒸馏水和 0.5 mL 1% 三氯化铁溶液,混合均匀后静置 10 min,在 700 nm 波长下测定样品的吸光度。以测得的维生素 C 标准液的铁还原能力数据绘制标准曲线,样品的铁还原能力以 1 g 样品相当于多少 mg 维生素 C 的铁还原能力表示。试验数据统计分析结果以平均值表示,使用 SPSS 22.0 软件进行显著性分析,使用 Origin 8.6 软件绘图。

3. 结果与分析

色泽是判断水果新鲜程度和品质的重要指标。这里主要分析芒果色泽明暗度(即 L 值)的变化。在采后贮存过程中,芒果的色泽会慢慢变暗,黄色进一步加深,这符合芒果在采后成熟过程中的变化。试验发现:对照组在第 1 d 的 L 值为 58.61,显著($P<0.05$)高于压力处理组;对于压力处理组而言,不同处理时间的组别之间差异性并不显著($P>0.05$)。随着贮存时间的延长,压力处理时间越长的组明暗度越低,其中处理 15 min 和 20 min 的这 2 组到了第 7 d 明暗度最低, L 值只有 44.00 和 44.43,与第 1 d 相比分别下降了 11.47% 和 10.10%。这可能是由于压力处理导致芒果细胞壁发生一定程度的破坏,其中的活性物质分泌到果肉组织中。细胞壁破坏又导致活性物质容易被氧化,使果皮呈现褐绿色。以上数据说明压力处理在一定程度上会影响采后芒果的色泽变化,使处理后的芒果表皮的明暗度与对照组相比明显降低,且压力处理时间越长,影响越大。结果表明,在 20 MPa 下处理不同时间对采后芒果均有一定影响,其中处理 20 min 后芒果的即食和即用口感最佳。高压处理不仅明显改善了芒果在采后的即食和即用口感,而且显著提高了芒果中抗氧化成分的含量,特别是类胡萝卜素含量的提高更为明显,最多可提高 2 倍,大大提高了芒果的抗氧化能力。

(三)芒果叶中芒果苷的分析

相关研究表明,芒果果实、果皮及芒果叶中均存在芒果苷。常用的芒果苷提取方法包括酯提除杂法、渗漉法、热回流法、索氏提取法等。芒果苷的测定方法主要有液相色谱法、分光光度法。黄海滨等以石油醚为提取剂,用索氏提取法提取芒果叶中的芒果苷,运用反相高效液相色谱(RP-HPLC)法测定了不同产地和月份的芒果叶中芒果苷的含量。

1. 仪器、试剂和材料

本试验用到的仪器为:HP1100 系列高效液相色谱仪,包括 G1131 四元泵、G1313 自动进样器、G1131 脱气机、G1314 A 紫外可见检测器、G1316 柱温箱,配备有 HP 工作站;CG16-W 高速微量离心机(北京医用离心机厂)。

本试验用到的试剂和材料为芒果苷标准对照品(简称芒果苷对照品,由第二军医大学(全称为中国人民解放军海军军医大学)提供,经 HPLC 检测为单一峰)、磺胺甲噁唑(购自中国药品生物制品检定所(今中国食品药品检定研究院,下同),批号 025-9202)、芒果叶(经广西中医学院(今广西中医药大学,下同)中药鉴定教研室鉴定为 *Mangifera indica* L. 的叶子)、甲醇(色谱纯)、水(去离子重蒸水)、其余试剂(分析纯)。

2. 试验方法

1)色谱条件

选用 Shimpack CLC-ODS 色谱柱(6.0 mm × 150 mm, 5 μm),柱温为室温,甲醇与 0.05 mol/L H_3PO_4 溶液(用三乙胺调 pH 至 3.5)以 65∶134 的体积比混合后作为流动相使用,流速为 1 mL/min,检测波长为 258 nm,进样量为 10 μL。在此条件下芒果苷的理论塔板数不低于 3 000。

芒果叶中芒果苷的高效液相色谱如图 1-1 所示。

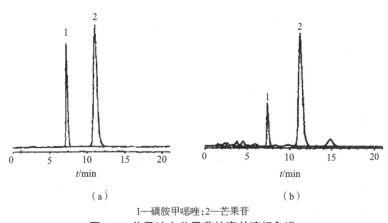

1—磺胺甲噁唑;2—芒果苷

图 1-1　芒果叶中芒果苷的高效液相色谱

(a)芒果苷对照品　(b)样品

2)溶液配制

内标溶液的制备:称取磺胺甲噁唑适量,用甲醇溶解,随后稀释成 0.50 g/L 的内标溶液。

对照品溶液的制备:精密称定芒果苷对照品约 20 mg,置于烧杯中,加甲醇溶解后,转移至 25 mL 容量瓶中,添加甲醇至标线,得浓度为 0.80 g/L 的对照品溶液。

样品溶液的制备：精密称取不同月份和不同产地的芒果叶细粉 1.0 g，置于索氏提取器中，加入温度为 30~60 ℃的石油醚 100 mL，回流 2 h，弃去石油醚；再用 100 mL 乙醇回流提取至无色，将提取液浓缩至干，加甲醇溶解，置于 10 mL 容量瓶中；精密加入内标溶液 4 mL，加甲醇至标线，摇匀，离心。

3）线性关系

精密吸取对照品溶液 1.0 mL、2.0 mL、3.0 mL、4.0 mL、5.0 mL，分别置于 5 个 10 mL 容量瓶中，再准确加入 4.0 mL 内标溶液，用甲醇稀释至标线，摇匀，离心，进样。以对照品与内标峰面积的比值为纵坐标、对照品进样量（μg）为横坐标进行线性回归，得回归方程 $y=1.065+2.035x$，$R^2=0.999\,9$（$n=5$）。

结果表明，芒果苷含量为 0.8~4.0 μg 时，线性关系良好。

4）精密度试验

精密吸取对照品溶液 3.0 mL 和内标溶液 4.0 mL，混合后倒入 10 mL 容量瓶中，加甲醇稀释至标线。在上述色谱条件下连续进样 5 次，对照品与内标峰面积比值的相对标准偏差（RSD）为 0.53%。

5）稳定性试验

取同一批样品溶液，分别于 0 h、2 h、4 h、6 h、8 h、10 h、12 h、24 h 时进行分析。结果表明，芒果叶中芒果苷的峰面积与内标峰面积的比值变化不大，RSD 为 0.98%，24 h 内稳定性较好。

6）重现性试验

取同一批样品共 5 份，每份 1.0 g，精密称定，按样品测定方法制备样品溶液，测定并计算芒果叶中芒果苷的含量。结果显示，RSD 为 0.45%，重现性较好。

7）加样回收试验

取已知含量的同一批样品共 5 份，每份 0.5 g，精密称定。分别精密加入对照品，按样品测定方法制备样品溶液，测定并计算芒果叶中芒果苷的含量。

3. 结果与讨论

利用 RP-HPLC 法测定芒果叶中芒果苷的含量具有灵敏度高、快速、准确、专属性强、重现性好的特点；选定的流动相对芒果苷、内标及杂质有良好的分离效果。在选择提取方法时，曾对渗漉法、热回流法、索氏提取法等方法进行考察，结果发现，采用索氏提取法时芒果苷得率最高，且操作简便。曾用乙醇对样品进行直接提取及制备供试液，结果发现溶剂及杂质峰干扰严重，而用石油醚对样品进行处理，除杂质效果显著，用甲醇制备供试液，溶剂峰干扰较小。本研究中芒果苷的平均回收率为 99.2%，RSD=1.05%（$n=5$），见表 1-1。

表 1-1　芒果叶加样回收试验测定结果（ n=5 ）

样品含量/mg	测得量/mg	回收率/%	回收率平均值/%	RSD/%
0.69	1.50	100.7		
0.68	1.47	99.3		
0.68	1.46	98.6	99.2	1.05
0.64	1.41	97.9		
0.69	1.48	99.3		

注：加入对照品的量均为 0.80 mg。

如表 1-2 所示，南宁市和"芒果之乡"田阳县的芒果叶中芒果苷的含量差异不大，但与钦州市的芒果叶相比有一定的差异，因此选购原料时应考虑不同产地的差异。

表 1-2　不同产地芒果叶中芒果苷含量测定的结果（ 5 月 ）（ n=3 ）

产地	平均含量/%	RSD/%
广西南宁市	1.83	0.93
广西田阳县	1.92	1.00
广西钦州市	1.53	1.20

如表 1-3 所示，7—10 月份的芒果叶中芒果苷含量较高，在此期间已完成果实采收，为修枝、培土、施肥的养护期，有修枝剪下的大量叶子可供利用。芒果苷含量最高的月份为 9 月，最低的月份为 2 月。这为药材采收提供了参考。

表 1-3　不同月份芒果叶中芒果苷含量测定的结果（ n=3 ）

月份	平均含量/%	RSD/%	月份	平均含量/%	RSD/%
1	1.40	0.89	2	1.35	1.30
3	1.41	1.10	4	1.40	1.10
5	1.47	0.92	6	1.50	1.00
7	1.70	1.40	8	1.74	1.20
9	1.83	1.10	10	1.74	0.99
11	1.57	1.20	12	1.44	1.20

（四）芒果皮中芒果苷的分析

黄敏琪等采用 75% 甲醇水溶液超声的方式提取芒果皮中的芒果苷，并利用 RP-HPLC 外标法测定芒果皮中芒果苷的含量。该研究对不同产地的芒果皮进行考察，为进一步研究开发芒果资源、开展良好农业规范（ GAP ）种植提供科学依据。

1. 仪器、试剂和材料

本试验用到的仪器为：Agilent 1100 系列高效液相色谱仪，包括四元泵、自动进样器、脱气机、紫外可见检测器、柱温箱，配备有 Agilent 1100 工作站；CG16-W 高速微量离心机（北京医用离心机厂）。

本试验用到的试剂和材料为芒果苷对照品（由中国药品生物制品检定所提供）、芒果皮（采自广西南宁、百色、田东、田阳等地，经广西中医学院药物分析教研室鉴定均为 *Mangifera indica* L. 果实的外果皮）、甲醇（色谱纯）、水（去离子重蒸水）、其余试剂（分析纯）。

2. 试验方法

1）色谱条件

选用 Hanbon Lichyopher C_{18} 色谱柱（4.6 mm × 250 mm，5 μm），柱温为室温，甲醇与 0.05 mol/L H_3PO_4 溶液按照 32：68 的体积比混合后作为流动相使用，流速为 1 mL/min，检测波长为 258 nm，进样量为 10 μL。在此条件下芒果苷的理论塔板数不低于 3 000。

芒果皮中芒果苷的高效液相色谱如图 1-2 所示。

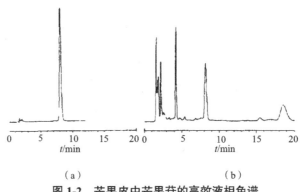

（a）   （b）

图 1-2   芒果皮中芒果苷的高效液相色谱

（a）芒果苷对照品   （b）样品

2）对照品溶液的制备

取芒果苷对照品约 20 mg，精密称定，置于烧杯中，加甲醇溶解后，转移至 25 mL 容量瓶中，添加甲醇至标线，得浓度为 0.80 g/L 的对照品溶液。

3）线性关系

精密吸取对照品溶液 1.0 mL、2.0 mL、3.0 mL、4.0 mL、5.0 mL，分别置于 5 个 10 mL 容量瓶中，用甲醇稀释至标线，摇匀，离心，进样。以对照品峰面积为纵坐标、对照品进样量为横坐标进行线性回归，得回归方程 $y=1.065+2.035x$，$R^2=0.999\ 9$（$n=5$）。

4）精密度试验

精密吸取对照品溶液 10 μL，在上述色谱条件下连续进样 5 次。对照品峰面积的 RSD 为 0.33%。

5）稳定性试验

取同一批样品溶液,分别于 0 h、2 h、4 h、6 h、8 h、10 h、12 h、24 h 时进行分析。结果表明,芒果皮中芒果苷的峰面积变化不大,RSD 为 0.96%,24 h 内稳定性较好。

6）重现性试验

取同一批样品共 5 份,每份 1.0 g,精密称定,按样品测定方法制备样品溶液,测定并计算芒果皮中芒果苷的含量。结果显示,RSD 为 0.51%,重现性较好。

7）加样回收试验

取已知含量的同一批样品共 6 份,每份 0.5 g,精密称定。分别精密加入对照品(加入量均为 0.40 mg),按样品测定方法制备样品溶液,测定并计算回收率。结果显示,平均回收率为 97.8%,RSD 为 1.85%（n=6）。

3. 样品测定

分别取不同产地的芒果皮干燥细粉 1.0 g,精密称定,置于三角烧瓶中。加入 70% 甲醇溶液 25 mL,超声提取 50 min。将提取液滤过,吸取续滤液 1 mL 移至离心管中,离心,按上述色谱条件测定,测得样品峰面积,由回归方程计算得到芒果皮中芒果苷的含量。

4. 结果与讨论

1）芒果苷含量的测定

目前未见有关芒果皮中芒果苷含量测定的报道。笔者通过薄层预试发现芒果皮中含有芒果苷成分,经过前期摸索,确定用 RP-HPLC 法测定芒果皮中芒果苷的含量。该法具有灵敏度高、快速、准确、专属性强、重现性好的特点。选定的流动相对芒果苷、杂质有良好的分离效果,测定方法可靠。

2）提取方法的选择

笔者曾对热回流法和超声提取法进行考察,结果发现,采用超声提取法时芒果苷得率最高,且操作简便。

3）试验结果

本试验对不同产地和品种芒果皮中芒果苷的含量进行测定,结果见表 1-4。由表 1-4 可知,百色（蜜芒）、南宁（印度 1 号芒）和田阳（金穗芒）的芒果皮中芒果苷的含量最高。

表 1-4　不同产地和品种芒果皮中芒果苷含量测定的结果（n=5）

产地	芒果苷含量/%	RSD/%	产地	芒果苷含量/%	RSD/%
田东（桂七青皮芒）	0.42	2.32	田阳（金穗芒）	1.33	2.35
百色（金煌芒）	0.08	2.68	百色（蜜芒）	2.30	2.56
百色（桂五青皮芒）	0.38	1.97	南宁（印度 1 号芒）	1.78	1.87

（五）芒果中没食子酸的分析

目前,常见的提取没食子酸的方法有酸水解法、碱水解法、发酵法、酶法、离子萃取法等。其分析方法主要有分光光度法、液相色谱法。

冯旭等采用 HPLC 法分析、测定广西不同产地及品种芒果叶中没食子酸的含量。

1. 仪器、试剂和材料

本试验用到的仪器为美国 Agilent 1100 系列高效液相色谱仪（包括四元泵、在线脱气机、自动进样器、柱温箱、可变波长检测器）、超纯水系统（美国 Millipore 公司）、SB3200-T 超声清洗仪（上海必能信超声有限公司）。

本试验用到的试剂和材料为没食子酸对照品（购自中国药品生物制品检定所,批号 110831-200302）、芒果叶（经广西亚热带作物研究所黄国第工程师鉴定）、甲醇（色谱纯）、水（超纯水）、其余试剂（分析纯）。

2. 试验方法

1）色谱条件

色谱柱为 Agilent Eclipse XDB- C_{18} 柱（4.6 mm× 150 mm, 5 μm）;流动相为甲醇 -0.1% 磷酸溶液（含 0.1% 三乙胺）（体积比为 5∶59）;流速为 1.0 mL/min;检测波长为 270 nm;柱温为 30 ℃;进样量为 10 μL。在此条件下没食子酸的理论塔板数不低于 3 000。

2）样品测定

取样品粉末约 0.5 g,精密称定,置于 50 mL 锥形瓶中,再精密加入甲醇 20 mL,超声提取 40 min,冷却至室温。用甲醇补足减失的重量,摇匀。用 0.45 μm 微孔滤膜过滤,滤液即为样品溶液。

3. 试验结论

笔者曾采用甲醇 -0.1% 磷酸溶液、甲醇 -0.2% 磷酸溶液、甲醇 -0.1% 磷酸溶液（含 0.1% 三乙胺）作为流动相进行预试验,最终以甲醇 -0.1% 磷酸溶液（含 0.1% 三乙胺）为流动相达到了较满意的分离效果。在试验中,对没食子酸对照品溶液在 200~400 nm 波长下进行光谱扫描,发现没食子酸在 270 nm 处有较大的吸光度,灵敏度最高,故选择其为测定波长。

如表 1-5 所示,不同产地及品种芒果叶中没食子酸的含量存在差异,其中南宁桂热 82 号芒果叶中没食子酸含量最高（2.31 mg/g）,百色田阳香芒含量最低（0.41 mg/g）。本试验用 HPLC 法直接测定芒果叶中没食子酸的含量,方法学考察结果表明,该定量检测方法结果可靠。

表 1-5　不同产地及品种芒果叶中没食子酸含量测定的结果

品种	产地	批号	没食子酸含量/(mg/g)	RSD/%
紫花芒	百色	050807	0.82	2.5
	田阳	050808	0.88	2.6
	南宁	050806	0.96	1.4
红象牙	百色	050807	0.83	2.1
	田阳	050808	0.91	1.6
	南宁	050806	0.84	1.3
台农 1 号	百色	050807	1.79	1.2
	田阳	050808	2.01	2.7
	南宁	050806	1.26	1.5
田阳香芒	百色	050807	0.41	2.6
	田阳	050808	0.89	0.7
	南宁	050806	1.74	1.5
金煌芒	南宁	050807	2.07	0.1
	百色	050808	1.49	0.0
桂热 82 号	南宁	050806	2.31	0.6
	百色	050807	1.19	2.5

（六）不同品种芒果果实中可溶性糖组分的含量特征分析

郭晓杰等利用高效液相色谱法对成熟期的芒果果实中的可溶性糖组分的含量进行测定,分析研究了芒果主产区(海南、广西)的 3 个主要芒果品种(台农、金煌、贵妃)的可溶性糖组分含量与差异。以 3 种主栽品种芒果为样品,对果实中的可溶性固形物(total soluble solid, TSS)含量、总糖含量、甜度值进行测定。结果表明:芒果果实中的可溶性糖主要由蔗糖、果糖、葡萄糖组成,其中蔗糖含量最高,为 79.07 mg/g FW(FW 表示鲜重)。台农芒果实的总糖含量、甜度值、蔗糖和果糖含量最高,金煌芒果实的葡萄糖含量最高,贵妃芒果实的可溶性固形物含量最低。芒果果实中蔗糖和果糖含量按品种排序为台农 > 金煌 > 贵妃,按产地排序为海南 > 广西。相关性分析显示,3 种可溶性糖中与果实甜度值正相关的是蔗糖和果糖含量。聚类分析可将芒果样品分为蔗糖积累型、中间积累型和己糖(葡萄糖和果糖)积累型。

1. 仪器、试剂和材料

本试验用到的仪器为: Milli-Q Integral 3 超纯水机,美国 Millipore 公司;TGL16M 离心机,湖南凯达科学仪器有限公司;PAL-1 数显折射仪,广州爱宕科学仪器有限公司;F-040S 超声波清洗机,苏州迈弘电器有限公司;Waters 1525 高效液相色谱仪、Waters XBridge BEH Amide 色谱柱(4.6 mm × 250 mm,5 μm),美国 Waters 公司。

本试验用到的试剂为：蔗糖、果糖和葡萄糖标准品，纯度≥99%，上海源叶生物科技有限公司；乙腈，色谱纯，Fisher 公司；三乙胺，分析纯，天津市福晨化学试剂厂。

本试验用到的材料为 3 个品种的芒果样品共 58 份，均采摘于产业化生产的芒果园。芒果样品采摘时成熟度为七八成，于 25 ℃下放置 3~5 d。待自然成熟后，将果肉打浆，在低温下保存备用。

2. 试验方法

1）色谱条件

用高效液相色谱仪分离样品，用示差检测器检测，用外标法对各指标进行定量。选用 Waters XBridge BEH Amide 色谱柱（4.6 mm × 250 mm，5 μm）；柱温为 35 ℃；流动相为乙腈与水按体积比 75∶25 配制后加入 0.2% 三乙胺而成；进样量为 10 μL；运行时间为 15 min。

2）溶液配制

用超纯水配制蔗糖溶液（100 mg/mL）、果糖溶液（100 mg/mL）和葡萄糖溶液（50 mg/mL）作为单标储备液。再以超纯水稀释配制 5 个水平的混标工作液，果糖和蔗糖的质量浓度为 1.0 mg/mL、2.0 mg/mL、5.0 mg/mL、10.0 mg/mL、20.0 mg/mL，葡萄糖的质量浓度为 0.5 mg/mL、1.0 mg/mL、2.5 mg/mL、5.0 mg/mL、10.0 mg/mL。

3）糖组分含量测定

参考《食品安全国家标准 食品中果糖、葡萄糖、蔗糖、麦芽糖、乳糖的测定》（GB 5009.8—2016），用高效液相色谱法对每个样品平行测定 3 次，根据样品峰面积和标准曲线来计算糖组分的含量。

4）TSS 含量测定

用 PAL-1 数显折射仪测定果肉中可溶性固形物的含量。温度校正：在 20 ℃条件下，用蒸馏水校正折射仪，校正无误后对样品进行测定。样品测定完毕，将可溶性固物物含量调整至 0。

3. 结果与分析

1）方法的回收率与精密度

贵妃芒样品在 0.5 g/100 g、2.0 g/100 g、5.0 g/100 g 加样水平下，果糖回收率范围为 76.8%~92.4%，葡萄糖回收率范围为 86.4%~97.2%，蔗糖回收率范围为 72.2% ~93.8%，RSD 范围为 1.34% ~12.08%，说明本试验测量的准确度与精密度均符合要求。

2）不同品种芒果果实中 TSS 含量、总糖含量、甜度值以及各糖组分含量的变化范围及分布

不同品种芒果果实中的 TSS 含量变化范围为 9.53%~24.53%，平均值为 16.60%，主体值分布在 10.00%~24.00%，变异系数为 20.48%。不同品种芒果果实之间 TSS 含量相差较大：台农 TSS 含量变化范围为 14.13%~24.53%，主体值分布在 15.00%~20.00%，变异系数

为 15.26%；金煌 TSS 含量变化范围为 12.33%~19.27%，主体值分布在 14.00%~17.00%，变异系数为 10.91%；贵妃 TSS 含量变化范围为 9.53%~17.87%，主体值分布在 10.00%~15.00%，变异系数为 17.65%。不同品种 TSS 含量从高到低依次为台农、金煌、贵妃，TSS 含量最高的为产自海南的台农样品（24.53%），TSS 含量最低的为产自广西的贵妃样品（9.53%）。

3 个品种芒果果实中总糖含量变化范围为 74.77~191.14 mg/g FW，平均值为 129.02 mg/g FW，变异系数为 12.26%。甜度值与总糖含量的变化趋势比较相似，主要变化范围为 96.38~219.15，平均值是 151.47，变异系数为 10.43%。蔗糖、果糖、葡萄糖对甜度值的贡献率分别为 52.28%、23.58% 和 9.23%。

不同品种芒果果实的糖组分含量存在差异。3 个品种芒果果实中，蔗糖含量平均值是 3 种糖组分中最高的，占总糖含量的 62.24%。品种之间蔗糖含量差异较大，为 23.91~127.45 mg/g FW，平均值为 79.07 mg/g FW，变异系数为 8.35%。果糖含量的变化范围为 24.89~68.46 mg/g FW，平均值为 36.07 mg/g FW，变异系数为 13.67%。葡萄糖是芒果果实中含量最低的糖组分，占总糖含量的 10.99%，葡萄糖含量的变化范围为 6.32~25.61 mg/g FW，平均值为 14.05 mg/g FW，变异系数为 30.82%。

3）不同品种芒果果实中糖组分含量的差异显著性分析

不同品种芒果按总糖含量从高到低排序为台农、金煌、贵妃。台农、金煌的总糖含量比贵妃分别高 38.23%、25.64%，差异显著（$P<0.05$）。甜度值因品种不同而存在显著差异，不同品种芒果按甜度值从高到低排序为台农、金煌、贵妃。台农、金煌的甜度值比贵妃分别高 40.09%、21.86%，差异显著（$P<0.05$）。不同品种芒果按蔗糖含量从高到低排序为台农、金煌、贵妃，台农、金煌的蔗糖含量比贵妃分别高 54.17%、42.82%，台农与金煌间蔗糖含量差异不显著，但台农与贵妃、金煌与贵妃之间差异显著。不同品种芒果按果糖含量从高到低排序为台农、金煌、贵妃，台农的果糖含量比金煌和贵妃高约 22%，金煌与贵妃间果糖含量差异不显著，但台农与金煌、台农与贵妃之间差异显著。不同品种芒果按葡萄糖含量从高到低排序为金煌、台农、贵妃，3 个品种间葡萄糖含量差异不显著。

4）总糖含量及甜度值

在所有样品中，总糖含量分布在 100~160 mg/g FW 的样品占比为 67.25%；总糖含量高于 160 mg/g FW 的样品均为台农，占比为 13.79%；总糖含量低于 100 mg/g FW 的样品占比为 18.96%。两个产区芒果果实中总糖含量最高的样品均为台农，分别为 191.14 mg/g FW（海南）和 163.94 mg/g FW（广西）；两个产区芒果果实中总糖含量最低的样品均为贵妃，分别为 77.44 mg/g FW（海南）和 74.68 mg/g FW（广西）。

在所有样品中，甜度值分布在 120~180 的样品占比为 63.79%，其中台农、金煌、贵妃占比分别为 22.41%、25.86% 和 15.52%；甜度值高于 180 的样品均为台农，占比为 15.52%，其中产地为海南和广西的占比分别为 12.07% 和 3.45%；甜度值低于 120 的样品占比为 20.69%,其中台农、金煌、贵妃占比分别为 1.72%、1.72% 和 17.25%,产地为海南和广西的占比分别为 12.07% 和 8.62%。两个产区芒果甜度值最高的样品均为台农,分别为 219.15(海南)和 191.45(广西);两个产区芒果甜度值最低的样品均为贵妃,分别为 97.31(海南)和 96.38(广西)。

5)蔗糖、果糖、葡萄糖产地及品种的含量变化分析

芒果果实中的糖组分主要有蔗糖、果糖、葡萄糖,各组分在不同产地与不同品种样品中的含量也不同。糖分组成及比例是影响果实风味品质的重要因素之一。

(1)蔗糖

在所有样品中,蔗糖含量分布在 60~100 mg/g FW 的样品占比为 46.55%;蔗糖含量高于 100 mg/g FW 的样品占比为 25.86%;蔗糖含量低于 60 mg/g FW 的样品占比为 27.59%。两个产区芒果果实中蔗糖含量最高的样品均为台农,分别为 127.45 mg/g FW(海南)和 116.19 mg/g FW(广西);两个产区芒果果实中蔗糖含量最低的样品均为贵妃,分别为 36.13 mg/g FW(海南)和 23.91 mg/g FW(广西)。

(2)果糖

芒果果实中果糖含量仅次于蔗糖,占总糖含量的 26.77%。在所有样品中,果糖含量分布在 30~50 mg/g FW 的样品占比为 81.03%,其中台农、金煌、贵妃分别占 36.21%、22.41% 和 22.41%;果糖含量高于 50 mg/g FW 的样品均为台农,占比为 3.45%,且产地均为海南;果糖含量低于 30 mg/g FW 的样品占比为 15.52%,其中金煌、贵妃占比分别为 5.17% 和 10.35%,产地为海南和广西的占比分别为 8.62% 和 6.90%。两个产区芒果果实中果糖含量最高的样品均为台农,分别为 68.46 mg/g FW(海南)和 40.52 mg/g FW(广西);两个产区芒果果实中果糖含量最低的样品均为贵妃,分别为 27.99 mg/g FW(海南)和 26.75 mg/g FW(广西)。

(3)葡萄糖

芒果果实中葡萄糖含量次于果糖含量。在所有样品中,葡萄糖含量分布在 10~20 mg/g FW 的样品占比为 79.31%;葡萄糖含量高于 20 mg/g FW 的样品占比为 6.89%;葡萄糖含量低于 10 mg/g FW 的样品占比为 13.80%。两个产区芒果果实中葡萄糖含量最高的样品均为金煌,分别为 25.61 mg/g FW(海南)和 15.22 mg/g FW(广西);两个产区芒果果实中葡萄糖含量最低的样品均为台农,分别为 6.32 mg/g FW(海南)和 7.91 mg/g FW(广西)。

4. 试验结论

对不同产区的 3 个芒果品种的可溶性糖组分进行研究,结果表明台农、贵妃、金煌芒果果实中的糖组分以积累型蔗糖为主,果糖次之,葡萄糖含量最低。3 个芒果品种中蔗糖和果糖含量最高的均是台农,金煌次之,贵妃最低;而葡萄糖含量最高的是金煌,贵妃次之,台农最低。

甜度值主要随糖组分含量和总糖含量变化而变化。与果实甜度值正相关的是蔗糖和果糖含量,负相关的是葡萄糖含量。按芒果果实中蔗糖和果糖含量从高到低排序为台农 > 金煌 > 贵妃(品种),海南 > 广西(产地)。通过对芒果样品中蔗糖与己糖的比例进行聚类分析,发现芒果样品分为三大类:第一大类为己糖积累型,蔗糖与己糖的比例为0.47~1.10,共有 15 份芒果样品;第二大类为中间积累型,蔗糖与己糖的比例为 1.37~2.06,共有 34 份芒果样品,样品之间蔗糖和己糖含量积累相差倍数不大;第三大类为蔗糖积累型,蔗糖与己糖的比例为 2.26~2.50,共有 9 份芒果样品。这一分类为后期研究不同品种、不同产区的芒果果实中糖组分积累类型模式奠定了理论基础。

本章参考文献

[1] 熊作明,周春华,陶俊. 不同类型枇杷果实着色期间果肉类胡萝卜素含量的变化 [J]. 中国农业科学,2007,40(12):2910-2914.

[2] 徐昌杰,张上隆. 柑橘类胡萝卜素合成关键基因研究进展 [J]. 园艺学报,2002,29(增):619-623.

[3] FRASER P D,BRAMLEY P M. The biosynthesis and nutritional uses of carotenoids[J]. Progress in Lipid Research,2004(43):228-265.

[4] BARTLEY G E,SCOLNIK P A. Plant carotenoids:pigments for photoprotection,visual attraction and human health[J]. Plant Cell,1995(7):1027-1038.

[5] 许建兰,马瑞娟,俞明亮,等. 红肉桃果实发育过程中果肉色素含量的变化 [J]. 江苏农业学报,2010,26(6):1347-1351.

[6] 王家保,刘志媛,杜中军,等. 荔枝果实发育过程中果皮颜色形成的相关分析 [J]. 热带作物学报,2006,27(2):11-17.

[7] 董彩英. 辣椒果实类胡萝卜素的积累特点及其与果色的关系研究 [D]. 扬州:扬州大学,2009.

[8] 冯美,宋长冰. 枸杞果实发育过程中果实色素、糖含量的变化 [J]. 北风园艺,2005(6):68-69.

[9] 周玉蝉,唐友林,谭兴杰. 紫花芒果后熟过程中主要类胡萝卜素含量的变化 [J]. 热带亚热带植物学报,1994,2(2):77-79.

[10] 张金云. 芒果果实色素与色泽变化规律及调控的研究 [D]. 海口:海南大学,2010.

[11] 曾莉娟,江柏曹. 成熟度、品种差异和加工对芒果中类胡萝卜素的影响 [J]. 科研动态,2001,3(2):100-105.

[12] 吉宏武,施兆鹏. HPLC 分离测定红心薯中类胡萝卜素 [J]. 无锡轻工大学学报,2001,2(3):299-301.

[13] 唐启义,冯明光. DPS 数据处理系统 [M]. 2 版. 北京:科学出版社,2001.

[14] 陶俊,张上隆,张良诚,等.柑橘果皮颜色的形成与类胡萝卜素组分变化的关系 [J]. 植物生理与分子生物学学报,2003,29(2):121-126.

[15] 郑丽静,聂继云,闫震.糖酸组分及其对水果风味的影响研究进展 [J]. 果树学报,2015,32(2):304-312.

[16] 姜喜,唐章虎,吴翠云,等.3种梨果实发育过程中酚类物质及其抗氧化能力分析 [J]. 食品科学,2021(23):99-105.

[17] 王延华,范荣波,周霞,等.不同贮藏方式对5种水果中维生素C和总糖含量的影响 [J]. 食品工业,2020,41(11):305-307.

[18] 张雪松,曹梦锦,王晓婧,等.部分市售植物性食物中 α-胡萝卜素和 β-胡萝卜素含量分析 [J]. 营养学报,2019,41(2):193-197,203.

[19] 刘凤霞.基于超高压技术芒果汁加工工艺与品质研究 [D]. 北京:中国农业大学,2014.

[20] 李跃红,冉茂乾,徐孟怀,等.不同产地红心猕猴桃品质的主成分及聚类分析 [J]. 食品工业科技,2021,42(10):222-228.

[21] 邵旭鹏,李寐华,沈琦,等.新疆吐鲁番地区不同品种甜瓜营养成分分析及品质综合评价 [J]. 食品工业科技,2021,42(13):358-365.

[22] 谢若男,马晨,张群,等.海南省芒果主产区主栽品种果实挥发性成分的对比 [J]. 热带作物学报,2019,40(3):558-566.

[23] 张劲.芒果香气特征分析研究 [D]. 南宁:广西大学,2011.

[24] 伍从银.攀枝花芒果产业发展研究 [D]. 雅安:四川农业大学,2016.

[25] 蔡晨晨,马瑞佳,刘涛,等.百里香精油微胶囊复合涂膜在芒果保鲜中的应用 [J]. 食品工业科技,2021,42(10):275-280.

[26] 董婷,高鹏,蒋毅,等.电子束辐照对芒果品质的影响 [J]. 食品工业科技,2021,42(2):279-283,289.

[27] 杨华,江雨若,邢亚阁,等.壳聚糖/纳米 TiO_2 复合涂膜对芒果保鲜效果的影响 [J]. 食品工业科技,2019,40(11):297-301.

[28] 赵家桔.芒果品质构成及其发育规律的研究 [D]. 海口:海南大学,2010.

[29] 曹建康,姜微波,赵玉梅.果蔬采后生理生化实验 [M]. 北京:中国轻工业出版社,2007.

[30] 邓丽莉,潘晓倩,生吉萍,等.考马斯亮蓝法测定苹果组织微量可溶性蛋白含量的条件优化 [J]. 食品科学,2012,33(24):185-189.

[31] 马宏飞,卢生有,韩秋菊,等.紫外分光光度法测定五种果蔬中维生素C的含量 [J]. 化学与生物工程,2012,29(8):92-94.

[32] 彭达,胡凯,刘秋豆,等.高压处理对"台农"芒果采后营养活性成分及抗氧化能力的

影响 [J]. 食品与发酵工业,2019,45(10):174-181.

[33] 张云峰,陈凯,李景明. HS-SPME-GC-MS 法分析栽培架式对威代尔葡萄果实香气的影响 [J]. 食品科学,2021,42(20):83-90.

[34] 尚朝杰. 芒果带皮果汁加工过程中品质变化及控制的研究 [D]. 湛江:广东海洋大学,2015.

[35] 麦馨允,陈庆金,谭彦妮,等. 魔芋葡甘聚糖/纳米 SiO_2 复合涂膜配方及其对芒果贮藏品质的影响 [J]. 食品与发酵工业,2018(1):177-184.

[36] 王强,熊政委. 超高压与热处理对芒果果浆抗氧化成分及抗氧化能力的影响 [J]. 食品工业科技,2015,36(4):204-209.

[37] 陆海霞,胡友栋,励建荣,等. 超高压和热处理对胡柚汁理化品质的影响 [J]. 中国食品学报,2010,10(2):170-172.

[38] 李珊,陈芹芹,李淑燕,等. 超高压对鲜榨苹果汁的杀菌效果及动力学分析 [J]. 食品科学,2011,32(7):43-46.

[39] 何全光,黄梅华,张娥珍,等. 芒果 TPA 质构测定优化及不同成熟度芒果质构特性分析 [J]. 食品工业科技,2016,37(18):122-126, 132.

[40] 高莹. 应用膨润土保鲜芒果的实验研究 [D]. 南宁:广西大学,2010.

[41] 李晓博,胡文忠,姜爱丽,等. 芒果果肉抗氧化成分测定及其对自由基清除能力的研究 [J]. 食品工业科技,2016,37(10):161-164.

[42] 孙梦洋,张灿,陈亚淑,等. 黑糯玉米芯花色苷提取工艺优化及抗氧化活性研究 [J]. 食品工业科技,2017,38(10):307-312, 330.

[43] 邓家刚,郑作文,曾春晖. 芒果苷的药效学实验研究 [J]. 中医药学刊,2002,7(12):37.

[44] 广西壮族自治区卫生厅. 广西中药材标准 [M]. 南宁:广西科学技术出版社,1990.

[45] 李洁,童玉懿. 石韦有效成分的高效液相色谱测定 [J]. 药学学报,1992,29(2):153.

[46] 刘华钢,黄海滨,陈燕军. HPLC 法测定芒果止咳片中芒果甙的含量 [J]. 中成药,1997,19(10):14.

[47] 黄海滨,李学坚,梁秋云. RP-HPLC 法测定芒果叶中芒果苷的含量 [J]. 中国中药杂志,2003(9):49-51.

[48] 戴荣华,高钧,王玺,等. 反相高效液相色谱法测定滋肾丸中芒果苷、盐酸小檗碱含量 [J]. 沈阳药科大学学报,2002(5):332.

[49] DENG J G, ZENG C H. Thirty years for general research of leaf of folium mangiferae and mangiferin [J]. J Guangxi Univ Tradit Chin Med, 2003, 6(2):44-47.

[50] LIU H G, HUANG H B, CHENG Y J. Determination of the contents of mangiferin in Mangguo Zhike Tablets by HPLC [J]. Chin Tradit Pat Med, 1997, 19(10):14.

[51] LIU X H, PAN J H, WANG Y X. Research of quality standard in Jing Zhu Gan Tai Shu

Capsule [J]. Chin Pharm J, 2000（3）:196.

[52] DAI R H, GAO J, WANG X, et al. Determination of the contents of mangiferin and berberine hydrochloride in the Zishen Pills by RP-HPLC [J]. J Shenyang Pharm Univ, 2002（5）:332.

[53] 韦国峰,黄祖良,何有成. 芒果叶提取物的镇咳祛痰作用研究 [J]. 时珍国医国药, 2006,17（10）:1954-1955.

[54] 郭伶伶,张祎,刘二伟,等. 芒果叶中芒果苷含量的测定 [J]. 天津中医药大学学报, 2013, 32（1）:43-45.

[55] 陆仲毅. 芒果叶化学成分研究 [J]. 中草药,1982,13（3）: 3-6.

[56] 郭伶伶,吴春华,葛丹丹,等. 芒果叶化学成分研究Ⅱ[J]. 热带亚热带植物学报, 2012, 20（6）:591-595.

[57] 李玲,张植和. 芒果苷类化合物的新用途:200810058019.6[P]. 2008-07-09.

[58] 张元元,李进,陈涛,等. 高效液相色谱法同时测定金银花中绿原酸和木樨草苷的含量 [J]. 天津中医药大学学报,2011,28（2）: 107-109.

[59] 陈华蕊,陈业渊,高爱平,等. 芒果叶绿素含量、比叶重与光合速率关系的研究 [J]. 西南农业学报,2010, 23（6）: 1848-1850.

[60] 陈绍瑗,吕贞儿,董峰丽,等. 响应面分析法优化桑叶叶绿素提取工艺 [J]. 浙江大学学报（农业与生命科学版）,2012,38（6）: 725-731.

[61] 董周永,周亚军,任辉. 萝卜缨叶绿素超声辅助提取工艺优化 [J]. 农业工程学报, 2011,27（S2）:288-292.

[62] 冯旭,邓家刚,覃洁萍,等. 芒果叶不同组织部位高效液相色谱指纹图谱比较 [J]. 时珍国医国药,2007,18（7）:1569-1571.

[63] 冯旭,王胜波,邓家刚,等. 高效液相色谱法同时测定芒果叶中芒果苷与高芒果苷的含量 [J]. 中成药,2008,30（10）:1504-1506.

[64] 葛丹丹,张祎,刘二伟,等. 芒果叶化学成分研究（Ⅰ）[J]. 中草药, 2011, 42（3）: 428-431.

[65] 金龙飞,范飞,罗轩,等. 芒果叶片解剖结构与抗旱性的关系 [J]. 西南农业学报, 2012,25（1）:232-235.

[66] 李日旺,黄国弟,苏美花,等. 我国芒果产业现状与发展策略 [J]. 南方农业学报, 2013,44（5）:875-878.

[67] 李学坚,莫长林,邓家刚. 不同良种芒果叶中芒果苷的含量比较 [J]. 时珍国医国药, 2006,17（6）:927.

[68] 李月,樊军文,陈志龙. 叶绿素衍生物的生物活性研究进展 [J]. 药学实践杂志,2001, 19（5）: 266-269.

[69] 刘晓春. 芒果甙抗肿瘤作用机制研究进展 [J]. 中国临床新医学，2012，5（10）：977-981.

[70] 覃洁萍，冯旭，邓家刚，等. 杧果叶 HPLC 指纹图谱共有模式的建立及在近缘品种扁桃叶鉴别中的应用 [J]. 中草药，2010，41（9）：1543-1546.

[71] 韦国锋，黄祖良，何有成. 芒果叶提取物的镇咳祛痰作用研究 [J]. 时珍国医国药，2006，17（10）：1954-1955.

[72] 谢梅冬，邹步珍，邹煜，等. 紫外分光光度法测定芒果叶提取物中芒果苷的含量 [J]. 广西农业科学，2010，41（9）：968-970.

[73] 邹登峰，高雅，张可锋. 不同品种芒果叶中芒果苷含量的测定 [J]. 安徽农业科学，2010，38（6）：2947-2948.

[74] KAMAT J P, BOLOOR K K, DEVASAGAYAM T P. Chlorophyllin as an effective anti-oxidant against membrane damage *in vitro* and *ex vivo*[J]. Biochimica et Biophysica Acta，2000，1487（2-3）：113-127.

[75] KUMAR S S, DEVASAGAYAM T P, BHUSHAN B, et al. Scavenging of reactive oxygen species by chlorophyllin: an ESR study[J]. Free Radical Research, 2001, 35（5）：563-574.

[76] MIURA T, ICHIKI H, HASHIMOTO I, et al. Antidiabetic activity of a xanthone compound, mangiferin[J]. Phytomedicine，2001，8（2）：85-87.

[77] 刘杰超，王思，焦中高，等. 苹果多酚提取物抗氧化活性的体外试验 [J]. 果树学报，2005，22（2）：106-110.

[78] 戚向阳，王小红，荣建华. 不同苹果多酚提取物清除·OH 效果的研究 [J]. 食品工业科技，2001，22（4）：7-9.

[79] 那娜，徐沛龙，钟进义. 葡多酚对血管内皮细胞自由基损伤的影响 [J]. 营养学报，2005，27（1）：58-60.

[80] 石碧，狄莹. 植物多酚 [M]. 北京：科学出版社，2000.

[81] 叶建仁，吴小芹. 树木抗病的生理生化研究进展 [J]. 林业科学研究，1996，9（3）：311-317.

[82] 汤凤霞，魏好程，曹禹. 芒果多酚氧化酶的特性及抑制研究 [J]. 食品科学，2006（12）：156-160.

[83] 章元寿. 植物病理生理学 [M]. 南京：江苏科学技术出版社，1996.

[84] 王金华. BTH 防治香蕉采后炭疽病及其系统获得抗性机理 [D]. 广州：华南农业大学，2005.

[85] 周丽明，李春美. 芒果多酚提取条件的研究 [J]. 食品科技，2007，3（29）：107-109.

[86] 刘晓芳，刘满红，张荣来，等. 双水相 - 匀浆萃取法提取芒果核多酚工艺研究 [J]. 云

南民族大学学报（自然科学版），2015，24（2）：144-146.

[87] 高云涛，付艳丽，李正全，等. 超声与双水相体系耦合提取芒果核多酚及活性研究 [J]. 食品与发酵工业，2009，35（9）：164-167.

[88] 杨郑州，陆雪梅，谢晓娜. 芒果多酚含量及抗氧化能力的测定 [J]. 安徽农学通报，2017（11）：142-143，170.

[89] 延玺，刘会青，邹永青，等. 黄酮类化合物生理活性及合成研究进展 [J]. 有机化学，2008，28（9）：1534-1544.

[90] 艾凤伟，李诗莹，成效天，等. 芦丁制剂的研究新进展 [J]. 中成药，2012，34（7）：1347-1350.

[91] 黄敏琪，林忠文，曾宪彪，等. 芒果皮提取物止咳化痰和抗炎作用研究 [J]. 中草药，2007，38（8）：1233-1234.

[92] 谢三郎，郑生煊，罗晓清. 芒果叶黄酮类化合物提取工艺及抑菌效果的研究 [J]. 热带作物学报，2012，33（12）：2257-2261.

[93] 白雪莲，沈淑雅，陈怀玉，等. 微波辅助提取芒果皮黄酮工艺研究 [J]. 农产品加工，2015，3（3）：29-32.

[94] 许晓鑫，黄咸洲，王芳. 微波辅助提取芒果叶总黄酮的工艺研究 [J]. 南方农业学报，2012，43（12）：2051-2055.

[95] 邱贺媛，林慕喜，王燕纯. 超声波辅助提取芒果叶总黄酮的工艺研究 [J]. 广东农业科学，2011（3）：80-81，86.

[96] 宋浩铭，容庭，刘志昌，等. 超声提取芒果叶中总黄酮的工艺研究 [J]. 广东畜牧兽医科技，2015，40（5）：32-36.

[97] 毛根年，许牡丹. 功能食品生理特性与检测技术 [M]. 北京：化学工业出版社，2005.

[98] 文良娟，王维，王斌，等. 芒果叶中黄酮和多酚含量及抗氧化性研究 [J]. 食品工业，2013，34（1）：144-147.

[99] 唐玉莲，黎海妮，刘海花，等. 芒果叶中总黄酮的提取及含量测定 [J]. 右江民族医学院学报，2006，28（1）：8-10.

[100] 宋云飞，季永贤，孙步祥，等. 一种提取芒果甙的方法：200510093658.2[P].2006-02-15.

[101] 唐燕青，丘丹萍，罗泳林，等. 芒果叶总皂苷提取工艺的优化研究 [J]. 化工技术与开发，2009，7（38）：18-19.

[102] 邓建梅，余传波，王奉，等. 高效液相色谱法测定不同品种芒果叶中黄酮的含量研究 [J]. 食品工业，2015，36（8）：273-275.

[103] 喻琴云，苏孝共，林崇良，等. 不同采收期木芙蓉叶中芦丁的含量测定 [J]. 中华中医药学刊，2013，31（9）：2048-2079.

[104] 暴凤伟,刘玉强,张振秋,等. HPLC 法测定山楂提取物中芦丁、金丝桃苷、槲皮素的含量 [J]. 中华中医药学刊,2013,31(2):246-248.

[105] 张志美,常缨. 高效液相色谱法测定香鳞毛蕨中芸香苷及槲皮素含量的研究 [J]. 北方园艺,2013(4):92-95.

[106] 卢秋榕,韦迎春,黎慧,等. 荧光分析法测定芒果叶总黄酮含量的研究 [J]. 广州化工,2016,44(20):85-87.

[107] 王晓波,刘冬英,邹志辉,等. 芒果叶总黄酮含量及抗氧化作用测定 [J]. 中国公共卫生,2013,29(7):1016-1018.

[108] DAS S, RAO B N, RAO B S S.Mangiferin attenuates methylmercury induced cytotox-icity against IMR-32, human neuroblastoma cells by the inhibition of oxidative stress and free radical scavenging potential[J]. Chem Biol Interact,2011,193(2):129-140.

[109] 黄锁义,黎海妮,唐玉莲,等. 超声波提取芒果叶总黄酮 [J]. 中国现代应用药学杂志(中药与天然药版),2006,23(6):455-456.

[110] 李睿,温志忠,鲁琛琛,等. 冬青叶中黄酮化合物提取工艺 [J]. 应用化工, 2009, 38(3):412-414.

[111] 田新玲,晏佩霞,全殿荣. 分光光度计法测定天然植物中黄酮含量 [J]. 仪器仪表与分析监测,2003(3):25-26.

[112] 刘宝剑,郭延生,刁鹏飞,等. 红车轴草总黄酮体外清除自由基作用的研究 [J]. 天然产物研究与开发,2009, 21(1):44-47.

[113] 韩少华,朱靖博,王妍妍. 邻苯三酚自氧化法测定抗氧化活性的方法研究 [J]. 中国酿造,2009(6):155-157.

[114] 刁鹏飞,郭延生,刘宝剑,等. 当归水提液和醇提液体外抗脂质过氧化和红细胞溶血作用 [J]. 天然产物研究与开发,2009, 21(4):679-683.

[115] 郭英,蔡秀成,陈秋丽,等. 葡萄籽提取物的体外抗脂质过氧化作用 [J]. 卫生研究,2002,31(1):28-30.

[116] 王建民,张民,甘璐,等. 枸杞多糖 -1 对羟自由基所致小鼠肝脏损伤的作用 [J]. 中国药学杂志,2011,36(5):669-671.

[117] 陈丽艳,朱李天,刘淑萍,等. 大豆异黄酮体外抗脂质过氧化活性的研究 [J]. 食品科技,2009,34(9):157-159.

[118] 李沐涵,殷美琦,冯靖涵,等. 没食子酸抗肿瘤作用研究进展 [J]. 中医药信息,2011,28(1):109-111.

[119] 常连举,张宗和,黄嘉玲,等. 没食子酸的制备与应用综述 [J]. 生物质化学工程,2010,44(4):48-50.

[120] 吴春燕. 芒果叶中没食子酸的提取研究 [J]. 化工技术与开发,2012,41(10):20-22.

[121] 赵仕花,杨晓菲,韦秋燕,等. 芒果果皮没食子酸提取工艺优化 [J]. 山东化工,2020,49（1）:17-19.

[122] 冯旭,王胜波,邓家刚,等. HPLC 法测定芒果叶中没食子酸的含量 [J]. 山西中医学院学报,2008,19（1）:45-46.

[123] 莫江敏,吴春燕. HPLC 法测定芒果叶中没食子酸的含量 [J]. 广东化工，2018，45（27）:103-104.

[124] 黄辉白. 热带亚热带果树栽培学 [M]. 北京:高等教育出版社,2003.

[125] BRANG W W, CUVELIER M E, BRESET C. Use of a free radical method to evaluate antioxidant activity [J]. LWT -Food Science and Technology,1995,28（3）:25-30.

[126] 马蔚红,姚全胜,孙光明. 芒果种质资源果实重要经济性状多样性分析 [J]. 热带作物学报,2005,26（3）:7-11.

[127] 胡志群,李建光,王惠聪. 不同龙眼品种果实品质和糖酸组分分析 [J]. 果树学报,2006,23（4）:568-571.

[128] 李升锋,徐玉娟,张友胜,等. 不同荔枝品种果实品质、糖组分和抗氧化性的分析 [J]. 食品科学,2008,29（3）:145-148.

[129] 陈俊伟,张上隆,张良诚. 果实中糖的运输、积累与代谢及其调控 [J]. 植物生理与分子生物学报,2004,30（1）:1-10.

[130] 王艳秋,吴本宏,赵剑波,等. 不同葡萄糖 - 果糖类型桃在果实发育期间果实和叶片可溶性糖含量变化及其相关性 [J]. 中国农业科学,2008,41（7）:2063-2069.

[131] 马小卫, 李丽, 武红霞, 等. 不同品种芒果果实品质、糖组分及抗氧化性的分析 [J]. 广东农业科学,2011, 38（20）:38-39.

[132] 钟勇, 黄建峰, 罗睿雄. 海南省芒果产业化发展现状、存在问题及对策 [J]. 中国热带农业,2016（3）:19-22.

[133] LECOURIEUX F, KAPPEL C, LECOURIEUX D, et al. An update on sugar transport and signalling in grapevine[J]. Journal of Experimental Botany, 2014, 65（3）:821.

[134] 魏长宾. 芒果成熟过程中糖分积累及其芳香物质组成研究 [D]. 儋州:华南热带农业大学,2006.

[135] HEMANGI G, CHIDLEY A, SHISH B, et al. Effect of postharvest ethylene treatment on sugar content, glycosidase activity and its gene expression in mango fruit: effect of postharvest ethylene treatment on mango ripening[J]. Journal of the Science of Food & Agriculture, 2016, 97（5）:1624.

[136] 马玉华, 马小卫, 武红霞, 等. 不同类型芒果果肉类胡萝卜素、香气和糖酸品质分析 [J]. 热带作物学报,2015, 36（12）:2283-2290.

[137] 刘灵芝, 陈延伟, 廖红梅, 等. 高效液相色谱法测定广西芒果中糖组分含量 [J]. 食

品安全质量检测学报，2016，7（9）:3492-3496.

[138] LIU F X, FU S F, BI X F, et al. Physico-chemical and antioxidant properties of four mango（*Mangifera indica* L.）cultivars in China[J]. Food Chemistry, 2013, 138（1）: 396-405.

[139] 中华人民共和国国家食品药品监督管理总局. 食品安全国家标准 食品中果糖、葡萄糖、蔗糖、麦芽糖、乳糖的测定: GB 5009.8—2016[S]. 北京: 中国标准出版社, 2016.

[140] 姚改芳，张绍铃，曹玉芬，等. 不同栽培种梨果实中可溶性糖组分及含量特征 [J]. 中国农业科学，2010，43（20）:4229-4237.

[141] 武松，潘发明. SPSS 统计分析大全 [M]. 北京:清华大学出版社,2014.

[142] BRUNO G O, HELBER B C, JOS A V, et al. Chemical profile of mango（*Mangifera indica* L.）using electrospray ionisation mass spectrometry（ESI-MS）[J]. Food Chemistry, 2016（204）: 37-45.

[143] 赵爱玲，薛晓芳，王永康，等. 枣和酸枣果实糖酸组分及含量特征分析 [J]. 塔里木大学学报,2016, 28（3）:29-36.

[144] 陈秀萍，许奇志，蒋际谋，等. 龙眼鲜果与干果的糖组分分析 [J]. 中国南方果树，2019，48（4）:69-72.

[145] 黄丽萍，张倩茹，尹蓉，等. 不同品种桃果实糖、酸、Vc 含量分析 [J]. 农学学报，2017，7（10）:51-55.

[146] 徐慧，王磊，饶桂维. 高效液相色谱法同时测定苹果中 3 种糖及主成分分析和聚类分析 [J]. 化学分析计量,2018,27（5）:16-20.

[147] 安景舒，关晔晴，关军锋，等. 不同品种和产地梨果实可溶性糖组分比较 [J]. 食品安全质量检测学报,2018,9（23）:6124-6129.

[148] 李靖. 枇杷成熟果实中可溶性糖组分及含量分析 [J]. 安徽农业科学，2017，543（2）:89-91.

[149] 高贤玉，张发明，柏天琦，等. 云南 10 个芒果栽培品种糖酸组分分析 [J]. 中国热带农业，2019（5）:54-59.

[150] 陈多谋，文攀，杭瑜瑜，等. 三种芒果果皮及果肉中膳食纤维的组分研究 [J]. 食品研究与开发,2016，37（8）:9-14.

[151] 邓家刚，杨柯，阎莉，等. 芒果苷对免疫抑制小鼠 T 淋巴细胞增殖的影响 [J]. 中药药理与临床,2007,23（5）:64-65.

[152] 邓家刚，杨柯，郑作文，等. 芒果苷在鸭体内抑制鸭乙型肝炎病毒感染的实验研究 [J]. 广西中医学院学报,2007,20（1）:1-3.

[153] 程鹏，彭志刚，杨杰，等. 芒果苷对白血病 K562 细胞端粒酶活性和凋亡的影响 [J].

中药材,2007,30(3):306-309.

[154] 戴航,侯小涛,周丽霞,等. 正交试验法优选芒果叶中槲皮素的提取工艺 [J]. 广西中医药,2006,29(5):54-55.

[155] 何勤,徐雄良,柯尊洪,等. 正交试验法优选槐米中槲皮素的提取工艺 [J]. 中草药,2003,34(5):409-412.

[156] 唐爱莲,刘宁,程难秋. pH 值对芦丁提取工艺影响及槲皮素制备工艺的研究 [J]. 桂林医学院学报,1994,7(3):29-32.

[157] 肖艳华. 从银杏叶中提取香豆槲皮素的研究 [J]. 武汉化工学院学报,1999,21(4):19-21.

[158] 徐雄良,张志荣,柯尊洪,等. RP-HPLC 法测定槐米中槲皮素的含量 [J]. 中草药,2003,34(6):565-567.

第二章　牛油果

一、牛油果的概述

牛油果（拉丁学名：*Persea americana*）又名鳄梨、油梨、樟梨、酪梨、乳木果，木兰亚纲樟目樟科鳄梨属落叶植物。牛油果树为常绿乔木，耐阴植物。高 10~15 m，树皮灰绿色，纵裂。叶互生，长椭圆形、椭圆形、卵形或倒卵形，长 8~20 cm，宽 5~12 cm；先端极尖，基部楔形、极尖至近圆形，革质；上面绿色，下面通常稍显苍白色；幼时上面疏被、下面极密被黄褐色短柔毛，老时上面无毛，下面疏被微柔毛；羽状脉，中脉在上面下部凹陷、上部平坦，在下面明显凸出，侧脉每边 5~7 条，上面微隆起，下面明显凸出；叶柄长 2~5 cm，腹面略具沟槽，略被短柔毛。聚伞状圆锥花序长 8~14 cm，多数生于小枝的下部。具梗，总梗长 4.5~7 cm，与各级序轴被黄褐色短柔毛；苞片及小苞片线形，长约 2 mm，密被黄褐色短柔毛。

花淡绿带黄色，长 5~6 mm，花梗长 6 mm，密被黄褐色短柔毛。花被两面密被黄褐色短柔毛，花被筒倒锥形，长约 1 mm，花被裂片 6 枚，长圆形，长 4~5 mm，先端钝，外轮 3 枚略小，均花后增厚而早落。能育雄蕊 9 个，长约 4 mm，花丝丝状，扁平，密被疏柔毛，花药长圆形，先端钝，4 室，第一、二轮雄蕊花丝无腺体，花药药室内向，第三轮雄蕊花丝基部有一对扁平橙色卵形腺体，花药药室外向。退化雄蕊 3 个，位于最内轮，箭头状心形，长约 0.6 mm，无毛，具柄，柄长约 1.4 mm，被疏柔毛。子房卵球形，长约 1.5 mm，密被疏柔毛，花柱长 2.5 mm，密被疏柔毛，柱头略增大，盘状。果大，通常梨形，有时卵形或球形，长 8~18 cm，黄绿色或红棕色，外果皮木栓质，中果皮肉质，可食。花期 2—3 月，果期 8—9 月。

二、牛油果的产地与品种

牛油果已有上百万年的历史。在远古时期它是大型哺乳动物（如猛犸象、雕齿兽）的食物，果实中丰富的脂肪能满足这些动物的能量需求。经历了漫长的地质变化，人类出现了。一部分人在美洲大陆扩散并扎根。其中，墨西哥先民阿兹特克（Aztec）人发现了牛油果，并逐渐学会食用和种植牛油果。在墨西哥近代 200 年的历史中，牛油果变得和玉米一样寻常，人们把它做成酱料蘸着主食（如墨西哥薄饼）吃。

19 世纪 70 年代，有人将墨西哥的牛油果树带到美国种植。牛油果深褐色或深绿色的表皮疙疙瘩瘩，活像鳄鱼皮，因此人们直截了当给它起名叫鳄梨（alligator pear）。这种"披着鳄鱼皮的梨"不但长得丑,而且味道怪怪的,在美国市场的命运可想而知。墨西哥牛油果种植者协会认为其销量不佳的原因是名字没起好,因此将鳄梨的名字改为牛油果(avocado)。

1992 年,《北美自由贸易协定》的签署使得美国放宽了对墨西哥水果的进口限制,墨西哥牛油果在美国市场占了很大比重,而墨西哥牛油果在全球也保持最大产量, 2017 年达 199.7 万吨,刷新了历史纪录。紧随墨西哥之后的牛油果大国是智利、秘鲁,这三个国家在牛油果市场上一度形成三足鼎立之势。

(一)牛油果的产地

牛油果原产于中美洲和墨西哥,为常绿乔木,是一种著名的热带水果,也是木本油料树种之一。目前,全世界热带和亚热带地区均有种植,以美国南部、危地马拉、墨西哥及古巴栽培最多。我国于 1918 年引进牛油果,广西职业技术学院何国祥教授从 20 世纪 70 年代开始研究牛油果种植,他把牛油果送给亲朋好友品尝,但大家不喜欢这种果子。"饭都吃不饱的年代,希望吃到的水果是甜的。"人们这样拒绝他。目前,我国海南、台湾、广东、广西、福建、浙江、江西、云南、四川等省(区)都有种植。

(二)牛油果的品种

牛油果主要分为墨西哥系、西印度系和危地马拉系三大种群,栽培历史不足 100 年。

1. 墨西哥系

墨西哥系的牛油果叶子比较小,形状为长椭圆形,两端都比较尖,揉搓一下有茴香的味道。它的果实不大,果皮很薄,外表比较光滑。通常在开花后 6~8 个月果实才能成熟,含油量比较高。这一系的牛油果抗寒能力强,耐轻霜,可以抵挡零下 7~8 ℃的低温。主要品种有绿色种和紫色种,其他优良品种包括杜克、甘特、墨西哥拉、托帕托帕等。

2. 西印度系

西印度系的牛油果叶子没有茴香味,颜色为黄绿色。它的果皮很平滑,通常为革质,比较柔软,很容易和果肉分离。由于品种较多,因此果实的大小不一,小的只有 100 g,大的可达 1 000 g。这一系的牛油果耐寒性很差,只能在热带低海拔地区种植。常见的品种有哈里早熟、大绿、坡洛克、瓦尔丁等。

3. 危地马拉系

危地马拉系的牛油果叶子比较大,颜色为绿色,没有茴香味。它的果实比墨西哥系的大,果皮比较粗糙,种子也很大,抗寒性介于墨西哥系和西印度系之间。主要品种有塔佛特、哈尔曼和多纳德等。

三、牛油果的主要营养和活性成分

(一)牛油果的营养成分

牛油果为一种营养价值很高的水果,有"1个牛油果相当于3个鸡蛋"的美誉,吉尼斯世界纪录甚至把牛油果评为最有营养的水果。牛油果果仁所含油脂是一种不干性油,有温和的香气,没有刺激性,酸度小,乳化后可以长久保存,可供食用和制造医药、化妆品用。与一般水果相比,牛油果具有极高的营养价值,果肉脂肪含量高,有"树木黄油"的美称,可与黄油媲美。在墨西哥等主产国,牛油果是当地居民的主食之一。牛油果营养丰富,对人体有相当好的保健功效。此外,牛油果富含脂肪酸、膳食纤维、类胡萝卜素、多酚类物质、谷胱甘肽等功能性成分,有健胃清肠、降血脂、降血压、抗癌、保护心血管和肝脏系统等重要生理功能,是一种深受消费者欢迎的保健水果。成熟的牛油果每100 g可食部分的营养物质含量详见表2-1。

表 2-1　成熟的牛油果每 100 g 可食部分的营养物质含量

食品中文名	牛油果	食品英文名	Fuerte avocado
食品分类	水果类及制品	可食部	100.00%
来源	英国食品标准局	产地	英国
营养素含量(100 g 可食部食品中的含量)			
能量/kJ	780	蛋白质/g	2.1
脂肪/g	19.3	饱和脂肪酸/g	3.5
多不饱和脂肪酸/g	1.8	单不饱和脂肪酸/g	12.9
碳水化合物/g	1.9	糖/g	0.5
钠/mg	9	膳食纤维/g	3.4
维生素 A/μg 视黄醇当量	3	维生素 B_2(核黄素)/mg	0.19
维生素 E/mg α-生育酚当量	3.2	维生素 B_1/mg	0.12
烟酸(烟酰胺)/mg	1	维生素 B_6/mg	0.34
钾/mg	430	维生素 C/mg	5
钙/mg	11	叶酸/μg 叶酸当量	13
锌/mg	0.6	生物素/μg	3.6
硒/μg	(Tr)	磷/mg	43
水分/g	73	镁/mg	25
铁/mg	0.4	锰/mg	0.2
碘/μg	2	胡萝卜素/μg	16
铜/mg	0.35		

注:Tr 表示微量,即低于目前检出方法的检出限或未检出,下同。

(二)牛油果的活性成分

牛油果中的脂肪含量较高,这是健康的不饱和脂肪酸,不同于炸鸡中的油脂。牛油果含有约 2% 蛋白质,膳食纤维和钾的含量也高于其他水果。

1. 叶酸

牛油果是叶酸的良好来源,1 个牛油果约含 57 μg 叶酸,即人每日摄取量的28%。牛油果可以预防胎儿畸形,对于补充叶酸有帮助。孕妇食用牛油果能预防胎儿先天性神经管缺陷;另外,食用牛油果还能降低成年人患癌症和心脏病的概率。

2. 维生素

牛油果果实可食部分中含有大量的维生素,其中维生素 B_6 能够帮助控制与心脏病高发风险相关的疏基丙氨酸及半胱氨酸同源氨基酸的水平,降低血液中的胆固醇含量和降低心脏病的风险;维生素 C 和维生素 E 能够减缓低密度脂蛋白胆固醇氧化反应,有效降低高胆固醇血症患者的动脉粥样硬化指数;维生素 A、维生素 E 和维生素 B_2 可以保护眼睛,缓解视力下降。

3. 矿物质

牛油果中含有丰富的钾、钙、铁、镁、磷、钠、锌、铜、锰、硒等矿物质,尤其是铁和钾的含量比一般水果要高,在防治贫血症方面具有良好的功效。牛油果中的镁有利于缓解经前症候群、偏头痛、焦虑情绪和其他不适感。

4. 脂肪

牛油果中含有的油酸是一种单不饱和 Omega-9 脂肪酸,可代替膳食中的饱和脂肪酸,能降低诱导人体冠心病发病的低密度脂蛋白胆固醇(LDL-C)和总胆固醇的比重,有降低胆固醇、减脂的功效。

5. 氨基酸

牛油果是游离氨基酸含量较高的水果之一,主要氨基酸有天冬酰胺、天冬氨酸、谷氨酰胺和谷氨酸,其他氨基酸有丝氨酸、苏氨酸、丙氨酸、缬氨酸和胱氨酸。几种食物中的氨基酸成分比较见表 2-2。

表 2-2　几种食物中的氨基酸成分比较

氨基酸	食物/(mg/100 g)					
	鸡蛋	甜橙	牛油果	香蕉	无花果	仙人桃
异亮氨酸	778	23	47	32	36	40
亮氨酸	1 091	22	76	53	51	52
赖氨酸	863	43	59	46	48	40
苯丙氨酸	709	30	48	44	28	54
丝氨酸	515	17	32	29	51	—

续表

氨基酸	食物/(mg/100 g)					
	鸡蛋	甜橙	牛油果	香蕉	无花果	仙人桃
胱氨酸、半胱氨酸	301	10	—	30	19	—
蛋氨酸	416	12	29	22	10	7
苏氨酸	634	12	40	38	38	48
色氨酸	—	6	—	—	10	8
缬氨酸	847	31	63	45	46	37
精氨酸	754	52	47	81	27	38
组氨酸	301	12	25	81	17	15

6. 脂肪酸

牛油果中脂肪酸含量与牛油果品种、成熟度、种植区域及栽培技术等因素有关,不同品种间脂肪酸含量差异较大。随着果实的成熟,牛油果中饱和脂肪酸含量逐渐降低,而不饱和脂肪酸含量逐渐升高。奥兹德米尔(Ozdemir)等发现,在不同时期(11月、12月和次年1月)采收的富埃尔特牛油果和哈斯牛油果果实中的干物质、脂肪和脂肪酸含量有显著的不同,干物质和脂肪含量随着留树时间的延长而升高,不同脂肪酸含量变化不一致,油酸含量逐渐升高,其他脂肪酸(尤其是棕榈酸)含量逐渐降低。相较于11月份采收的果实,次年1月份采收的果实的棕榈酸含量降低46.5%。一般每100 g果蔬的脂肪含量仅为0.1~0.2 g,而牛油果的脂肪含量高达19 g以上。此外,牛油果中的脂肪酸极易被人体消化吸收,吸收率高达93.7%,其营养价值与奶油相仿。据文献报道,牛油果脂肪酸中71%为单不饱和脂肪酸(MUFA),13%为多不饱和脂肪酸(PUFA),16%为饱和脂肪酸(SFA)。其中肉豆蔻酸(又称十四(烷)酸)微量~2.1%,棕榈酸(又称十六(烷)酸)2%~38.9%,硬脂酸微量~1.3%,油酸34%~81%,亚油酸6%~26.6%,癸酸微量~0.1%,月桂酸(又称十二(烷)酸)微量~0.2%,亚麻酸2.1%~5.8%,十六碳烯酸0.8%~3%。牛油果富含大量单不饱和脂肪酸和多不饱和脂肪酸,能够帮助降低人体血液中的胆固醇含量和降低心脏病的风险。单不饱和脂肪酸还能有效预防衰老引起的视功能障碍。

7. 膳食纤维(DF)

牛油果果实中80%的碳水化合物为膳食纤维,且不溶性膳食纤维(IDF)占70%,可溶性膳食纤维(SDF)占30%。纳维(Naveh)等报道,新鲜的埃廷格(Ettinger)牛油果中,膳食纤维含量达到5.2 g/100 g。向患高胆固醇血症的大鼠饮食中添加牛油果果肉,他们发现其血浆中胆固醇含量明显降低,这说明膳食纤维对大鼠肝脂肪代谢有干预作用。此外,牛油果果实中的膳食纤维还具有维系正常的消化功能、维护肠道健康、维持健康的体重、降血脂、降血压、抗癌等功效。

8. 类胡萝卜素

牛油果中的类胡萝卜素大部分为叶黄素。据报道,在哈斯牛油果中,叶黄素和隐黄质是主要的类胡萝卜素,约占总类胡萝卜素含量的90%,且每30 g牛油果中含有隐黄质300~500 μg。牛油果中的叶黄素和隐黄质可以预防紫外光和可见光辐照引发的皮肤损伤,叶黄素又能有效地降低视网膜退化和患白内障等眼科疾病的风险,减少循环的氧化型低密度脂蛋白胆固醇,减少对血管的损害,还可减少DNA氧化性损伤,延缓衰老。有研究表明,高水平的血浆叶黄素含量与颈动脉内膜中层厚度负相关,食用牛油果可以预防早期动脉粥样硬化。Lu等的研究表明,牛油果中的脂溶性提取物含有大量的类胡萝卜素(其中叶黄素占总类胡萝卜素含量的70%)和维生素E,能显著抑制雄激素依赖性(LN-CaP)和非依赖性(PC-3)前列腺癌细胞的增生。此外,类胡萝卜素能抑制人类乳腺癌细胞的生长和抑制肝损伤。

9. 酚类物质

牛油果可食部分还含有大量的酚类化合物,每30 g牛油果中含有没食子酸60 mg,总抗氧化能力以维生素E当量计可达600 μmol。牛油果中所含的酚类物质具有抗氧化作用,对预防心脑血管疾病具有一定作用。此外,牛油果果仁和果皮中也含有大量的多酚、原花青素、类胡萝卜素等物质,具有潜在的抗癌、抗氧化能力。Gu等研究发现,牛油果果皮和果仁中的原花青素含量高于天然可可粉和黑巧克力,原花青素对牛油果的抗氧化活性具有较大的贡献。Wang等的研究表明:与牛油果果皮和果肉相比,牛油果果仁中多酚含量最高,抗氧化能力最强,果仁中多酚含量占总酚含量的64%,果皮、果肉中多酚含量分别占总酚含量的23%、13%;整个水果中果仁和果皮的抗氧化能力贡献率分别为57%和38%。Song等的研究也得出牛油果果仁的抗氧化能力最强、果肉的抗氧化能力最弱的结论。但考尔德伦(Calderón)等的研究表明,牛油果果皮提取物中的山奈素、表儿茶素、绿原酸、表儿茶素没食子酸酯等多酚化合物含量高于果仁,抗氧化活性强于种子提取物。

10. 谷胱甘肽

谷胱甘肽是一种由谷氨酸、半胱氨酸及甘氨酸组成的含γ-酰胺键和巯基的三肽,具有抗氧化作用。美国国家癌症研究所发现,每30 g牛油果含有8.4 mg谷胱甘肽。研究表明,食用牛油果能够帮助维系健康的免疫系统,这是因为牛油果中的谷胱甘肽蛋白为强有力的抗氧化物质,与免疫系统健康密切相关。当淋巴细胞中的谷胱甘肽蛋白维持在适中的平衡水平时,人体的免疫系统即可发挥最好的效能。此外,卡斯蒂略(Castillo)等的研究表明,谷胱甘肽摄入量的增加与口腔癌和咽喉癌发病率的降低有显著的关系。

总而言之,牛油果中的多种功能成分具有预防疾病和保健的功效。韦思申福尔德(Weschenfelder)等研究发现,对于超重和肥胖的成年人来说,每天食用一个牛油果能降低血浆中氧化型低密度脂蛋白的水平和增强血浆的抗氧化性。20世纪90年代,大量临床研究表明,在日常饮食中添加牛油果对高胆固醇血症、典型2型糖尿病患者的血脂水平有积极的影响。对于高胆固醇血症患者,牛油果通过减少低密度脂蛋白胆固醇、甘油三酯和增加高密度脂蛋白胆固醇来调节血脂水平;而对于健康人群,牛油果能通过减少低密度脂蛋白胆固醇,维持甘油三酯水平和增加高密度脂蛋白胆固醇来调节血脂水平。

四、牛油果中活性成分的提取、纯化与分析

(一)牛油果中 β- 谷甾醇等植物甾醇的分析

1. 仪器、材料和试剂

本试验用到的仪器为: LGJ-25C 型冷冻干燥机,北京四环科学仪器厂有限公司;FW100 型高速万能粉碎机,天津泰斯特仪器有限公司;SER148 型全自动脂肪测定仪,北京盈盛恒泰科技有限公司;TSQ8000 气相色谱串联三重四极杆质谱仪,美国 Thermo 公司;全波长酶标仪,美国 Thermo 公司;高速冷冻离心机,美国 Beckman Coulter 公司;牛津杯,北京先驱威锋技术开发公司;游标卡尺,上海精密仪器仪表有限公司。

本试验用到的材料为购自当地超市的牛油果样品。

本试验用到的试剂为:甾醇标准品(胆固醇、胆甾烷醇、菜籽甾醇、环木菠萝烯醇、麦角固醇、菜油甾醇、豆甾醇、β- 谷甾醇)、衍生剂(N- 甲基 -N- 三甲基硅烷基七氟丁酰胺与 1- 甲基咪唑按照 95︰5 的体积比配制)、DPPH,美国 Sigma 公司;吩嗪硫酸甲酯(PMS)、还原性辅酶Ⅰ(NADH)、氯化氮蓝四唑(NBT)、维生素 E,西亚试剂公司;正己烷、二氯甲烷、丙酮,均为国产色谱纯;盐酸、乙醚、石油醚、乙醇,均为国产分析纯。

2. 试验方法

1)牛油果油的制备与保存

取牛油果,去皮、去核,将可食部分切成小块,用冷冻干燥机进行冷冻干燥(在 -70 ℃下干燥 74 h),再用高速万能粉碎机粉碎,之后密封置于 4 ℃的环境中保存。取约 5 g 冷冻干燥后的牛油果置于恒重的烧杯(其质量为 m_1(g))中,总质量为 m_2(g),在 110 ℃下加热干燥至恒定质量 m_3(g)。按照以下公式计算出牛油果经冷冻干燥至恒重后的干物质质量分数。取 2 g 冻存的样品放入滤纸筒中,再将滤纸筒放入提取筒中,并加入 30 mL 石油醚。将提取筒放入全自动脂肪提取仪中,在 65 ℃下加热 1 h,提起滤纸筒,在 65 ℃下继续抽提 1.5 h,用差量法获得油脂质量分数,平行测定 3 次,计算其平均值。将油脂置于 -20 ℃的黑暗环境中保存。

$$干物质质量分数 = \frac{m_3 - m_1}{m_2 - m_1} \times 100\% \qquad (2\text{-}1)$$

2)提取

取 50 mg 上述油脂样品,加入 20 μg 胆甾烷醇作为内标,加入 2 mol/L 氢氧化钾 - 乙醇溶液 2 mL,旋转振荡 1 min 混匀。在 70 ℃水浴中振摇 45 min,冷却至室温。加入二氯

甲烷 5 mL、超纯水 3 mL，混合均匀，以 6 000 r/min 的转速离心 5 min，弃上清液。再用 5 mL 超纯水洗 3 次，弃上清液。使用氮气吹干有机相，在 4 ℃下贮存备用。

3）仪器参考条件

（1）色谱条件

色谱柱为 DB-5 石英毛细管柱（0.25 mm × 30 m，0.25 μm）；升温程序为在 100 ℃下保持 1 min，然后以 10 ℃/min 的速率升温至 290 ℃，保持 10 min；载气为氦气；载气流速为 1.2 mL/min；压力为 2.4 kPa；进样量为 0.5 μL；不分流进样。

（2）质谱条件

电子轰击离子源；电子能量为 70 eV；传输线温度为 290 ℃；离子源温度为 250 ℃；母离子质荷比（m/z）为 285；激活电压为 1.5 V；质量扫描范围为 35~500（m/z）；质谱扫描模式为单离子监测扫描。

4）测定

称取各甾醇标准品 5 mg（β- 谷甾醇 10 mg），分别用丙酮配制浓度为 0.1 mg/mL、0.2 mg/mL、0.3 mg/mL、0.4 mg/mL、0.5 mg/mL 的甾醇混合标准溶液。用氮气吹干后，向甾醇混合标准溶液与提取的甾醇样品中加入 100 μL 衍生剂，于 75 ℃下衍生 20 min。使用正己烷定容到 1 mL，进样 1 μL，用气相色谱 - 串联质谱（GC-MS/MS）检测。以甾醇混合标准溶液质量浓度为横坐标，以各甾醇峰面积（经内标校正）为纵坐标，绘制标准工作曲线，用标准工作曲线对试样进行定量，得到其检测浓度。

3. 测定结果

如图 2-1 所示，混合标准品中的各植物甾醇在上述条件下能达到很好的分离效果。

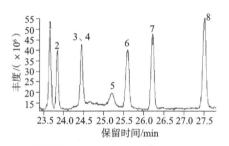

1—胆固醇；2—胆甾烷醇；3、4—环木菠萝烯醇、菜籽甾醇；5—麦角固醇；6—菜油甾醇；7—豆甾醇；8—β- 谷甾醇

图 2-1　植物甾醇混合标准品色谱

由表 2-3 可知，在植物甾醇混合标准品中，β- 谷甾醇在 10~1 000 μg/mL 范围内标准曲线的相关系数为 0.999 9，其他 7 种甾醇在 10~500 μg/mL 范围内标准曲线的相关系数均大于 0.999；β- 谷甾醇检出限为 1.0 mg/kg，其他 7 种甾醇检出限为 0.5 mg/kg。

表 2-3 植物甾醇混合标准品分析定量参数和检出限

化合物名称	线性方程	相关系数	检出限/(mg/kg)
胆固醇	$A=1\,228.1\rho+16\,994$	0.999 5	0.5
胆甾烷醇	$A=1\,818.5\rho+14\,167$	0.999 6	0.5
环木菠萝烯醇	$A=170.07\rho-1\,344.8$	0.999 4	0.5
菜籽甾醇	$A=134.69\rho+822.48$	0.999 7	0.5
麦角固醇	$A=602.56\rho-4\,498.8$	0.999 6	0.5
菜油甾醇	$A=808.52\rho+2\,367$	0.999 9	0.5
豆甾醇	$A=1\,219.4\rho-10\,056$	0.999 9	0.5
β- 谷甾醇	$A=587.82\rho-11\,853$	0.999 9	1.0

以标准品保留时间和 GC-MS/MS 中的离子碎片对牛油果中的主要甾醇进行定性、定量分析,其主要甾醇的质谱条件如表 2-4 所示, GC-MS/MS 总离子流色谱如图 2-2 所示。经 GC-MS/MS 鉴定出牛油果果肉中所含的 4 种甾醇,即 β- 谷甾醇、菜油甾醇、胆固醇、豆甾醇,其含量分别为 59.47 mg/100 g、30.36 mg/100 g、15.34 mg/100 g、2.72 mg/100 g。此外,在保留时间为 26.51 min 和 27.17 min 时,发现两种未知物质丰度较高,由于植物甾醇标准品有限而未能鉴定出是什么物质,只能确定其主要的离子质荷比分别为 372、463 以及 255、369。已鉴定出的 4 种甾醇总含量为 107.89 mg/100 g。而一般果蔬的甾醇含量在 50 mg/100 g 以下,如苹果、草莓、猕猴桃等的甾醇含量均低于 20 mg/100 g。显而易见,与其他果蔬相比,牛油果的甾醇含量较高。

表 2-4 牛油果中植物甾醇质谱条件

化合物	保留时间/min	定量离子碎片(m/z)	碰撞能量/eV	定性离子碎片(m/z)	碰撞能量/eV
胆固醇	23.67	353.4~458.5	10	368.4~458.5	0.5
胆甾烷醇	23.84	355.4~460.5	10	370.4~460.5	0.5
环木菠萝烯醇	24.43	159.4~365.4	5	197.2~365.4	0.5
菜籽甾醇	24.44	380.4~470.5	15	365.4~470.5	0.5
麦角固醇	25.22	363.4~468.5	10	378.3~468.5	0.5
菜油甾醇	25.60	382.4~472.4	5	367.4~472.4	0.5
豆甾醇	26.22	394.4~484.5	5	379.4~484.5	0.5
β- 谷甾醇	27.50	396.5~486.5	5	381.5~486.5	1.0

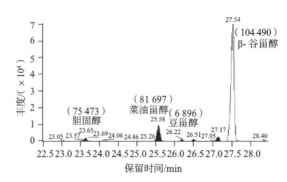

图 2-2　牛油果中植物甾醇 GC-MS/MS 总离子流色谱

4.研究结论

植物甾醇是一种重要的植物功效成分,几乎存在于所有植物性食物中。大量流行病学资料和实验室研究证明:人类许多慢性病(如冠状动脉硬化性心脏病、癌症、良性前列腺肥大等)的发生率较低与摄入较多的植物甾醇有关。牛油果中含量最丰富的植物甾醇是 β- 谷甾醇,其在降低胆固醇水平、消炎解热、抗氧化、抗肿瘤和抗癌等方面发挥着重要的作用。因此,选取牛油果进行植物甾醇功能成分的检测是具有一定积极意义的。

(二)牛油果中果糖、甘露庚酮糖等可溶性糖组分的含量分析

1.材料与试剂

2016 年 7—8 月,笔者分别于海南省儋州市中国热带农业科学院果树基地和广西壮族自治区南宁市广西职业技术学院果树基地采集优良牛油果资源 RN-7、RN-8 和桂研10 号果实样品。每个品种在同一株树树冠外围中上部采摘 9 个具有代表性的成熟果实,置于 −20 ℃的冰箱中保存,用于可溶性糖组分测定。

试验分析所用的糖组分标准品为甘露庚酮糖、甘露庚糖醇、葡萄糖、果糖和蔗糖,内标为麦芽糖,上述标准品及甲醇(色谱纯)等其他药品均购自美国 Sigma 公司。

2.试验方法

1)可溶性糖组分提取

用刀将牛油果切开,取出果核,将果肉鲜样去皮。用超纯水洗净果肉和果核,然后擦干。将每个品种的 9 个成熟果实的果肉和果核切碎,各自混匀。取果肉(或果核)0.50 g,加入 4.0 mL 超纯水研磨成匀浆;将匀浆全部移入 50 mL 离心管中,再用 2 mL 提取液洗涤研钵并转至离心管,重复 3 次,总体积为 10 mL。每组设置平行样 3 个。在 90 ℃下振荡提取 60 min,随后于 10 000 r/min 的转速下离心 15 min,收集上清液,过 0.22 μm 滤膜,待测。

2)色谱条件

色谱柱为 Penomenex 氨基柱(250 mm×4.6 mm);柱温为 25 ℃;检测器为蒸发光检

测器（ELSD）；流动相为乙腈和超纯水，流速为 1 mL/min，进样量为 20 μL，增益为 1，漂移管温度为 60 ℃；喷雾器模式为加热；动力水平为 50%；压力为 25 psi（172.4 kPa）。

3）可溶性糖组分测定

测试分析方法采用内标法，内标为麦芽糖。每个品种的牛油果果肉和果核样品均重复测定 3 次。

4）数据分析

采用 SPSS 19.0 对数据进行方差和邓肯（Duncan）多重比较分析（$P<0.05$）。

3. 测定结果

1）不同品种牛油果果肉与种子可溶性糖组分及其含量

由表 2-5 可知，3 个品种的成熟牛油果果肉的可溶性总糖含量差异显著，其中 RN-8 果肉的可溶性总糖含量最高，为（25.94±0.98）mg/g FW；由计算可知，3 个品种的成熟牛油果果肉的可溶性总糖平均含量为（18.08±0.48）mg/g FW。果肉可溶性总糖由果糖、葡萄糖、甘露庚酮糖和甘露庚糖醇 4 个组分组成。在 3 个品种的成熟牛油果果肉中，甘露庚酮糖在 4 个可溶性糖组分中含量均最高，平均含量达（10.61±0.42）mg/g FW，占总糖含量的 58.68%。以桂研 10 号为例，牛油果果肉可溶性糖组分液相色谱见图 2-3。3 个品种的成熟牛油果果肉的甘露庚酮糖含量差异显著，其中 RN-8 果肉的甘露庚酮糖含量最高。

表 2-5　牛油果果肉中可溶性糖组分及其含量　　　　　　　　（mg/g FW）

来源地	种质编号	果糖	葡萄糖	甘露庚酮糖	甘露庚糖醇	总糖
海南	RN-7	（2.38±0.00）a	（2.30±0.01）b	（5.69±0.22）a	（2.82±0.09）b	（13.19±0.32）a
	RN-8	（2.38±0.00）a	（2.27±0.00）a	（18.72±0.97）c	（2.57±0.01）a	（25.94±0.98）c
广西	桂研 10 号	（2.41±0.02）b	（2.47±0.00）c	（7.41±0.08）b	（2.81±0.03）b	（15.10±0.13）b

注：同列不同小写字母表示差异显著（$P<0.05$），下表同。

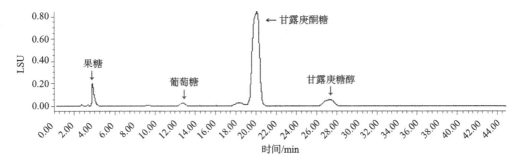

图 2-3　牛油果（桂研 10 号）果肉可溶性糖成分液相色谱

3 个品种的成熟牛油果果肉的甘露庚糖醇平均含量达（2.73±0.04）mg/g FW，占总糖含量的 15.10%。RN-8 果肉与 RN-7 和桂研 10 号果肉的甘露庚糖醇含量差异显著，

RN-7、桂研 10 号间的差异不显著,RN-7 果肉的甘露庚糖醇含量最高。

3 个品种的成熟牛油果果肉的果糖平均含量达(2.39±0.01)mg/g FW,占总糖含量的 13.22%。桂研 10 号果肉与 RN-7 和 RN-8 果肉的果糖含量差异不显著。

3 个品种的成熟牛油果果肉的葡萄糖平均含量仅为(2.35±0.00)mg/g FW,占总糖含量的 12.30%。3 个品种的成熟牛油果果肉的葡萄糖含量差异显著,其中桂研 10 号果肉的葡萄糖含量最高。

由表 2-6 可知,3 个品种的成熟牛油果种子的可溶性总糖含量之间差异显著,其中桂研 10 号种子的可溶性总糖含量最高;由计算可知,3 个品种的成熟牛油果种子的可溶性总糖平均含量为(25.09±1.61)mg/g FW。桂研 10 号牛油果种子可溶性糖组分液相色谱见图 2-4。种子可溶性总糖同样由果糖、葡萄糖、甘露庚酮糖和甘露庚糖醇 4 个组分组成。在 3 个品种的牛油果种子中,甘露庚糖醇在 4 个可溶性糖组分中平均含量最高,达(9.29±0.78)mg/g FW,占总糖含量的 37.03%。3 个品种的成熟牛油果种子的甘露庚糖醇含量差异显著,其中 RN-7 种子的甘露庚糖醇含量最高。3 个品种的成熟牛油果种子的果糖平均含量达(7.09±0.42)mg/g FW,占总糖含量的 28.26%;3 个品种的成熟牛油果种子的果糖含量差异显著,其中桂研 10 号种子的果糖含量最高。3 个品种的成熟牛油果种子的葡萄糖平均含量为(4.40±0.22)mg/g FW,占总糖含量的 17.54%;3 个品种的成熟牛油果种子的葡萄糖含量差异显著,其中桂研 10 号种子的葡萄糖含量最高。3 个品种的成熟牛油果种子的甘露庚酮糖平均含量仅为(4.31±0.19)mg/g FW,占总糖含量的 17.18%;3 个品种的成熟牛油果种子的甘露庚酮糖含量有所差异,其中桂研 10 号种子的甘露庚酮糖含量略高。

表 2-6　牛油果种子中可溶性糖组分及其含量　　　　　　　　　　　　（mg/g FW）

来源地	种质编号	果糖	葡萄糖	甘露庚酮糖	甘露庚糖醇	总糖
海南	RN-7	(5.35±0.92)b	(4.10±0.50)b	(4.23±0.38)b	(11.72±1.90)c	(25.40±3.70)b
	RN-8	(3.56±0.04)a	(2.73±0.03)a	(4.15±0.06)a	(10.03±0.39)b	(20.47±0.52)a
广西	桂研 10 号	(12.35±0.30)c	(6.37±0.13)c	(4.56±0.13)c	(6.13±0.04)a	(29.41±0.60)c

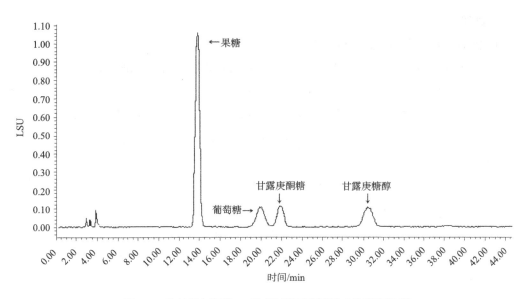

图 2-4　牛油果(桂研 10 号)种子可溶性糖成分液相色谱

2)牛油果果肉与种子可溶性糖组分及含量比较

在果肉中，4 种糖组分平均含量从高到低排序为甘露庚酮糖 > 甘露庚糖醇 > 果糖 > 葡萄糖;而在种子中, 4 种糖组分平均含量从高到低排序为甘露庚糖醇 > 果糖 > 葡萄糖 > 甘露庚酮糖。果糖、葡萄糖和甘露庚糖醇在果肉中的含量小于对应的种子中的含量,而甘露庚酮糖在果肉中的含量大于对应的种子中的含量。甘露庚糖醇为甘露庚酮糖的代谢产物,说明在牛油果果肉和种子中,甘露庚酮糖转化为甘露庚糖醇的速率具有较大差异。3 个品种的牛油果果肉和种子之间可溶性总糖含量和各可溶性糖组分平均含量表明,甘露庚糖醇平均含量在果肉和种子之间差距最大,种子为果肉的 3.40 倍;其次是果糖,种子为果肉的 2.97 倍;第三是甘露庚酮糖,果肉为种子的 2.46 倍;第四是葡萄糖,种子为果肉的 1.87 倍;最后是可溶性总糖,种子为果肉的 1.39 倍。

(三)牛油果中牛油果油化学成分的分析

1. 仪器、试剂和材料

本试验用到的仪器为:美国 SFT-110 超临界 CO_2 萃取仪,美国 SFT 公司;萃取釜体积, 100 mL;SB5200 型双频超声波清洗器,上海德洋意邦仪器公司;Trace1300-ISQ 气相色谱质谱联用仪,赛默飞世尔科技公司。

本试验用到的试剂为:正己烷,色谱纯,天津益仁达化工有限公司;乙醚,分析纯。

本试验用到的材料均为市售牛油果。

2. 试验方法

1）超临界 CO_2 萃取、GC-MS 分析

将牛油果去皮、去核，将果肉部分于 50~60 ℃条件下烘干，用研钵研碎后装入物料袋，把物料袋放入萃取釜，拧上萃取釜盖子，然后设定条件进行萃取，萃取完毕后得淡黄色具香味的油状液体。萃取条件：CO_2 泵压力为 3 000 psi（20 685 kPa），萃取釜温度为 45 ℃，背压阀温度为 60 ℃，夹带剂为色谱纯正己烷 5 mL，萃取时间为 1 h。

（1）GC 条件

色谱柱为 Thermo Fisher Trace TR-5MS（30 m × 0.25 mm，0.25 μm）弹性石英毛细管柱；柱温 50 ℃，保持 1 min，以 5 ℃/min 的速率升温至 150 ℃，保持 3 min，再以 10 ℃/min 的速率升温至 300 ℃，保持 3 min；进样量为 1 μL，进样口温度 280 ℃；载气为高纯氦气（99.999%），载气流速为 1.0 mL/min；分流比为 50∶1；溶剂延迟时间为 4.5 min。

（2）MS 条件

离子源为电子轰击离子（EI）源，离子源温度为 290 ℃，传输线温度为 280 ℃，电子能量为 70 eV，发射电流为 25 μA，质量扫描范围为 50~500 amu。

（3）分析方法

根据计算机 NIST（美国国家标准与技术研究院）11 谱库对离子流图各个峰所对应的质谱图进行自动比对分析，以 RI 和 RSI 值均在 850 以上的化学结构作为对牛油果油各分离组分进行定性分析的依据，采用色谱峰面积归一化法进行相对定量。

2）超声波辅助 - 乙醚提取、CG-MS 分析

将干燥研碎后的牛油果果肉置于锥形瓶中，以乙醚为溶剂，于 SB5200 型超声波清洗器中进行超声波辅助 - 乙醚提取牛油果油。超声波清洗器工作频率为 49 kHz，提取温度为 25 ℃，重复提取 3 次，每次 0.5 h，合并提取液。旋蒸浓缩得深绿色油状液体。

（1）GC 条件

除程序升温方法不同外，其他条件同上。程序升温方法：柱温 50 ℃，保持 1 min，以 10 ℃/min 的速率升至 150 ℃，保持 3 min；再以 7 ℃/min 的速率升至 200 ℃，保持 3 min；最后以 3 ℃/min 的速率升至 300 ℃，保持 10 min。

（2）MS 条件

离子源为 EI 源，离子源温度为 290 ℃，传输线温度为 280 ℃，电子能量为 70 eV，发射电流为 25 μA，质量扫描范围为 50~500 amu。

（3）分析方法

根据 NIST11 谱库对离子流图各个峰所对应的质谱图进行自动比对分析，以 RI 和 RSI 值均在 850 以上的化学结构作为对牛油果油各分离组分进行定性分析的依据，采用色谱峰面积归一化法进行相对定量。

3. 测定结果

按试验条件和分析方法,从牛油果油中共鉴定出 66 种化合物:采用超临界 CO_2 萃取、GC-MS 分析鉴定出的化合物有 35 种,采用超声波辅助 - 乙醚提取、GC-MS 分析鉴定出的化合物为 36 种。其中,(Z)-2- 庚烯醛、反 -2- 辛烯醛、壬醛、(Z)-2- 癸烯醛和三反油酸甘油酯 5 种成分是两种方法所得牛油果油的共有成分。超临界 CO_2 萃取法的 GC-MS 分析结果见表 2-7。

表 2-7 超临界 CO_2 萃取法的 GC-MS 分析结果

类别	序号	保留时间 /min	中文名称	CAS 号	分子式	相对分子质量	相对含量 /%
醛类	1	5.24	糠醛	98-01-1	$C_5H_4O_2$	96	0.06
	2	6.77	庚醛	111-71-7	$C_7H_{14}O$	114	0.87
	3	8.34	(Z)-2- 庚烯醛	57266-86-1	$C_7H_{12}O$	112	0.44
	4	9.60	正辛醛	124-13-0	$C_8H_{16}O$	128	1.98
	5	11.30	反 -2- 辛烯醛	2548-87-0	$C_8H_{14}O$	126	1.19
	6	12.61	壬醛	124-19-6	$C_9H_{18}O$	142	4.48
	7	14.31	(Z)-2- 壬烯醛	60784-31-8	$C_9H_{16}O$	140	1.26
	8	13.90	(E)-2- 壬烯醛	18829-56-6	$C_9H_{16}O$	140	0.33
	9	15.57	癸醛	112-31-2	$C_{10}H_{20}O$	156	0.65
	10	17.26	(Z)-2- 癸烯醛	2497-25-8	$C_{10}H_{18}O$	154	8.22
	11	19.61	2- 十一烯醛	2463-77-6	$C_{11}H_{20}O$	168	2.63
	12	20.05	反 -2- 十一烯醛	53448-07-0	$C_{11}H_{20}O$	168	10.47
	13	27.00	十二醛(月桂醛)	112-54-9	$C_{12}H_{24}O$	184	0.54
	14	28.89	正十五碳醛	2765-11-9	$C_{15}H_{30}O$	226	0.39
酸类	1	14.86	辛酸	124-07-2	$C_8H_{16}O_2$	144	0.25
	2	17.59	壬酸	112-05-0	$C_9H_{18}O_2$	158	0.77
	3	33.49	反 -13- 十八碳烯酸	693-71-0	$C_{18}H_{34}O_2$	282	0.47
	4	33.83	棕榈油酸	373-49-9	$C_{16}H_{30}O_2$	254	0.53
醇类	1	8.63	正庚醇	111-70-6	C_7H_{16}	116	0.36
	2	9.96	1- 壬烯 -4- 醇	35192-73-5	C_9H_{18}	142	0.36
	3	22.13	鲸蜡醇(1- 十六烷醇)	36653-82-4	$C_{16}H_{34}O$	242	0.10
	4	26.03	2- 十六烷醇	14852-31-4	$C_{16}H_{34}O$	242	0.12
酯类	1	30.05	辛酸烯丙酯	4230-97-1	$C_{11}H_{20}O_2$	184	1.26
	2	36.75	三反油酸甘油酯	537-39-3	$C_{57}H_{104}O_6$	885	3.14
	3	37.40	2- 单棕榈酸甘油酯	23470-00-0	$C_{19}H_{38}O_4$	330	1.56
	4	38.82	单反油酸甘油酯	2716-53-2	$C_{21}H_{40}O_4$	356	2.88

类别	序号	保留时间 /min	中文名称	CAS 号	分子式	相对分子质量	相对含量 /%
烃类	1	6.51	壬烷	111-84-2	C_9H_{20}	128	0.05
	2	11.59	戊基环丙烷	2511-91-3	C_8H_{16}	112	0.22
	3	28.10	10-二十一(碳)烯	95008-11-0	$C_{21}H_{42}$	295	0.77
酮类	1	6.42	2-十七烷酮	2922-51-2	$C_{17}H_{34}O$	254	0.12
	2	12.16	2-壬酮	821-55-6	$C_9H_{18}O$	142	0.14
其他	1	9.15	2-戊基呋喃	3777-69-3	$C_9H_{14}O$	138	0.69
	2	14.14	2,5-二溴噻吩	3141-27-3	$C_4H_2Br_2S$	242	0.04
	3	26.56	氧化石竹烯	1139-30-6	$C_{15}H_{24}O$	220	0.73
其他	4	31.20	咖啡因	58-08-2	$C_8H_{10}N_4O_2$	194	1.46
合计	—	—	—	—	—	—	49.53

采用超临界 CO_2 萃取、GC-MS 分析鉴定出的化合物中,有醛类 14 种,酯类 4 种,醇类 4 种,酸类 4 种,烃类 3 种,酮类 2 种,杂环化合物 3 种及生物碱 1 种。

醛类是牛油果油的一类主要成分,是形成牛油果风味的一个重要因素,不仅种类较多(从庚醛至十一醛及其相应的 2-烯醛均存在于此油中),而且在超临界 CO_2 萃取法所提取的油中含量丰富,占油总量的 1/3 以上,以反-2-十一烯醛(10.47%)、(Z)-2-癸烯醛(8.22%)和壬醛(4.48%)等含量较高。牛油果油中的醛类成分绝大多数具特有的香气及感官性质,如糠醛具有类似于杏仁油的气味,壬醛具有脂肪香气等。

酯类是牛油果油的另一类主要成分,油脂又是该油中酯类成分的重要组成部分。其中的油脂有甘油亚麻酸酯、三反油酸甘油酯(在两种提取法中均被提取到)、单反油酸甘油酯和 2-棕榈酸单甘油酯。在超声波辅助-乙醚提取的牛油果油中,酯类成分(31.76%)约占油总量的 1/3,而其中的油脂(甘油亚麻酸酯,23.38%)又占酯类成分的 1/2 以上。

另外,在超声波辅助-乙醚提取的牛油果油中还检出含量相对较高的(角)鲨烯(3.51%),角鲨烯可用于肝病的治疗,并具一定的抗癌、防癌、增强体质及抗疲劳作用。这可能是牛油果发挥降低胆固醇及血脂水平、保护肝脏等生物活性作用的重要物质基础。此外,牛油果油中的鲸蜡醇及维生素 E 在滋润肌肤、延缓肌肤衰老等方面具有重要作用,是牛油果作为高级护肤品原料的一个重要依据。超声波辅助-乙醚提取法的 GC-MS 分析结果见表 2-8。

表 2-8 超声波辅助 - 乙醚提取法的 GC-MS 分析结果

类别	序号	保留时间 / min	中文名称	CAS 号	分子式	相对分子质量	相对含量 /%
醛类	1	6.39	（Z）-2- 庚烯醛	57266-86-1	$C_7H_{12}O$	112	0.17
	2	8.03	反 -2- 辛烯醛	2548-87-0	$C_8H_{14}O$	126	0.19
	3	8.71	壬醛	124-19-6	$C_9H_{18}O$	142	0.07
	4	9.00	2- 呋喃丙烯醛	623-30-3	$C_7H_6O_2$	122	0.09
	5	11.14	（Z）-2- 癸烯醛	2497-25-8	$C_{10}H_{18}O$	154	0.65
	6	12.10	2，4- 癸二烯醛	2363-88-4	$C_{10}H_{16}O$	152	0.62
	7	28.11	（Z）-9，17- 十八碳二烯醛	56554-35-9	$C_{18}H_{32}O$	264	2.13
酯类	1	9.74	3- 羟基 -γ- 丁内酯	5469-16-9	$C_4H_6O_3$	102	0.03
	2	14.97	邻苯二甲酸二甲酯	131-11-3	$C_{10}H_{10}O_4$	194	0.07
	3	22.99	邻苯二甲酸 -1- 己酯 -2- 异丁酯	17851-53-5	$C_{18}H_{26}O_4$	306	1.65
	4	25.42	（E）-11- 十六碳烯 -1- 醇乙酸酯	56218-72-5	$C_{18}H_{34}O_2$	282	0.39
	5	25.95	十六酸乙酯	628-97-7	$C_{18}H_{36}O_2$	284	1.16
	6	30.55	反十八烯酸乙酯	6114-18-7	$C_{20}H_{38}O_2$	310	2.33
	7	40.21	邻苯二甲酸二（ 2- 丙基戊基 ）酯	N/A	$C_{24}H_{38}O_4$	390	0.70
	8	46.40	甘油亚麻酸酯	18465-99-1	$C_{21}H_{36}O_4$	353	23.38
	9	59.63	乙酸环阿屯酯	1259-10-5	$C_{32}H_{52}O_2$	469	0.65
	10	63.56	三反油酸甘油酯	537-39-3	$C_{57}H_{104}O_6$	885	1.40
烃类	1	4.86	乙苯	100-41-4	C_8H_{10}	106	0.11
	2	10.27	1- 亚甲基 -1H- 茚	2471-84-3	$C_{10}H_8$	128	0.14
	3	11.98	1- 甲基萘	90-12-0	$C_{11}H_{10}$	142	0.09
	4	12.54	（−）-α- 荜澄茄油烯	17699-14-8	$C_{15}H_{24}$	204	0.16
	5	13.19	α- 蒎烯	3856-25-5	$C_{15}H_{24}$	204	0.22
	6	13.57	联苯	92-52-4	$C_{12}H_{10}$	154	0.03
	7	14.28	β- 石竹烯	87-44-5	$C_{15}H_{24}$	204	0.79
	8	14.36	2，6- 二甲基 -6-（ 4- 甲基 -3- 戊烯基）双环 [3.1.1] 庚 -2- 烯	17699-05-7	$C_{15}H_{24}$	204	0.62
	9	15.13	α- 石竹烯	6753-98-6	$C_{15}H_{24}$	204	0.10
	10	19.21	（E）-1，6- 十一碳二烯	N/A	$C_{11}H_{20}$	152	0.68
	11	22.04	菲	85-01-8	$C_{14}H_{10}$	178	0.33
	12	46.74	（角）鲨烯	111-02-4	$C_{30}H_{50}$	410	3.51
	13	53.07	豆甾 -3，5- 二烯	4970-37-0	$C_{29}H_{48}$	396	0.85
醇类	1	53.91	维生素 E	10191-41-0	$C_{29}H_{50}O_2$	431	0.37
	2	56.05	菜油甾醇	474-62-4	$C_{28}H_{48}O$	401	0.56
	3	57.82	γ- 谷甾醇	83-47-6	$C_{29}H_{50}O$	414	7.95

续表

类别	序号	保留时间 /min	中文名称	CAS 号	分子式	相对分子质量	相对含量 /%
其他	1	8.46	溴代异辛烷	18908-66-2	$C_8H_{17}Br$	193	0.13
	2	14.03	联二噻吩	492-97-7	$C_8H_6S_2$	166	0.15
	3	14.88	2, 2, 4- 三甲基 -1, 2- 二氢喹啉	147-47-7	$C_{12}H_{15}N$	173	0.08
合计	—	—	—	—	—	—	52.55

注：N/A 表示无 CAS 号。

　　从牛油果油中共鉴定出 66 种化合物,其中的醛类、油脂、(角)鲨烯、维生素 E、鲸蜡醇和咖啡因等对于维持牛油果的风味、发挥其生理功能及美容养颜等可能具重要作用,是牛油果中重要的物质基础。

　　在被鉴定出的 66 种成分当中,除(Z)-2- 庚烯醛、反 -2- 辛烯醛、壬醛、(Z)-2- 癸烯醛和三反油酸甘油酯,为两种提取法所得牛油果油的共有成分。由超临界 CO_2 萃取法得到的其余 30 种化合物,主要有醛类(10 种)、醇和酸(各 4 种)、酯类(3 种)、烃类(3 种),另外还包括酮类(2 种)、杂环化合物(2 种)及生物碱(1 种);由乙醚超声提取法得到的另外 31 种化合物,主要有醛类(3 种)、醇类(3 种)、酯类(9 种)、烃类(13 种)(其中包括萜烯 6 种)、杂环化合物(2 种)及溴代烷(1 种)。

本章参考文献

[1] 何国祥,陈海红. 油梨优良新品种及其栽培技术要点 [J]. 中国热带农业，2005（5）：33-35.

[2] DREHER M L, DAVENPORT A J. Hass avocado composition and potential health effects[J].Critical Reviews in Food Science and Nutrition, 2013, 53（7）:738-750.

[3] WANG L, TAO L, STANLEY T H, et al. One avocado per day lowers plasma oxidized-LDL and increases plasma antioxidants in overweight and obese adults[J]. Circulation, 2015, 131（S1）:A17.

[4] LARIJANIL L V, GHASEMI M, AAEDIANKENARI S, et al. Evaluating the effect of four extracts of avocado fruit on esophageal squamous carcinoma and colon adenocarcinoma cell lines in comparison with peripheral blood mononuclear cells[J]. Acta Medica Iranica, 2014, 52（3）:201-205.

[5] ORTIZ-AVILA O, GALLEGOS-CORONA M A, SNCHEZBRIONES L A, et al. Protective effects of dietary avocado oil on impaired electron transport chain function and exacerbated oxidative stress in liver mitochondria from diabetic rats[J]. Journal of Bioenergetics and Biomembranes, 2015, 47（4）:337-353.

[6] WEDDING B B，WRIGHT C，GRAUF S，et al. Effects of seasonal variability on FTNIR prediction of dry matter content for whole Hass avocado fruit[J] .Postharvest Biology and Technology，2013，75：9 -16.

[7] LU Q Y，ZHANG Y J，WANG Y，et al. California Hass avocado：profiling of carotenoids，tocopherol，fatty acid，and fat content during maturation and from different growing areas[J]. Journal of Agricultural and Food Chemistry，2009，57（21）：10408-10413.

[8] ACUFF R V，CAI D J，DONG Z P，et al. The lipid lowering effect of plant sterol ester capsules in hypercholesterolemic subjects[J]. Lipids in Health & Disease，2007，6（1）：1-10.

[9] ANTONIADES C，ANTONOPOULOS A S，TOUSOULIS D，et al. Homocysteine and coronary atherosclerosis：from folate fortification to the recent clinical trials[J]. European Heart Journal，2009，30（1）：6-15.

[10] SALONEN R M，NYYSSNEN K，KAIKKONEN J，et al. Six year effect of combined Vitamin C and E supplementation on atherosclerotic progression：the antioxidant supplementation in atherosclerosis prevention（ASAP）study [J]. Circulation，2003，107（7）：947-953.

[11] 左玉，朱瑞涛，冯丽霞，等. β- 谷甾醇在复杂体系中抗氧化作用的研究 [J]. 中国粮油学报，2017，32（2）：80-87.

[12] 张素英，何林. GC-MS 对不同提取法的牛油果油化学成分的分析 [J]. 食品工业，2016，37（6）：284-287.

[13] CARRANZA-MADRIGAL J，HERRERA-ABARCA J E，ALVIZOURI-MUOZ M，et al. Effects of a vegetarian diet vs. a vegetarian diet enriched with avocado in hypercholesterolemic patients[J]. Archives of Medical Research，1996，28（4）：537-541.

[14] OZDEMIR F，TOPUZ A. Changes in dry matter，oil content and fatty acids composition of avocado during harvesting time and post-harvesting ripening period[J]. Food Chemistry，2004，86（1）：79-83.

[15] 钟思强. 油梨的营养价值和保健作用 [J]. 广西热带农业，2002（4）：19-21.

[16] 钱学射，张卫明，黄晶晶，等. 鳄梨油在化妆品中的应用及配方 [J]. 中国野生植物资源，2012，31（5）：72-74.

[17] JAKOBSEN M U，O'REILLY E J，HEITMANN B L，et al. Major types of dietary fat and risk of coronary heart disease：a pooled analysis of 11 cohort studies[J]. The American Journal of Clinical Nutrition，2009，89（5）：1425-1432.

[18] APPEL L J，SACKS F M，CAREY V J，et al. Effects of protein，monounsaturated fat，and carbohydrate intake on blood pressure and serum lipids：results of the OmniHeart

randomized trial[J]. Jama, 2005, 294（19）:2455-2464.

[19] NAVEH E, WERMAN M J, SABO E, et al. Defatted avocado pulp reduces body weight and total hepatic fat but increases plasma cholesterol in male rats fed diets with cholesterol[J].The Journal of Nutrition, 2002, 132（7）:2015-2018.

[20] VOUTILAINEN S, NURMI T, MURSU J, et al. Carotenoids and cardiovascular health[J].The American Journal of Clinical Nutrition, 2006, 83（6）:1265-1271.

[21] ROBERTS R L, GREEN J, LEWIS B. Lutein and zeaxanthin in eye and skin health[J]. Clinics in Dermatology, 2009, 27（2）:195-201.

[22] CHO E, HANKINSON S E, ROSNER B, et al. Prospective study of lutein/zeaxanthin intake and risk of age-related macular degeneration[J]. The American Journal of Clinical Nutrition, 2008, 87（6）:1837-1843.

[23] HOZAWA A, JACOBS D R, STEFFES M W, et al. Relationships of circulating carotenoid concentrations with several markers of inflammation, oxidative stress, and endothelial dysfunction: the coronary artery risk development in young adults（CARDIA）/young adult longitudinal trends in antioxidants（YALTA）study[J]. Clinical Chemistry, 2007, 53（3）:447-455.

[24] DWYER J H, PAUL-LABRADOR M J, FAN J, et al. Progression of carotid intima-media thickness and plasma antioxidants: the Los Angeles atherosclerosis study[J]. Arteriosclerosis, Thrombosis, and Vascular Biology, 2004, 24（2）:313-319.

[25] LU Q Y, ARTEAGA J R, ZHANG Q F, et al. Inhibition of prostate cancer cell growth by an avocado extract: role of lipid-soluble bioactive substances[J].The Journal of Nutritional Biochemistry, 2005, 16（1）:23-30.

[26] BUTT A J, ROBERTS C G, SEAWRIGHT A A, et al. A novel plant toxin, persin, with *in vivo* activity in the mammary gland, induces Bim-dependent apoptosis in humanbreast cancer cells[J].Molecular Cancer Therapeutics, 2006, 5（9）:2300-2309.

[27] KAWAGISHI H, FUKUMOTO Y, HATAKEYAMA M, et al. Liver injury suppressing compounds from avocado（*Persea americana*）[J]. Journal of Agricultural and Food Chemistry, 2001, 49（5）:2215-2221.

[28] CHONG M F F, MACDONALD R, LOVEGROVE J A. Fruit polyphenols and CVD risk: a review of human intervention studies[J]. British Journal of Nutrition, 2010, 104（S3）:S28-S39.

[29] WU X L, GU L W, HOLDEN J, et al. Development of a database for total antioxidant capacity in foods: a preliminary study[J]. Journal of Food Composition and Analysis, 2004, 17（3-4）:407-422.

[30]　DING H, CHIN Y W, KINGHORN A D, et al. Chemopreventive characteristics of avocado fruit[J].Seminars in Cancer Biology, 2007, 17（5）:386-394.

[31]　CHAI W M, WEI M K, WANG R, et al. Avocado proanthocyanidins as a source of tyrosinase inhibitors: structure characterization, inhibitory activity, and mechanism[J]. Journal of Agricultural and Food Chemistry, 2015, 63（33）:7381-7387.

[32]　GU L, HOUSE S E, WU X, et al. Procyanidin and catechin contents and antioxidant capacity of cocoa and chocolate products[J]. Journal of Agricultural and Food Chemistry, 2006, 54（11）:4057-4061.

[33]　SOONG Y Y, BARLOW P J. Antioxidant activity and phenolic content of selected fruit seeds[J]. Food Chemistry, 2004, 88（3）:411-417.

[34]　CALDERN-OLIVER M, ESCALONA-BUEND A H B, MEDINA-CAMPOS O N, et al. Optimization of the antioxidant and antimicrobial response of the combined effect of nisin and avocado byproducts[J]. LWT-Food Science and Technology, 2016（65）:46-52.

[35]　FLAGG E W, COATES R J, JONES D P, et al. Dietary glutathione intake and the risk of oral and pharyngeal cancer[J]. American Journal of Epidemiology, 1994, 139（5）:453-465.

[36]　DRÖGE W, BREITKREUTZ R. Glutathione and immune function[J]. Proceedings of the Nutrition Society, 2000, 59（4）:595-600.

[37]　CASTILLO-JUÁREZ I, GONZ LEZ V, JAIME-AGUILAR H, et al. Anti-helicobacter pylori activity of plants used in Mexican traditional medicine for gastrointestinal disorders[J]. Journal of Ethnopharmacology, 2009, 122（2）:402-405.

[38]　WESCHENFELDER C, DOS SANTOS J L, DE SOUZA P A L, et al. Avocado and cardiovascular health[J]. Open Journal of Endocrine and Metabolic Diseases, 2015, 5（7）:77.

[39]　禾本.食用鳄梨可以分解腹部脂肪 [J]. 中国果业信息,2016, 33（6）:60.

[40]　韩军花,杨月欣,冯妹元,等. 中国常见植物食物中植物甾醇的含量和居民摄入量初估 [J]. 卫生研究,2007, 36（3）:301-305.

[41]　MARLETT J A, CHEUNG T F. Database and quick methods of assessing typical dietary fiber intakes using data for 228 commonly consumed foods[J]. Journal of the American Dietetic Association, 1997, 97（10）:1139-1151.

第三章　椰子

一、椰子的概述

椰子(拉丁学名：*Cocos nucifera* L.)是棕榈科椰子属植物,植株高大，15~30 m。乔木状,茎粗壮,有环状叶痕,基部增粗,常有簇生小根。叶柄粗壮,腋生花序,果卵球状或近球形,果腔含有胚乳(即果肉或种仁)、胚和汁液(椰子水),花果期主要在秋季。椰子原产于亚洲东南部、印度尼西亚至太平洋群岛,在中国广东南部诸岛及雷州半岛、海南、台湾及云南南部等热带地区也有栽培。两千多年前,《史记》中已有对椰子的记载。椰子为重要的热带木本油料作物,具有极高的经济价值,全株都有用途。

二、椰子的品种

1. 海南椰子

新鲜的海南椰子表皮是绿色的,剥皮后就是毛椰子,抛光打磨后成了棕色,这也是人们见到最多的椰子。海南椰子果肉醇香,营养丰富,除了饮用以外,还可用作建材,用于榨油等。

2. 红椰子

红椰子的外形非常独特,是长条形状,表皮是红色的,因此也被称为猩红椰子、红棒椰子等,是棕榈目棕榈科红椰子属植物。红椰子主要分布在马来半岛、苏门答腊岛、新几内亚群岛等地区,叶柄粗壮,颜色醒目,属于矮种树,多用于观赏。

3. 黄金椰子

黄金椰子在三亚街头很多,外表是金黄色的。与青椰子成熟后的枯黄色不同,成熟的黄金椰叶子带有一点红色。黄金椰子的汁水香甜、椰味浓郁,椰肉很厚,颜色白如玉,芳香脆滑。

4. 糯米椰子

糯米椰子是在海南也很少见的品种。糯米椰子个头不大,但汁水充足,喝起来不仅有椰味儿,还有股浓浓的糯米味。跟普通椰肉吃起来脆脆的口感不同,糯米椰子的椰肉很厚很甜,跟糯米一样黏黏的。

5. 砂糖椰子

砂糖椰子原产自马来西亚、印度,目前在中国海南、广西等地区也有种植。砂糖椰子的花序汁液可以制糖、酿酒;树干髓心含淀粉,可供食用;幼嫩的种子胚乳可用糖煮成蜜馋。砂糖椰子个头比较小,属于矮种树,是城市观赏绿化的树种之一。

6. 海椰子

海椰子是塞舌尔普拉兰岛及库瑞岛的一种特有棕榈,树高 20~30 m,树叶呈扇形,宽 2 m,长可达 7 m,果实外形酷似人的臀部。

海椰子可以在海上漂浮,但不能在海滩上生长,因此在其他地区很难见到。海椰子是世界上最大的坚果。

7. 三角椰子

三角椰子是棕榈科金果椰属乔木,高 5~7 m。叶羽状全裂,长达 2.5 m 以上;裂片线状披针形。叶常三列排列于茎干上,叶柄基部常互相抱合呈三角形。果卵形,熟时黄绿色。花小,奶油白色。三角椰子主要作为中国华南地区的观赏植株使用,在庭院、沙滩、公园中常见到。

三、椰子的主要营养和活性成分

(一)椰子的营养成分

椰子果是植物中纤维含量最高的核果,形状近似于球形,呈黄褐色,一般纵径 25~30 cm,横径 20~25 cm,一个刚成熟的中等大小的果实重 1.5~2 kg。椰子果的营养价值与其结构有十分紧密的关系,其可食的部分主要集中在果肉和椰汁中,据测算,在国际"标准椰子"中,椰肉和椰汁约占其鲜重总质量的 43%、干重的 27.8%,这是果实营养最为丰富的部分,也是食品开发和加工利用最主要的部分。椰子的果肉是其胚乳,色白如玉,芳香滑脆;椰汁清凉甘甜。椰汁及椰肉含大量蛋白质、果糖、葡萄糖、蔗糖、脂肪、维生素 B_1、维生素 E、维生素 C、钾、钙、镁等(表 3-1)。

表 3-1 成熟的椰子每 100 g 可食部分的营养物质含量

食品中文名	椰子	食品英文名	Coconut
食品分类	种子类	可食部	100.0%
来源	澳新食品安全局	产地	澳新
营养素含量(100 g 可食部食品中的含量)			
能量/kJ	87	蛋白质/g	0.5
脂肪/g	0.1	饱和脂肪酸/g	0.1
多不饱和脂肪酸/g	0.0	单不饱和脂肪酸/g	0.0
碳水化合物/g	4.7	胆固醇/mg	0
钠/mg	17	糖/g	4.7
维生素 D/μg	0.0	膳食纤维/g	0.0
维生素 B_2(核黄素)/mg	0.01	维生素 A/μg 视黄醇当量	0

烟酸(烟酰胺)/mg	0.16	维生素 E/mg α- 生育酚当量	0.00
钾/mg	200	维生素 B_1(硫胺素)/mg	0.02
磷/mg	59	维生素 C(抗坏血酸)/mg	0.0
镁/mg	11	叶酸/μg 叶酸当量	26
钙/mg	17	铁/mg	0.6
锌/mg	0.16	碘/μg	0.50
水分/g	94		

（二）椰子的活性成分

1. 脂类

椰子油(简称椰油)是良好的食用油脂,类脂物的含量很少,食用后不会使人体血液中的胆固醇含量增加。椰油中饱和脂肪酸的含量高达 90% 以上,包括辛酸(8%)、羊蜡酸(7%)、月桂酸(49%)、肉豆蔻酸(18%)、棕榈酸(8%)、硬脂酸(2%)、油酸(6%)、亚油酸(2%)等,它们大多是中等碳链的饱和脂肪酸,被小肠吸收后可直接运输到肝脏,迅速转化为能量,不参与胆固醇的合成与转化。这些脂肪酸极易被人体吸收,具有很高的消化系数(99.3%),高于花生油、菜籽油、芝麻油、奶油和牛油等。椰油熔点较低,特别适于调制人造奶油、起酥油、饼干用油和冰激凌等。

椰油含有大量甘油三酯类化合物,单辛精是甘油三酯的中间代谢产物,可用于清除切除胆囊后因胆固醇滞留而产生的结石。此外,椰油含有大量月桂酸、月桂酸酯、羊蜡酸和中等碳链饱和脂肪酸,这些成分能够通过抑杀一些革兰氏阴性菌的螯合物和单纯疱疹病毒等。月桂酸是椰油脂肪酸中等碳链饱和脂肪酸的主要成分,能分解细胞膜的脂质成分,从而杀灭大多数能导致胃溃疡、窦炎、食物中毒、尿路感染等疾病的细菌。浓度为5%~40% 的椰油具有降低绿脓杆菌、大肠杆菌、普通变形杆菌、枯草芽孢杆菌活性的能力。甘油月桂酸酯对革兰氏阴性菌和革兰氏阳性菌都有广泛的敏感性,可以清除皮肤患处的部分细菌,对特异反应性皮炎有积极治疗作用。椰油中的中等碳链饱和脂肪酸还可以通过破坏病毒细胞膜来干扰病毒的形成和成熟。月桂酸是其中抗病毒活性最强的物质。椰油对绵羊髓鞘脱落病毒、巨细胞病毒、人类疱疹病毒、流感病毒、白血病病毒、肺炎病毒、丙型肝炎病毒等有明显的抑杀作用。

2. 蛋白质

椰子是丰富的植物蛋白质资源,但目前我国对椰子蛋白质(又叫椰子蛋白、椰蛋白)的研究还很少。在椰子加工过程中,椰子蛋白作为加工椰油等时的副产品,要么做饲料,要么被废弃,没有得到充分的利用,造成了蛋白质资源的浪费。现简单讲述国内外对椰子蛋白质的研究进展,以期为椰子蛋白质在我国的开发利用提供理论参考。椰子蛋白来源丰富,清蛋白和球蛋白含量高,营养价值高,保健功能好,在食品工业中有美好的应用前景。与动物蛋白相比,椰蛋白的氨基酸主要包括赖氨酸、蛋氨酸、精氨酸和苏氨酸等。椰蛋白的氨基酸氮与总氮之比低于动物蛋白。但是同花生蛋白质相比,其异亮氨酸、亮氨酸、赖氨酸、苏氨酸和缬氨酸的含量都较高。就椰子本身的蛋白质而言,其谷氨酸和精氨酸含量最高。作为椰子加工产品的椰汁是迄今为止世界上氨基酸含量最高的天然饮品。有研究发现椰子蛋白中大量的 L- 精氨酸(14.8 g/100 g)具有抑制高脂血症的作用,同时 L- 精氨酸又是一种良好的抗氧化剂,可以有效清除自由基。椰肉蛋白质能通过降低糖原水平和碳水化合物代谢酶的活性、使胰腺 B 细胞再生等,使胰腺的损伤恢复到正常水平,因此具有显著的降糖作用。

有研究从椰汁中分离出了相对分子质量分别为 858、1 249、950 的 3 种具有抗菌作用的肽类化合物,其中相对分子质量为 858 的多肽被命名为 Cn-AMP,具有显著的抗革兰氏阳性菌和革兰氏阴性菌的作用。椰肉中的粗纤维和蛋白还可以减少体内胆固醇吸收和加速排泄,有利于减少血脂。在椰子中还存在木瓜蛋白酶等 6 种酶,如果对它们进行提取纯化可以得到高活性的酶制剂;利用椰子蛋白结合现代生物技术可以生产功能性新产品,例如具有良好生理功能的小分子肽等。对椰子蛋白的进一步开发利用不仅可以充分发挥椰子蛋白质的保健功能,而且在促进海南及热带经济的发展方面具有积极的意义。

3. 矿物质

矿物质在动物维持生理功能和生化代谢过程中起着必不可少的作用。椰肉中含量最丰富的矿物质是镁和钾,镁离子可降低低密度脂蛋白胆固醇的含量,稳定血小板和降低血凝状态;钾离子是细胞内液中主要的阳离子,可维持体内的渗透压及酸碱平衡,增强肌肉兴奋性,维持规律心跳,参与蛋白质、糖类和热能代谢等。椰汁中的电解质与人体血液的电解质之间能保持平衡,可迅速地为人体补充水分和各种矿物质,因此有"天然注射剂"之称。嫩果椰汁可增强心肌能力,有助于保持体温。因肠胃炎引起的脱水可直接用嫩果椰汁替代盐水进行输液。另外,椰汁还对增强肾脏血液循环有良好的作用,清凉解毒,可治疗肾结石。

4. 维生素类

维生素是一大类化学结构与生理功能各不相同的物质。它们既不参与机体组成也不提供热能,是主要起控制、调节代谢作用的有机物。椰汁中含有丰富的维生素 B 族和维生素 C 等。B 族维生素全是水溶性维生素,在体内滞留的时间只有数小时,必须每天补充,是所有人体组织必不可少的营养素,是食物释放能量的关键。这些 B 族维生素能够推动体内代谢过程,是把糖、脂肪、蛋白质等转化成热量时不可缺少的物质。如果缺少维生素 B,则细胞功能马上降低,引起代谢障碍,这时人体会出现倦怠和食欲不振。在许多场合下,喝酒过多等导致的肝脏损害和维生素 B 缺乏症是并行的。

维生素 C 是具有抗坏血酸生物活性的化合物的统称,是一种水溶性维生素,在水果和蔬菜中含量丰富;在氧化还原代谢反应中起调节作用,缺乏维生素 C 可引起坏血病;是合成胶原蛋白所必需的物质;可治疗坏血病、贫血,预防牙龈萎缩、出血、动脉硬化,可防癌,能保护细胞、解毒、保护肝脏;可提高人体免疫力和机体应急性;是人体中重要的抗氧化剂。

(三)椰子的活性作用

椰果的重要组分为椰汁和椰肉。糖的浓度、蛋白质含量、脂肪含量、月桂酸含量、椰干含量、维生素含量、各种微量元素的含量等是衡量椰果品质的重要指标。椰肉和椰汁中含有丰富的蛋白质、碳水化合物和脂肪,同时含有种类和含量均很丰富的维生素和矿物质。有研究表明,椰肉经脱脂均质后得到的椰汁有利于高血脂症的预防和干预,对心血管系统有一定的保健作用。但需要注意的是:大便清泻的人不宜食用椰子,病毒性肝炎、脂肪肝、支气管炎、哮喘、高血压、糖尿病患者等也不宜食用椰子;体内火气旺盛的人群,需要注意控制椰子的摄入量。

总体来讲,椰子是低能量、高可溶性膳食纤维的健康食物。我国古代营养学也对椰子的保健及营养价值做了充分的阐述。李时珍在所著的《本草纲目》中提到,椰肉有"益气,治风"的作用,椰汁有"止消渴,治吐血水肿,祛风热"的作用。

四、椰子中活性成分的提取、纯化与分析

(一)椰子中脂肪酸的提取

1. 仪器、试剂和材料

本试验用到的仪器为日本岛津(Shimadzu)GC-MS/QP2010 型气相色谱 - 质谱联用仪、江苏昆山 KQ5200DE 超声波清洗器、上海亚荣 RE52 旋转蒸发仪,天津泰斯特DK98-1 数显恒温水浴、上海安亭 TDL-40B 离心机、飞利浦 HR7625 食品加工机。

本试验用到的试剂为乙醚、正己烷、甲醇、氢氧化钾、盐酸等,均为国产分析纯。

本试验用到的材料为产自海南的高种椰,剥离外壳后取新鲜果肉,用食品加工机粉碎后,过 20 目筛备用。

2. 试验方法

1)色谱条件

选用 J&WDB-17 弹性石英毛细管色谱柱(30 m × 0.25 mm, 0.25 μm);载气为纯度99.999% 的氦气;柱初温为 120 ℃,保温 3 min,以 10 ℃ /min 的速率升温至 250 ℃,保温2 min;进样口温度为 250 ℃;流速为 1 mL/min,分流比为 1∶50;进样量为 1 μL。

2)质谱条件

离子源 EI 源,电子能量为 70 eV,电子倍增器电压为 0.97 kV,质量扫描范围为

29~400 amu,离子源温度为 200 ℃, GC-MS 接口温度为 230 ℃,溶剂峰切除时间为 1.5 min,质谱检测起测时间为 2.0 min。

质谱图计算机检索数据库:NIST147。

3)椰肉脂肪酸的提取

（1）索氏抽提法

以无水乙醚为溶剂,采用索氏提取器提取。称取制备好的椰肉样品 10.0 g,加海砂 10 g 拌匀,用滤纸包好后,加入乙醚 150 mL,在 40 ℃恒温水浴中回流提取 16 h,得无色透明萃取液。用旋转蒸发仪除去乙醚后,得白色半固体油状产物 4.61 g。

（2）酸水解法

称取椰肉样品 5.0 g 于具塞小锥形瓶中,加水 10.0 mL、浓盐酸 10.0 mL,加塞后放入 75 ℃水浴中,间歇搅拌、摇动, 1 h 后消化完全。加乙醇 10.0 mL 混匀,冷却后转入一直形量筒内,用 20 mL 乙醚洗涤锥形瓶后倒入量筒内,用于萃取脂肪酸。静置 20 min 后取上清液,再加入 10 mL 乙醚重复萃取,合并萃取液,蒸干乙醚后得白色半固体油状产物 2.37 g。

3. 测定结果

用索氏抽提法提取的主要是游离态脂肪,通常不能提取到结合态脂肪。而酸水解法既可以测定游离态脂肪,又可以测定结合或保藏在组织里的非游离态脂肪。

采用这两种方法从椰肉中提取脂肪酸成分的收率分别为 46.1% 和 47.4%,酸水解法稍高,但相差不大,说明椰肉中的非游离态脂肪含量很少。从所含脂肪酸成分看,索氏法和酸水解法都得到 9 种脂肪,两种方法测定所含成分相同,各成分相对含量一致。

（二）椰子中蛋白质的提取、分离与分析

1. 仪器、试剂和材料

本试验用到的仪器为:K9840 自动凯氏定氮仪,济南海能仪器有限公司;LD-200 型小型万能粉碎机,长沙常宏制药机械厂;中型冷冻干燥机,美国 Labconco 公司;分析天平,上海精密仪器仪表有限公司;TD5A-WS 台式离心机,湖南省凯达科学仪器有限公司。

本试验用到的试剂为正己烷、氢氧化钠、盐酸、浓硫酸、硼酸溶液、糖化酶,均为分析纯。

本试验用到的材料为试验室自制的脱脂椰子粉。

2. 试验方法

1)基本指标的检测方法

椰子中水分含量的测定参照《食品安全国家标准 食品中水分的测定》(GB/T 5009.3—2016),灰分的测定参照《食品安全国家标准 食品中灰分的测定》(GB 5009.4—2016),蛋白质含量的测定参照《食品安全国家标准 食品中蛋白质的测定》(GB 5009.5—2016),粗脂肪含量的测定参照《食品安全国家标准 食品中脂肪的测定》(GB 5009.6—

2016），碳水化合物的测定参照《食品安全国家标准　食品中淀粉的测定》（GB 5009.9—2016），膳食纤维测定参照 *Soluble，Insoluble，and Total Dietary Fiber in Foods and Food Products*（AACC 32-07）。

2）脱脂椰子粉的制备

将新鲜椰子制成椰干后进行脱脂处理。用有机溶剂正己烷浸泡椰干，然后用超声波辅助反复脱除脂肪，再将其真空干燥（温度 50 ℃，时间 12 h 左右），让正己烷完全脱除，得脱脂椰子粉（残油量小于 1.0%），过筛孔内径为 0.150 mm 的筛子备用。

3）椰子分离蛋白的制备

脱脂椰子粉过筛→加入 0.2 mol/L 磷酸氢二钠缓冲液（PBS）→调节溶液 pH 值至10.0 →提取离心→去掉脂肪结块和沉淀→收集清液→调节 pH 值至等电点 4.5,使蛋白沉淀→磁力搅拌 10 min → 4 ℃、5 500 r/min 离心 30 min →弃上清液,收集沉淀→洗涤沉淀4 次→冷冻干燥。

4）蛋白质提取率的计算公式

$$蛋白质提取率 = \frac{M_1}{M_0} \times 100\% \tag{3-1}$$

式中：M_1 为制备出产品中蛋白质的质量,g；M_0 为原样品中蛋白质的质量,g。

3. 测定结果

在普拉克特 - 伯曼（Plackett-Burman）试验基础上,利用响应面分析法对椰子蛋白提取工艺进行优化,最终确定了椰子蛋白的最佳提取工艺。最优工艺条件:碱溶时间为92.0 min,碱溶 pH 值为 10.0,酸沉时间为 116 min,酸沉 pH 值为 4.5。最后通过试验验证,椰子分离蛋白提取率为 83.18%。

（三）椰子中油类成分的制备与分析

1. 仪器、试剂和材料

本试验用到的仪器为：PYX-DHG-9101-25A 鼓风干燥箱,广东韶关科力实验仪器有限公司；RE-2000A 旋转蒸发仪,上海亚荣生化仪器厂；SHY-100 恒温振荡水浴锅,金坛市科析仪器有限公司；岛津 GC-2010 气相色谱仪,岛津技迩（上海）商贸有限公司。

本试验用到的试剂为异丙醇、甲醇、氢氧化钠、盐酸、无水乙醇、乙醚、硫代硫酸钠、碘化钾、冰醋酸、丙酮等,均为分析纯。

本试验用到的材料为:压榨种皮油和精炼椰子油,购买于海南省文昌市东郊炼油厂；新鲜椰子和天然椰子油,由中国热带农业科学院椰子研究所提供。

2. 试验方法

1）椰子种皮油制备工艺的确定

将成熟的椰子从中间剖开,取出椰肉。收集附着于椰肉上的一层棕色椰子种皮,

50 ℃条件下烘干、粉碎,得种皮粉末(粗脂肪含量 51.23% ± 0.64%)。结合预试验结果,利用超声波辅助提取法,按最佳工艺条件(提取温度 60 ℃,料液比 1 : 4(g/mL,下同),提取时间 3 h),制备椰子种皮油,在 4 ℃条件下保存备用。

2)椰子种皮油的脂肪酸组成分析

以工业压榨的种皮油、精炼椰子油和天然椰子油为对照,利用气相色谱仪进行脂肪酸组成分析。色谱条件:色谱柱为 SGE 脂肪酸柱(0.25 mm × 120 mm);检测器为氢火焰离子化检测器(FID);柱温为 180 ℃;进样温度为 210 ℃;检测器温度为 230 ℃;氢气流速为 47.0 mL/min;空气流速为 400 mL/min;进样量为 2 μL。

3. 测定结果

在最佳工艺条件下,使用溶剂法提取椰子种皮油的出油率可达 76.83%。所得种皮油为非干性油(碘值为 14.69 g/100 g),具有一定的椰香味,稳定性和新鲜程度也优于压榨种皮油。椰子种皮油由脂肪酸和其他物质组成,其中月桂酸占脂肪酸总量的 42.28%;脂肪酸可分为短链、中链、长链等,其中中短链脂肪酸占脂肪酸总量的 51.45%;脂肪酸还可分为饱和脂肪酸和不饱和脂肪酸,其中饱和脂肪酸占脂肪酸总量的 84.49%。

本章参考文献

[1] 康尔歌. 椰肉椰水成分及其加工的研究(附年产 3 000 吨椰汁工厂设计)[D]. 天津:天津科技大学,2003.

[2] 肖红,易美华. 椰子的开发利用 [J]. 海南大学学报(自然科学版),2003,21(2):184-189.

[3] DEBMANDAL M, MANDAL S. Coconut (*Cocos nucifera* L.: Arecaceae): in health promotion and disease prevention[J]. Asian Pacific Journal of Tropical Medicine, 2011, 4(3): 241-247.

[4] 郑亚军,李艳,黄宇峰,等. 椰子蛋白质研究进展 [J]. 食品研究与开发,2007,28(12):171-174.

[5] MINI S, RAJAMOHAN T. Influence of coconut kernel protein on lipid metabolism inalcohol fed rats[J]. Indian J Exp Biol, 2004, 42(1): 53-57.

[6] MANDAL S M, DEY S, MANDAL M, et al. Identification and structural insights of three novel antimicrobial peptides isolated from green coconut water[J]. Peptides, 2009, 30(4): 633-637.

[7] 康尔歌,赵晋府,孟旭. 椰肉成分的测定及相关比较 [J]. 广州食品工业科技,2002(4):48-49.

[8] 张昭,崔岗,李富如,等. 椰子汁和椰杏汁对人体血脂水平的影响 [J]. 食品科学,1996(2):54-57.

[9]   陈慧. 椰子的药用价值 [J]. 世界热带农业信息, 2003（8）：25- 27.

[10]   耿薇. 新鲜椰子果肉脂肪酸成分的 GC-MS 分析 [J]. 广东化工, 2010, 37（1）：122-123.

[11]   曾仕林, 黄小雪, 何东平, 等. 椰子分离蛋白制备工艺的研究 [J]. 粮食与油脂, 2019, 32（6）：45-49.

[12]   张玉锋, 段岢君, 桂青, 等. 椰子种皮油的提取与脂肪酸组成分析 [J]. 食品工业, 2015, 36（3）：218-221.

[13]   刘蕊, 张军, 范海阔. 可食椰衣纤维椰子果皮苦涩味道缺失与酚类和糖类物质含量的关系 [J]. 南方农业学报, 2021, 52（5）：1319-1324.

[14]   林塬, 吴毓炜, 王焱, 等. 椰浆中椰子蛋白的提取、分离和鉴定 [J]. 热带作物学报, 2021, 42（4）：1106-1112.

[15]   王富有, 王挥. 热作产业大发展 油料作物谱新篇 [J]. 中国农村科技, 2020（7）：12-18.

[16]   卢琨, 侯媛媛. 海南省椰子产业分析与发展路径研究 [J]. 广东农业科学, 2020, 47（6）：145-151.

[17]   崔岩岩, 庞丽珍, 郭毓昕, 等. 不同脱脂方法对椰子分离蛋白结构与理化性质影响研究 [J]. 中国粮油学报, 2020, 35（7）：57-65.

[18]   曾智明, 梁雯镱, 李江福, 等. 椰子肉总黄酮的提取工艺探究 [J]. 广西医科大学学报, 2019, 36（9）：1527-1530.

第四章 毛叶枣

一、毛叶枣的概述

毛叶枣(拉丁学名: *Ziziphus mauritiana* L.),俗称缅枣、印度枣、西西果,是鼠李科枣属植物,多年生常绿乔木或灌木,植株高 3~15 m。树皮粗糙,红灰色;树干灰黑色,条状细裂;多年生枝条黄棕色。皮孔小,黄色,凸起。幼枝被黄灰色密绒毛,小枝被短柔毛,老枝紫红色。具 0.2~0.8 cm 长短钩刺,斜生向上或钩状下弯。单叶互生,具 5~13 mm 长短叶柄,被灰黄色密绒毛。叶纸质至厚纸质,呈卵形、矩圆状椭圆形,稀近圆形,长 2.5~6 cm,宽1.5~4.5 cm,顶端圆形,稀锐尖;基部近圆形,稍偏斜,不等侧,边缘具细锯齿。叶面深绿色,无毛,有光泽,背面被黄色或灰白色绒毛,基出脉 3 条,叶脉在叶面下陷或凸起,背面有明显的网脉。花小,绿黄色,直径约为 4 mm,花开数朵或 10 余朵,集成腋生二歧聚伞花序,花梗长 2~4 mm,被灰黄色绒毛。花瓣长圆状匙形,雄蕊与花瓣近等长,花盘厚,肉质,10裂,中央凹陷,子房球形,无毛,2 室,每室有 1 胚珠,花柱 2 浅裂或半裂。萼片卵状三角形,顶端尖,被黄绿色毛。核果圆形或长圆形,长 1~1.2 cm,直径约为 1 cm,橙色或红色,成熟时变黑色,基部有宿存的萼筒。果梗长 5~8 mm,被短柔毛,2 室,具 1 或 2 颗种子。中果皮薄,木栓质;内果皮厚,硬革质。种子宽而扁,长 6~7 mm,宽 5~6 mm,红褐色,有光泽。

毛叶枣全年生长,为速生树种,幼龄树年抽梢 3~4 次,年生长量为 100~150 cm,两年生植株即可结果,第四年进入盛果期,一般单株产量为 10~15 kg,最高的可达 60 kg,亩产量一般为 600~800 kg。毛叶枣一般 2—3 月抽新芽,8—11 月开花,花期长,花量大,可作为养蜂的蜜源。果期 9—12 月,果实肉质清脆,酸甜适中,食味好,营养丰富,含有大量维生素 C、钙、磷、维生素 B、胡萝卜素、烟酸及少量的核黄素等,有"日食三枣,长生不老"之说。

二、毛叶枣的产地与品种

(一)毛叶枣的产地

毛叶枣原产于印度,在亚洲南部、非洲、澳大利亚有野生分布。我国云南元谋、保山等地也有零星种植,但处于野生半野生状态。毛叶枣按其原产地可划分为印度品种群、中国台湾品种群、缅甸品种群。野生型毛叶枣果实小而酸涩,经济效益差,在生产上难以推广种植。我国台湾省自 1944 年起自印度和泰国引进毛叶枣原生品种,利用毛叶枣异花授粉、自然杂交和容易发生芽变的特点,培育出一大批具有经济效益的优良品种,并逐渐在福建、海南、广东、广西等地栽培。

(二)毛叶枣的品种

1. 高朗 1 号

1992 年自台湾省屏东县高朗乡选出,至 1998 年为台湾省的主要栽培品种。枝粗硬,生长势旺,刺少,分枝较少,节间长 4~5 cm。花期 5 月下旬至 11 月上旬,果实成熟期为 11 月上旬至翌年 2 月中旬,从开花到果熟历时约 120 d。单果重 100~120 g,糖度约为 13%,果实长椭圆形,皮鲜绿光亮,果肉多汁,皮薄,果实耐存放,抗白粉病。

2. 新世纪

新世纪是近年来选育出的一个新品种。果实与高朗 1 号极为相似,单果重 120~160 g,糖度约为 13%,果皮薄,清甜多汁且无酸味,品质优,结果性能稳定。枝上无刺或刺软,管理方便,抗白粉病。缺点是果实易黄化腐烂,果皮粗糙且易裂果,货架期短,常用来当授粉树。

3. 碧云

碧云又称白皮种,为 1982 年选育出的优良品种。果实呈长卵形,果皮淡绿色,平均单果重约 100 g,糖度约为 15.5%。果肉乳白色,肉质细,青熟时略涩,黄熟时脆甜,果皮粗糙,食后有留皮感。在老果园或管理不善地区,结果不良易呈"珠粒果",果实成熟期为 11 月下旬至翌年 3 月下旬。目前多用于高朗 1 号的授粉树。

4. 红云种

红云种为碧云种的变异种,1987 年选自台湾省大社果农枣园。果呈长椭圆形,果皮薄,呈黄绿色,肉色白,味清甜无涩味,肉质细,品质良好,单果重 50~96 g。糖度为 12.9%,果实成熟后期可达 14%。收果期为 1 月中旬至 3 月下旬。

5. 黄冠

选育自台湾省阿莲区果园,植株生长旺盛,叶大,是现有品种中果实个头最大的品种,平均单果重约 150 g,糖度约为 11.4%。早期果实呈扁圆形,两端稍凹,成熟期呈苹果形,果皮黄绿色,向阳处略呈鲜红色。肉白味清甜,质细且脆,耐贮运。果实成熟期为 11 月下旬至翌年 3 月上旬。

6. 五千种

该品种自 1981 年从实生苗中选育而出,因枣株卖价五千元而名。平均单果重约 69 g,糖度约为 15%。果实呈圆卵形,皮淡绿,黄熟后呈黄绿色。肉白味甜,结果率高,绿熟后品质最佳,黄熟后果实松软。果实成熟期为 12 月上旬至翌年 3 月中旬。

7. 肉龙

该品种由台湾省燕巢区果农于 1984 年从泰国蜜枣的实生苗中选育而出。果实呈长尖橄榄形,单果重 49~60 g,酸甜适中,质脆且细嫩,风味佳,糖度可达 15%。由于具有泰国种甜枣血缘,果园干湿管理不当时,常有结果少和裂果现象。果实成熟期为 12 月下旬至翌年 3 月上旬,1 月中旬果品最佳。

8. 福枣

福枣又名福精枣子,果扁圆,两端稍凹,果皮绿。肉质疏松,白色。单果重 70~110 g,味酸涩,糖度可达 15%,品种中上等。果实成熟期为 11 月下旬至翌年 3 月下旬。

9. Tj-10

该品种为台湾省凤山热带果树分析所自泰国蜜枣实生树中选育出的新品种。果实卵形,绿熟时浓绿,黄熟后转为黄绿。皮略厚,肉白,味脆甜,品质特优,糖度 13~16%。果实成熟期为 11 月中旬至翌年 2 月上旬。

以上 9 种毛叶枣品种耐寒力强,当气候下降至 -5~ -10 ℃时,植株仍不会受冻害;又耐高温,可在热带、亚热带地区种植。

三、毛叶枣的主要营养和活性成分

(一)毛叶枣的营养价值

毛叶枣的果肉厚,核细,风味清甜多汁,且无酸味,可食率高达 96%。成熟的毛叶枣具有很高的营养价值,富含抗坏血酸、视黄醇和 B 族维生素,以及多种矿物质,其单糖种类多样,有半乳糖、果糖和 $D-$ 葡萄糖等。据分析,新鲜的毛叶枣营养成分为水分、碳水化合物、蛋白质、脂肪、铁、钙和磷、胡萝卜素和硫胺素、核黄素、烟酸、柠檬酸、抗坏血酸、糖、纤维、脂肪、能量等。毛叶枣以鲜果重量为基础(每 100 g)得到的营养成分报告详见表 4-1。

(二)毛叶枣的活性成分

毛叶枣植株含有多种活性成分,如蜡醇、生物碱、小檗碱、槲皮苷、山奈酚等黄酮类化合物,以及谷甾醇、豆甾醇、羊毛甾醇、薯蓣皂苷元等甾醇。毛叶枣新鲜干叶中含有类黄酮、水解单宁、多糖和糖苷、甾醇、三萜、强心苷和无色花色素等化合物。成熟的毛叶枣含有丰富的类胡萝卜素、氟化物、果胶、柠檬酸、硫胺素、核黄素、烟酸和抗坏血酸等。鲜果的肉质部分含有微量的马来酸、草酸和槲皮素。干果含有水分、蛋白质、脂肪、碳水化合物、糖和纤维。

表 4-1　每 100 g 毛叶枣鲜果的营养物质含量

成分	含量	成分	含量
水分 /g	81.6~83.0	铁 /mg	0.76~1.8

续表

成分	含量	成分	含量
蛋白质 /g	0.8	磷 /mg	26.8
脂肪 /g	0.07	胡萝卜素 /mg	0.021
纤维 /g	0.60	硫胺素 /mg	0.02~0.024
碳水化合物 /g	17.0	核黄素 /mg	0.02~0.038
总糖 /g	5.4~10.5	烟酸 /mg	0.7~0.873
还原糖 /g	1.4~6.2	柠檬酸 /mg	0.2~1.1
非还原糖 /g	3.2~8.0	抗坏血酸 /mg	65.8~76.0
灰分 /g	0.3~0.59	果胶 /(% 干样)	2.2~3.4
钙 /mg	25.6		

1. 毛叶枣中的三萜类化合物

三萜类化合物是毛叶枣植株中重要的活性成分,主要分布于果肉、种子及叶中。按是否与糖结合,可将其分为游离型三萜类及与糖结合型三萜类。三萜类化合物有许多生理活性,如祛痰、止咳、祛风、发汗、驱虫、镇痛等。

Srivastava 等从采自印度阿拉哈巴城的毛叶枣的根茎中分离得到一种新皂苷元,测定了它的化学结构,并命名为吉卓皂苷元(Zizogenin)。他们将干燥、粉碎的毛叶枣根茎用溶剂提取浓缩至原来体积的一半后,低温存放数天,即有无色结晶析出。滤出结晶后母液再浓缩至约 200 mL,冷藏数天得到结晶,两次的结晶共 1.950 g。利用中性氧化铝柱进行薄层层析色谱法分析,以氯仿 - 甲醇(5:5)展开,组分的迁移距离与展开剂的迁移距离之比称为比移值(R_f)为 0.43;以苯 - 甲醇(4:6)展开,R_f 为 0.68。经分析,该结晶分子式为 $C_{27}H_{44}O_6$,甾酮类皂苷元反应呈阳性。

嵇长久等从毛叶枣的根茎中分离鉴定出 30 种三萜类成分,其中 10 种是新化合物,主要为羽扇豆烷型三萜,还有少量齐墩果酸、苏烷型三萜。

2. 毛叶枣中的生物碱类化合物

枣属植物富含生物碱类成分,已发现的生物碱主要分布在植株的根皮、干皮及种子部位。目前发现的生物碱类成分主要有环肽类生物碱和异喹啉类生物碱两大类。环肽类生物碱是鼠李科植物的特定化学组成成分之一,根据其骨架结构可分为两个类型:具十三元环的间柄型和具十四元环的对柄型。该类化合物具弱碱性,分子中边链氨基酸主要有亮氨酸、异亮氨酸、缬氨酸、脯氨酸、苏氨酸、色氨酸、苯丙氨酸、丙氨酸及它们的氮甲基衍生物。以往的植物化学研究表明,从毛叶枣中分离得到的多数是十四元环对柄型结构的生物碱,包括滇刺枣碱(mauritine)C、安木非宾碱(amphibine)F 和药炭鼠李叶碱(frangufoline)。

Singh 等从毛叶枣根部分离提取出一种新的十四元环的间柄型结构生物碱 mauritine K。利用光谱分析鉴定出其结构式(图 4-1),初步的研究表明该化学物在对抗某些植物病原真菌方面显示出一定的活性。

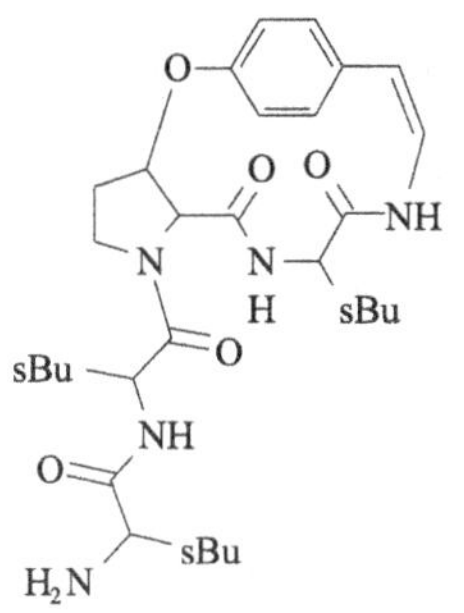

图 4-1 mauritine K 结构式(羟脯氨酸和异亮氨酸部分的立体化学信息省略)

Panseeta 等对在泰国生长的毛叶枣根中提取的甲醇提取物进行分析,结果分离出十四元环生物碱 mauritine L 和十三元环生物碱 mauritine M,以及 3 种已知的环肽生物碱——nummularine H、nummularine B 和 hemsine A。基于核磁共振光谱(NMR)的分析确定了这些化合物的结构。分离的生物碱表现出有效的抗疟原虫活性。体外抗疟和抗细菌试验表明,具有羟脯氨酸和末端 N- 甲基化或 N, N- 二甲基化氨基酸残基的环肽类生物碱具有较强的生物活性。

3. 毛叶枣中的黄酮类化合物

从枣属植物中发现的黄酮类成分主要分布于种子、果实及叶中。目前在毛叶枣的叶子和果实中发现的黄酮类化合物有槲皮素 3-O- 芸香糖苷、槲皮素 3-O- 半乳糖苷、槲皮素 3-O- 葡萄糖苷、槲皮素 3-O- 鼠李糖苷、槲皮素 3-O- 戊糖己糖苷、槲皮素 3-O-6- 丙二糖苷、槲皮素 3-O- 丙二糖苷、木樨草素 7-O-6- 丙二酰葡萄糖苷、木樨草素 7-O- 丙二酰葡萄糖苷、杨梅酮 3-O- 半乳糖苷和柚皮苷三糖苷等。

四、毛叶枣中活性成分的提取、纯化与分析

毛叶枣的化学成分复杂,众多学者对其活性成分进行了研究。其在医药方面有广泛应用,具有较高的经济价值。

(一)毛叶枣中锗含量的分析

为研究毛叶枣中的锗含量, 2002 年袁瑾课题组分别用灰化法和硝化法处理了野生植物毛叶枣样品。

1. 仪器与试剂

本试验用到的仪器为 721 型分光光度计。

本试验用到的试剂为:硝酸、盐酸、高氯酸,均为分析纯;四氯化碳、聚乙烯醇;试验用

水,为二次蒸馏水。

2. 试验方法

1)样品前处理——灰化法

精确称取烘干、研磨细的毛叶枣样品 1 g,置于 50 mL 坩埚内,于 600 ℃灰化 1 h 以上,冷却。用 30 mL 蒸馏水溶解样品,转移至 100 mL 烧杯中,在搅拌下加热至 60 ℃,使坩埚内灰化物完全溶解。调节 pH=3.0~4.5,离心分离沉淀。取上清液于 50 mL 容量瓶中,定容,待测。

2)样品前处理——硝化法

精确称取烘干、研磨细的毛叶枣样品 1 g,置于 250 mL 锥形瓶中,加入 20 mL 浓硝酸,放置 24 h 以上。低温加热至大量硝酸烟冒尽后,加入 6 mL 高氯酸,继续保持低温加热至高氯酸烟冒尽,用少量蒸馏水转移至烧杯中。调至 pH=3.0~4.5,离心分离沉淀。取上清液,定容于 50 mL 容量瓶中,待测。

3)校准曲线的绘制

在波长 506 nm 处,用苯芴酮法测定不同浓度锗标准溶液的吸光度,用吸光度对锗的浓度作图,得到校准曲线(采用空白溶液作为参比溶液)。

4)测定步骤

移取上述由两种分解方法得到的样品试液,分别置于 100 mL 分液漏斗中。加入 30 mL 浓盐酸及 10 mL 四氯化碳,摇振 5 min。放置 10 min 后,将四氯化碳层移至另一分液漏斗中,加 10 mL 蒸馏水,摇振 5 min。将水层移至 50 mL 容量瓶中,对四氯化碳层再用 10 mL 蒸馏水萃取一次,合并水层于 50 mL 容量瓶中。加入浓度为 6 mol/L 的盐酸 10 mL、12.25% 聚乙烯醇溶液 5 mL,再加入 0.04% 苯芴酮溶液 10 mL,用蒸馏水定容至 50 mL,摇振 20 s 后于室温下放置 30 min。在相同条件下做空白对照,在 506 nm 处测定溶液的吸光度,与校准曲线对照,得到样品中有机锗的含量,同时做回收试验,相关数据参见表 4-2 和表 4-3。

表 4-2　毛叶枣中有机锗含量　　　　　　　　　　　　　　　　（μg/g）

测定方法	测定值			平均值
灰化法	3.45	4.01	3.86	3.77
硝化法	3.92	3.14	3.26	3.44

表 4-3　有机锗回收试验

测定方法	含量 /(μg/g)	加入量 /(μg/g)	测得含量 /(μg/g)	回收率 /%
灰化法	3.45	1.00	4.40	98.9
	4.01	1.00	4.99	99.6
	3.86	1.00	4.80	98.8
硝化法	3.92	1.00	4.85	98.6
	3.14	1.00	4.11	99.3
	3.26	1.00	4.18	98.1

3. 测定结果

采用硝化法和灰化法对毛叶枣进行前处理后,用分光光度法测定样品中的有机锗含量。结果发现,硝化法测定结果比灰化法低,说明灰化法结果更准确。灰化法能够简单、快速地分解毛叶枣中的有机锗,方法准确、可靠。

（二）毛叶枣中氨基酸的分析

1. 仪器和试剂

本试验用到的仪器为氨基酸分析仪、茚三酮柱后衍生离子交换色谱仪。

本试验用到的试剂为:盐酸(HCl),浓度 ≥ 36%,优级纯;苯酚(C_6H_5OH);氮气,纯度 99.9%;柠檬酸钠($Na_3C_6H_5O_7 \cdot 2H_2O$),优级纯;氢氧化钠(NaOH),优级纯。

2. 分析步骤

1)试样制备

固体或半固体试样使用组织粉碎机或研磨机粉碎,液体试样用匀浆机打成匀浆,密封冷冻保存,备用。

2)试样称量

对于均匀性好的样品,如奶粉等,准确称取一定量试样(精确至 0.000 1 g),使试样中蛋白质含量在 10~20 mg 范围内。对于蛋白质含量未知的样品,可先测定样品中蛋白质含量。将称量好的样品置于水解管中。

对于很难获得高均匀性的试样,如鲜肉等,为减小误差可适当增大称样量,测定前再做稀释。

对于蛋白质含量低的样品,如蔬菜、水果、饮料和淀粉类食品等固体或半固体试样,称样量不大于 2 g,液体试样称样量不大于 5 g。

3)试样水解

根据试样的蛋白质含量,在水解管内加 6 mol/L 盐酸溶液 10~15 mL。对于含水量高、蛋白质含量低的试样,可先加入约相同体积的盐酸混匀后,再用 6 mol/L 盐酸溶液补充至大约 10 mL。继续向水解管内加入苯酚 3~4 滴。将水解管放入冷冻剂中,冷冻

3~5 min,接到真空泵的抽气管上,抽真空(接近 0 Pa),然后充入氮气。重复抽真空—充入氮气 3 次后,在充氮气状态下封口或拧紧螺丝盖。将已封口的水解管放在(110±1)℃的电热鼓风恒温箱或水解炉内,水解 22 h 后,取出冷却至室温。打开水解管,将水解液过滤后转移至 50 mL 容量瓶内,用少量水多次冲洗水解管,将水洗液移入同一个 50 mL 容量瓶内。最后用水定容至标线,振荡混匀。准确吸取 1.0 mL 滤液移入 15 mL 或 25 mL 试管内,用试管浓缩仪或平行蒸发仪在 40~50 ℃加热环境下减压干燥,干燥后残留物用 1~2 mL 水溶解,再减压干燥,最后蒸干。用 1.0~2.0 mL 柠檬酸钠缓冲溶液(pH 为 2.2)加入干燥后的试管内,振荡混匀后,吸取溶液通过 0.22 μm 滤膜后,转移至仪器进样瓶,为样品测定液,供仪器测定用。

　　4)色谱条件

　　色谱柱:磺酸型阳离子树脂。

　　检测波长:570 nm 和 440 nm。

3. 样品测定结果

　　毛叶枣的氨基酸组成见表 4-4,其中谷氨酸含量最高。谷氨酸是形成 γ- 氨基丁酸的前体,γ- 氨基丁酸是脑组织中的抑制性神经递质。当其含量降低时,可影响脑组织代谢,进而影响脑的活动机能。毛叶枣至少含有 17 种氨基酸,其中有 7 种是人体必需氨基酸,且含量较高。

表 4-4　毛叶枣氨基酸含量

氨基酸	含量 /(g/100 g)	氨基酸	含量 /(g/100 g)
Asp	0.054	Glu	0.100
Ser	0.052	Gly	0.068
His	0.031	Arg	0.019
Thr*	0.036	Alu	0.035
Pro	0.033	Tyr	0.016
Val*	0.050	Met*	0.020
Gys	0.025	Ile*	0.033
Leu*	0.052	Phe*	0.056
Lys*	0.020		

注:带 * 的氨基酸为人体必需氨基酸。

(三)毛叶枣中挥发性成分的分析

　　邓国宾等采用同时水蒸气蒸馏法萃取收集二氯甲烷浓缩液,并用 GC-MS 法分析了云南澜沧江河谷的毛叶枣的挥发性成分及质量分数,共分离鉴定出醛类、酸类、酯类、吡嗪类、酮类、烷烃类、烯烃类等化合物,峰面积超过 1.00% 的挥发性成分有 21 种。

1. 仪器、试剂和材料

本试验用到的仪器为气质联用仪(Finnigan Top 8000/Voyager)、水蒸气蒸馏提取器。

本试验用到的试剂为无水硫酸钠和二氯甲烷(天津化学试剂有限公司生产),均为分析纯。

本试验用到的材料为采自云南澜沧江河谷的毛叶枣样品,由云南大学生命科学学院马绍宾教授鉴定。

2. 分析步骤

1)同时蒸馏萃取

将干燥毛叶枣 100 g 放入同时蒸馏萃取装置一端的 500 mL 圆底烧瓶中,用电热套加热。装置的另一端为盛 25 mL 二氯甲烷的 100 mL 圆底烧瓶,在 60 ℃水浴中加热,同时蒸馏萃取 3 h。二氯甲烷萃取液用无水硫酸钠干燥,于 4 ℃环境中过夜,过滤。滤液倒入浓缩瓶中,用 Vigreux 柱浓缩至约 1 mL,浓缩液用于 GC-MS 分析。

2)GC-MS 分析

GC-MS 分析测试条件:色谱柱为 HP-5MS(60 m × 0.32 mm, 0.25 μm);载气为氦气;流速为 1 mL/min;进样温度为 240 ℃;接口温度为 250 ℃;质量扫描范围为 35~455 amu;离子源为 EI 源;电子能量为 70 eV。按此分析测试条件,对毛叶枣挥发性成分进行 GC-MS 分析。各化合物质量分数的确定采用面积归一化法。化合物定性分析是指根据 GC-MS 联用所得质谱信息经计算机用 Wiley、NIST 98 谱库与标准谱图对照、解析,最终确认其中的化学成分。

3. 测定结果

毛叶枣 GC-MS 分离鉴定出的挥发性成分,见表 4-5。

表 4-5　毛叶枣 GC-MS 分离鉴定出的挥发性成分

序号	保留时间 /min	化学名称	化学式	峰面积 /%
1	6.66	5- 甲基糠醛	$C_6H_6O_2$	1.70
2	7.14	丙基丙二酸	$C_6H_{10}O_4$	1.73
3	7.46	己酸乙酯	$C_8H_{16}O_2$	1.46
4	8.54	苯乙醛	C_8H_8O	0.99
5	9.54	四甲基吡嗪	$C_8H_{12}N_2$	0.62
6	9.84	7- 氧杂二环庚 -2- 酮	$C_7H_{10}O_3$	0.91
7	9.97	壬醛	$C_9H_{18}O$	1.87
8	11.29	2- 壬烯醛	$C_9H_{16}O$	0.48
9	11.64	辛酸	$C_8H_{16}O_2$	0.54
10	12.18	辛酸乙酯	$C_{10}H_{20}O_2$	0.92

序号	保留时间 /min	化学名称	化学式	峰面积 /%
11	12.39	癸醛	$C_{10}H_{20}O$	0.57
12	13.69	(E)-2- 癸烯醛	$C_{10}H_{18}O$	2.07
13	15.20	2- 十二烯 -4- 酮	$C_{12}H_{22}O$	2.75
14	15.66	3-(1- 甲基 -2- 四氢化吡咯)- 吡啶	$C_{15}H_{14}N_2$	0.40
15	16.46	己酸己酯	$C_{12}H_{24}O_2$	1.93
16	16.68	癸酸乙酯	$C_{12}H_{24}O_2$	0.58
17	16.89	6,10- 二甲基 -2- 十一烷酮	$C_{13}H_{26}O$	0.77
18	18.24	5- 己基二氢 -2(3H)- 呋喃酮	$C_{10}H_{18}O_2$	4.60
19	18.35	4- 十二烷酮	$C_{12}H_{24}O$	0.68
20	18.51	6- 己基四氢 -2H- 吡喃 -2- 酮	$C_{11}H_{20}O_2$	0.79
21	18.62	4- 羟基 -6- 甲基 -2- 吡喃 -2- 酮	$C_7H_8O_3$	1.09
22	18.78	2- 十三烷酮	$C_{13}H_{26}O$	2.25
23	19.18	丁基化羟基甲苯	$C_{15}H_{24}O$	1.02
24	19.51	2- 壬烯 -4- 酮	$C_9H_{16}O$	2.00
25	20.96	十二酸乙酯	$C_{14}H_{28}O_2$	0.70
26	23.79	2- 十四烷酮	$C_{14}H_{28}O$	2.14
27	24.63	(E)-4- 甲基 -2- 戊烯	C_9H_{18}	0.66
28	25.33	苯甲酸苄酯	$C_{14}H_{12}O_2$	0.66
29	25.54	9- 亚甲基 -9H- 芴	$C_{14}H_{10}$	0.71
30	25.87	十四酸乙酯	$C_{16}H_{32}O_2$	1.09
31	26.70	二甲磺酸 -1,9- 壬二酯	$C_{11}H_{24}S_2O_6$	0.68
32	26.81	6- 甲基 -2- 十三烷酮	$C_{14}H_{28}O$	1.30
33	27.27	邻苯二甲酸二丁酯	$C_{16}H_{22}O_4$	12.33
34	28.16	14- 甲基 - 十五酸甲酯	$C_{17}H_{34}O_2$	0.83
35	29.18	十三酸乙酯	$C_{15}H_{30}O_2$	1.52
36	33.03	二十烷	$C_{20}H_{42}$	1.44
37	34.16	十四烷	$C_{14}H_{30}$	2.15
38	35.46	二十九烷	$C_{29}H_{60}$	1.52
39	36.29	邻苯二甲酸二(2- 乙基)己酯	$C_{24}H_{38}O_4$	18.00
40	37.02	二十八烷	$C_{28}H_{58}$	0.62

（四）毛叶枣仁的酸枣仁皂苷 A、酸枣仁皂苷 B 及黄酮苷

杨守娟对酸枣仁和毛叶枣仁的主要有效成分酸枣仁皂苷 A、酸枣仁皂苷 B 及黄酮苷的含量进行了比较。

1. 酸枣仁皂苷 A、酸枣仁皂苷 B 的含量测定

1) 仪器、试剂和样品

本试验用到的仪器为：日本岛津 CSK930 型双波长薄层扫描仪，配有岛津 RDK2 型微处理机；薄层涂布器，瑞士 CAMG 公司；微量点样毛细管，Drummond Microcaps；721 型分光光度计，上海第三分析仪器厂。

本试验用到的试剂为：酸枣仁皂苷 A 和酸枣仁皂苷 B 标准品，由中国药品生物制品检定所提供；芸香苷标准品，由中国药品生物制品检定所提供；三氧化铝及醋酸钾，分析纯，由烟台市食品药品检验所提供。

本试验用到的材料为：酸枣仁，采自山东烟台地区，经鉴定为鼠李科植物酸枣的干燥成熟种子；毛叶枣仁，购自安徽亳州，经鉴定为鼠李科植物滇枣的干燥成熟种子。

2) 对照品溶液制备

精密称取酸枣仁皂苷 A 和酸枣仁皂苷 B 各 5.0 mg，加甲醇溶解并定容至 5 mL，摇匀备用（1 mg/mL）。

3) 样品溶液制备

分别取酸枣仁及毛叶枣仁样品各适量，粉碎，过 40 目筛，60 ℃干燥下 12 h 至恒重。精密称取上述样品粉末各 5.0 g，置于索氏提取器中，加乙醚适量，回流提取 8 h，脱脂。待药渣残醚挥发尽后，再以甲醇适量回流提取 6 h 至提取液无色。回收甲醛，残渣加水适量溶解，分数次转移至分液漏斗中。用水饱和的正丁醇萃取 5 次（每次 15 mL）。合并正丁醇提取液，再用正丁醇饱和的氨水（取 40 mL 浓氨溶液加水稀释至 100 mL，再用正丁醇饱和，分取下层液）洗涤 2 次，弃去洗液。将正丁醇提取液蒸干，残渣加甲醇溶解，过滤，浓缩，定量转移至 5 mL 容量瓶中。加甲醇至标线，作为样品溶液备用。

2. 含量测定结果

取对照品溶液 2 μL，样品溶液 3 μL，交叉点样于 0.5% 硅胶 G-CMC-Na 薄层板上，以正丁醇 - 冰醋酸 - 水（4∶1∶1）上行展开，用 2% 香草醛硫酸乙醇溶液显色，在 100 ℃下烘 2~3 min，至酸枣仁皂苷 A 和酸枣仁皂苷 B 显示清晰的深蓝色斑点。选用单波长锯齿扫描（370~700 nm）：λ_s=632 nm、S_x=3，x=10 nm，y=0.4 nm，Slit=12.5 nm × 12.5 nm。含量测定结果见表 4-6。

表 4-6　含量测定结果（n=5）　　　　　　　　　　（mg/100 g）

样品	酸枣仁皂苷 A	酸枣仁皂苷 B	酸枣仁总皂苷
酸枣仁	0.070 3	0.021 3	0.091 6
毛叶枣仁	0.022 2	0.017 8	0.040 0

3. 黄酮苷含量测定

1）标准曲线制备

精密称取芸香苷标准品适量，以 50% 乙醇溶液溶解并稀释到 6.0 μg/mL 的浓度。精密吸取上述溶液 0.5 mL、1.0 mL、1.5 mL、2.0 mL、2.5 mL、3.0 mL、4.0 mL，分别用 50% 乙醇溶液稀释至 5.0 mL，精密加入 0.1 mol/L 三氯化铝溶液 3.0 mL 及 1 mol/L 醋酸钾溶液 5.0 mL，放置 40 min。使用 721 型分光光度计，在 415 nm 处测定样品溶液的吸光度。以吸收度为纵坐标、浓度为横坐标绘制标准曲线。

2）样品含量测定

分别取酸枣仁及毛叶枣仁样品各适量，粉碎，过 40 目筛，在 60 ℃下干燥 12 h 至恒重。精密称取样品 1 mg 于 100 mL 三角瓶中，加入 50% 乙醇溶液 25 mL。将三角瓶与内容物称重（精确到 0.1 mg），在水浴上回流 1 h，冷却后再称重，补充溶剂至原重，过滤。精取滤液 10 mL 在水浴上蒸干，以 75 ℃热水溶解残渣，过滤。滤液稀释至 20 mL，取该液 2.5 mL，按标准曲线制备中的测定方法，测得各样品在 415 nm 处的吸光度。

3）样品含量计算

依据下列公式计算出各样品中黄酮苷的含量。含量计算结果见表 4-7。

$$黄酮苷含量 = \frac{X值 \times 标准样品 \times 稀释倍数}{样品重 \times 稀释倍数} \times 100\% \qquad (4-1)$$

表 4-7　含量计算结果

样品	透光率 /%	吸收度	X 值 /mL	黄酮苷含量 /%
酸枣仁	70.1	0.153	1.02	0.122 4
毛叶枣仁	59.5	0.228	1.52	0.182 4

已有报道显示，酸枣仁和毛叶枣仁提取物均可显著延长小鼠的睡眠时间（$P<0.001$），表明二者具有相似的催眠作用。酸枣仁和毛叶枣仁虽含有相同的化学成分，但二者含量差别较大，酸枣仁中酸枣仁皂苷 A 和 B 的含量均高于毛叶枣仁，且总皂苷的含量为毛叶枣仁的 2 倍以上。酸枣仁和毛叶枣仁均含有黄酮苷，但毛叶枣仁中的含量明显高于酸枣仁，约为酸枣仁的 1.5 倍。以上结果为酸枣仁与毛叶枣仁二者相似的催眠作用找到了科学论据，为扩大药源、保证临床用药的安全性与有效性提供了理论依据。

（五）毛叶枣的常规营养成分分析

徐小艳等为更好地开发利用毛叶枣这一水果原料，对毛叶枣的常规营养成分、氨基酸、矿物质元素、维生素及黄酮类化合物进行了分析研究。

1. 仪器、试剂和材料

本试验用到的仪器为：KjeltecTM2200 半自动凯氏定氮仪、Soxtec 索氏浸提装置，美国福斯公司；835 型氨基酸自动分析仪、RF-530/PC 型荧光分光光度计，日本日立公司；220FS 原子吸收光谱仪，美国瓦里安公司；721 型分光光度计，上海精科实业有限公司。

本试验用到的试剂为石油醚、丙酮、氯化铝、硝酸、高氯酸等，均为分析纯。

本试验用到的材料为"五千"毛叶枣样品。采摘九成熟的果实，装入塑料袋内封口，立即送回实验室，在 -18 ℃下冻藏。

2. 常规营养成分的测定

总酸的测定依据《食品安全国家标准 食品中总酸的测定》（GB 12456—2021），采用滴定法进行；粗蛋白测定按照《食品安全国家标准 食品中蛋白质的测定》（GB 5009.5—2016）进行测定，转换系数取 6.25；水分的测定依据《食品安全国家标准 食品中水分的测定》（GB 5009.3—2016），用直接干燥法进行测定；灰分含量测定依据《食品安全国家标准 食品中灰分的测定》（GB 5009.4—2016），用灼烧法进行测定；可溶性固形物测定依据《水果和蔬菜可溶性固形物含量的测定 折射仪法》（NY/T 2637—2014）进行测定。

1）矿物质元素的测定

样品前处理为硝酸 - 高氯酸消解法，采用火焰原子吸收法测定。

2）维生素和黄酮类物质的测定

维生素 C、维生素 B_1、维生素 B_2 的测定采用荧光比色法。胡萝卜素、黄酮类的测定参照何照范等介绍的分析方法，其中胡萝卜素的测定采用石油醚 - 丙酮萃取法，总黄酮的测定用氯化铝比色法。

3. 测定结果

1）常规营养成分

毛叶枣的常规营养成分含量见表 4-8。

表 4-8　毛叶枣的常规营养成分含量　（g/100 g FW）

组分	水分	粗蛋白	粗脂肪	总酸	灰分	可溶性固形物
含量	81.4	2.63	1.25	0.31	5.83	12.0~14.0

2）碳水化合物

毛叶枣的碳水化合物组成见表 4-9。

表 4-9　毛叶枣的碳水化合物组成　（g/100 g DW）

组分	葡萄糖	果糖	蔗糖	可溶性果胶	总果胶	粗纤维
含量	45.2	17.9	0.74	0.42	0.66	1.08

注：DW 表示干重。

由上表可知，枣肉中的糖类以还原糖（葡萄糖与果糖）为主，占干果的 63.1%；蔗糖的含量极低。鲜果中含糖 12%,膳食纤维含量较高,粗纤维占 1.08%,果胶以可溶性果胶为主,占总果胶的 63.6%。粗纤维和果胶类物质可增加消化道的蠕动和缩短食物通过肠道的时间,能预防便秘、肠癌、痔疮、溃疡等症。此类物质还可填充肠道却不额外提供能量,故有减肥美体的作用。

3)矿物质元素

毛叶枣含有丰富的矿物质,其元素组成如表 4-10 所示。

表 4-10　毛叶枣的矿物质元素组成　　　　　　　　　　（mg/100 g FW）

元素	含量	元素	含量
Mg	25	Ca	34
Cu	0.8	Fe	6.56
Mn	0.3	Zn	3

注:DW 表示干重。

枣肉中钙(Ca)、镁(Mg)、铁(Fe)的含量相当高,远超过其他水果,其中钙含量是苹果的 3 倍、梨的 6 倍,铁含量是苹果的 20 倍、葡萄的 10 倍。枣肉中矿物质元素对人体的营养及代谢有着特殊的作用。钙是构成骨骼、牙齿的主要成分,还能促进血液凝结,促进体内某些酶的活化,维持正常神经传导、心跳节律、肌肉收缩、毛细管渗透压和体内酸碱平衡等。镁是心血管系统的保护因子,能维持核酸结构的稳定性,抑制神经系统的兴奋性,参与体内蛋白质的合成,具有调节肌肉收缩和体温的作用,还能提高多种酶的活力和预防衰老。铁是血红蛋白、肌红蛋白及某些酶的重要组成部分,参与氧的运输。铁缺乏会引起缺铁性贫血。铜(Cu)能促进结缔组织形成和骨骼正常发育,维持中枢神经系统健康。锰(Mn)能促进人体生长和正常的成骨作用。锌(Zn)是许多酶的激活剂及组成成分,参与机体 DNA 的合成,影响 RNA 和蛋白质的合成。对机体的生长发育、组织再生、促进食欲、增进维生素 A 的正常代谢、促进性器官和性机能的正常发育、保护皮肤健康、增强免疫力等有着重要意义。毛叶枣是非常好的钙、镁、铁的食物来源,既适合老年人及儿童食用,也是贫血患者、性机能障碍或发育不良者的理想果品。

4)维生素及黄酮类

据分析测定,毛叶枣中含有丰富的维生素和黄酮类化合物。

表 4-11　维生素及黄酮类的含量　　　　　　　　　　（mg/100 g FW）

组分	维生素 C	维生素 B_1	维生素 B_2	胡萝卜素	黄酮类化合物
含量	280	0.016	0.024	0.086	392

每 100 g 毛叶枣果肉中维生素 C 含量是苹果的 56 倍、橘子的 9 倍,比号称"维生素 C

之王"的中华猕猴桃(47~255 mg/100 g)还高。维生素 C 对伤口的愈合、骨质钙化、降低血管脆性有显著影响,还能增进铁等金属元素的吸收,降低血液中的胆固醇水平,可预防婴幼儿患巨幼红细胞性贫血。此外,维生素 C 还能解毒,增强人体抵抗力,有防癌抗衰的作用。维生素 B_1 与人体能量代谢、神经生理及心脏功能密切相关,缺乏它易患脚气病。维生素 B_2 能促进人体生长发育,减小化学致癌对皮肤的损伤,缺乏它易出现皮炎、口角炎等,并导致精神抑郁、疲劳。胡萝卜素在人体内能转化为维生素 A,有抗癌、维持上皮组织健全、防治夜盲症等功能。毛叶枣果肉中的黄酮类化合物含量也非常高。黄酮类化合物有镇静、催眠、抗氧化和清除氧自由基、降血糖、护肝作用,还具有抗菌、抗过敏、抗癌细胞等多种药理活性,对治疗和预防癌症、心血管疾病有着重要意义。

(六)毛叶枣鲜果的酚类物质含量和抗氧化活性分析

Memon 等研究了毛叶枣鲜果的酚类物质的含量和抗氧化活性,并对是否可从种子废弃物中提取具有潜在价值的植物化学物质进行了探究。该研究以 60% 甲醇水溶液超声提取果实可食用部分,采用高效液相色谱与二极管阵列检测器(HPLC-DAD)联用的方法测定果实总酚含量、抗氧化活性和各酚类化合物含量。采用气相色谱 - 质谱联用技术(GC-MS)对正己烷萃取的种子油进行脂肪酸组成、甾醇和生育酚含量测定。通过福林 - 西奥卡特(Folin-Ciocalteu)比色法和 DPPH 法分析,鲜果的总酚含量以没食子酸当量计为 12.8 mg/g,以槲皮素当量计的抗氧化活性为 0.5 μmol/g。

通过比较商业标准品和待测样品的紫外光谱保留时间,初步鉴定毛叶枣果实中含有羟基苯甲酸、香兰素、邻香豆酸、对香豆酸、表儿茶素、槲皮素和柚皮素。GC-MS 分析结果表明,从果实中提取的三甲基硅醚(TMS)衍生物中含有丙酸、己酸、庚酸、辛酸、壬酸、癸酸、十二酸、正十五酸、十六酸、苯甲酸和三羟基苯甲酸。此外,还检测到 D- 果糖、半乳糖呋喃糖苷、葡萄糖酸和 β- 谷甾醇。毛叶枣种子的活性分析表明其含有己酸、辛酸、7- 十八烯酸、9, 12- 十八烯酸、二十烷酸(又称花生酸)、11- 二十烷酸等,占总脂肪酸的 55%。经鉴定,种子油中含有少量的角鲨烯、γ- 生育酚和豆甾醇成分。从研究结果上看,毛叶枣是健康的植物化学物质的良好来源。

(七)毛叶枣果肉部分的化学成分分析

沈瑞芳等对毛叶枣果肉部分的化学成分进行了研究。

1. 仪器、试剂和材料

本试验用到的仪器为:WRS-2 型微机熔点仪,上海申光仪器仪表有限公司; ZF-Ⅱ 型紫外分析仪,上海顾村中实仪器厂; DRX-500 型核磁共振仪, Bruker 公司, TMS 为内标; Mat-711 型质谱仪, Varian 公司;柱层析硅胶(0.075~0.037 mm)、薄层硅胶板,青岛海洋化工厂分厂出品;高效薄层层析硅胶 G 板,烟台化工研究院出品; Sephadex LH-20, GE

Healthcare 公司；RP-C$_{18}$，Merck 公司。

本试验用到的试剂为：显色剂为 15% 硫酸乙醇溶液，其他溶剂为分析纯。

本试验用到的材料为购自云南元江的毛叶枣样品，标本（Y20101012）存于云南烟草科学研究院添加剂安全评价中心。

2. 提取与分离

干燥的毛叶枣（30 kg）粉碎后，用 75% 乙醇溶液回流提取 3 次，提取液减压浓缩制得浸膏。把乙醇浸膏（5 kg）用水分散成均匀的悬浮液，分别用石油醚、乙酸乙酯和正丁醇各萃取 3 次。减压浓缩分别得到石油醚部分 100 g、乙酸乙酯部分 160 g、正丁醇部分 1 320 g。乙酸乙酯部分经硅胶柱层析（石油醚 - 乙酸乙酯梯度洗脱）分离得 A~E 共 5 个组分，其中，C 组分（14 g）经液相色谱得到化合物 1（8 mg）、化合物 2（8 mg）、化合物 3（5 mg）、化合物 4（5 mg）；D 组分（20 g）经硅胶柱层析（石油醚 - 乙酸乙酯梯度洗脱）分离，并经凝胶柱（甲醇），液相色谱纯化得到化合物 5（6 mg）、化合物 6（5 mg）、化合物 7（8 mg）。正丁醇部分（1 320 g）经硅胶柱层析（氯仿 - 甲醇梯度洗脱）和 RP-C$_{18}$ 反相柱层析纯化得化合物 8（200 mg）、化合物 9（12 mg）。

3. 分析测定

1）结构鉴定

本研究通过理化数据、质谱法（MS）、核磁共振（NMR）测定，鉴定了 9 个单体的结构。

化合物 1 为无色油状物，溶于甲醇、吡啶，分子式为 C$_6$H$_6$O$_3$。EI-MS（m/z）（%）：126（[M$^+$]，78）、97（100）、69（33）、41（73）；^{1}H-NMR（500 MHz，C$_5$D$_5$N）δ：9.7（1H，s，H-6）、7.3（1H，d，J=3.4 Hz，H-3）、6.6（1H，d，J=3.4 Hz，H-4）、4.86（2H，s，H-7）；^{13}C-NMR（125 MHz，C$_5$D$_5$N）δ：178（d，C-6）、151.8（s，C-2）、124.6（d，C-3）、109.8（s，C-4）、56（t，C-7）。以上波谱数据与文献数据基本一致，因此结构鉴定为 5- 羟甲基糠醛（5-hydroxymethyl furaldehyde）。

化合物 2 为无色针状物，溶于甲醇、吡啶，熔点为 114~118 ℃，分子式为 C$_7$H$_6$O$_2$，EI-MS（m/z）（%）：122（[M$^+$]，81）、121（100）、93（46）、65（48）、39（43）；^{1}H-NMR（500 MHz，CD$_3$OD）δ：9.74（1H，s，—CHO）、7.76（2H，m，H-2，6）、6.89（2H，m，H-3，5）；^{13}C-NMR（125 MHz，CD$_3$OD）δ：192.8（—CHO）、165.4（C-4）、133.4（C-1）、130.3（C-2，6）、117.0（C-3，5）。以上波谱数据与文献数据基本一致，故该化合物结构鉴定为 4- 羟基苯甲醛（4-Hydroxybenzaldehyde）。

化合物 3 为无色液体，溶于甲醇，分子式为 C$_7$H$_8$O。EI-MS（m/z）（%）：108（[M$^+$]，88）、107（100）、90（8）、79（18）；^{1}H-NMR（500 MHz，CD$_3$OD）δ：7.92（2H，d，J=8.4 Hz，H-3，5）、6.78（1H，brs，—OH）、6.92（2H，d，J=8.4 Hz，H-2，6）、2.59（3H，s，—CH$_3$）。以上波谱数据与文献数据基本一致。与 4- 甲基苯酚标准品进行 TLC 薄层对照后，发现化合

物 3 在多种溶剂系统中 R_f 值均相同,因此确定该化合物为 4- 甲基苯酚(4-methylphenol)。

化合物 4 为无色结晶,溶于甲醇,熔点为 114~120 ℃,分子式为 $C_7H_8O_2$。EI-MS(m/z)(%): 124([M$^+$],86)、107(52)、95(100)、77(90); ^{1}H-NMR(500 MHz,CD$_3$OD)δ: 7.21 (2H,d,J=10.5 Hz,H-2,6)、6.68(2H,d,J=10.5 Hz,H-3,5)、4.66(2H,s)。以上波谱数据与文献数据基本一致,因此确定该化合物为对羟基苯甲醇(4-hydroxybenzyl alcohol)。

化合物 5 为无色粉末,溶于甲醇,分子式为 $C_{10}H_8O_4$。EI-MS(m/z)(%): 192([M$^+$], 100)、177(61)、164(25)、149(50)、69(34); ^{1}H-NMR(500 MHz,CD$_3$OD)δ: 7.65(1H,s,H-7)、7.22(1H,d,J=9.3 Hz,H-4)、6.17(1H,d,J=9.7 Hz,H-3)、6.35(1H,s,H-8); ^{13}C-NMR (125 MHz, CD$_3$OD)δ: 160(s, C-2)、152.2(s, C-9)、150.3(s, C-7)、145.4(s, C-6)、143.3 (d, C-4)、111.6(d, C-3)、110.3(s, C-10)、108.8(d, C-5)、103.3(d, C-8)、55.4(q, —OCH$_3$)。以上波谱数据与文献报道的 Scopoletin 数据完全一致,故鉴定该化合物 5 为莨菪亭(scopoletin)。

化合物 6 为无色针晶(甲醇),溶于氯仿,熔点为 295~297 ℃,分子式为 $C_{30}H_{48}O_3$。EI-MS(m/z)(%): 126([M$^+$], 53)、189(100)、248(55)、207(64); ^{1}H-NMR(500 MHz, CD$_3$OD)δ: 4.70(1H,d,H-29)、4.58(1H,d,H-29)、3.13(1H,dd,H-3)、1.69(3H,s,H-30)、1.00(3H,s,H-27)、0.97(3H,s,H-23)、0.95(3H,s,H-26)、0.86(3H,s,H-25)、0.75(3H,s,H-24); ^{13}C-NMR(125 MHz, CD$_3$OD)δ: 180(s,C-28)、152(C-20)、110(C-29)、79.7(C3)、73.1(C-19)、57.6(C-17)、56.9(C-5)、52.1(C-18)、50.5(C-9)、43.6(C-22)、42(C-14)、40.1(C-8)、40(C-1)、39.7(C-13)、38.4(C-4)、38.2(C-10)、35.6(C-21)、33.4(C-7)、31.8 (C-16)、30.9(C-15)、28.6(C-23)、28.1(C-2)、26.9(C-12)、22.1(C-11)、19.6(C-30)、19.5 (C-6)、16.7(C-24,C-26)、16.1(C-25)、15.1(C-27)。以上数据与文献报道的数据完全一致,因此化合物 6 结构鉴定为白桦脂酸(betulinic acid)。

化合物 7 为无色针晶,易溶于甲醇,分子式为 $C_{12}H_{14}O_7$。 ^{1}H-NMR(500 MHz, CD$_3$OD)δ: 9.56(1H,s,H-6)、7.37(1H,d,J=3.5 Hz,H-4)、6.61(1H,d,J=3.5 Hz,H-3)、4.61 (2H,s,H-7)、4.50(1H,t,H-2′)、3.7(3H,s,H-5′)、3.77(3H,s,H-6′)、2.80(2H,d,H-3′); ^{13}C-NMR(125 MHz, CD$_3$OD)δ: 179.5(d, C-6)、176.0(s, H-1′)、173.0(s, C-4′)、163.3(s, C-2)、153.3(s, C-5)、125.0(d, C-4)、111.0(d, C-3)、68.5(d, C-2′)、57.7(t, C-7)、52.7(q, C-5′)、52.3(q, C-6′)、39.9(q, C-3)。以上数据与文献报道的数据基本一致,因此化合物 7 结构鉴定为 hiziprafuran。

化合物 8 为无色块状晶体,分子式为 $C_{12}H_{22}O_{11}$。10% 浓硫酸 - 乙醇显色为黑色,与蔗糖标准品进行 TLC 薄层对照,在多种溶剂系统中 R_f 值均相同。且 ^{1}H NMR、^{13}C NMR 谱数据与蔗糖数据基本一致,结构鉴定为蔗糖(sucrose)。

化合物 9 为黄色无定性粉末(甲醇),熔点为 179~181 ℃,分子式为 $C_{27}H_{30}O_{16}$。ESI-MS(m/z)(%): 611[M+H]$^+$。AlCl$_3$ 反应阳性,盐酸 - 镁粉反应阳性,紫环(Molish)反应阳

性。^{1}H-NMR（500 MHz，CD$_3$OD）δ：7.69（1H，d，J=1.9 Hz，H-2′）、7.65（1H，dd，J=1.9、8.6 Hz，H-6′）、6.89（1H，d，J=8.6 Hz，H-5′）、6.41（1H，d，J=1.9 Hz，H-8）、6.19（1H，d，J=1.9 Hz，H-6）、5.12（1H，d，J=7.6 Hz，GlcH-1）、4.37（1H，brs，rhaH-1）、1.15（3H，d，J=6.1 Hz，rhaH-6）；^{13}C-NMR（125 MHz，CD$_3$OD）δ：177.8（C-4）、164.6（C-7）、161.7（C-5）、157.6（C-9）、156.9（C-2）、148.9（C-4′）、145.2（C-3′）、134.7（C-3）、122.2（C-6′）、121.6（C-1′）、116.7（C-5′）、114.7（C-2′）、104.2（C-10）、99.2（C-6）、94.1（C-8）、103.6（gluC-1″）、76.9（gluC-3″）、76.4（gluC-5″）、74.5（gluC-2″）、71.0（gluC-4″）、67.4（gluC-6″）、101.2（rhaC-1‴）、74.3（rhaC-4‴）、70.8（rhaC-2‴）、70.4（rhaC-3‴）、68.7（rhaC-5‴）、18.2（rhaC-6‴）。以上数据与文献报道数据基本一致，鉴定为芦丁（rutin）。

2）结论

毛叶枣的种仁能增强免疫细胞的功能，食之元气不散，多食能调心肾交接，久服令人目清延年。经实验证实，毛叶枣仁的水煎剂有镇静催眠的作用，毛叶枣仁与酸枣仁有相同的镇静催眠作用，起镇静催眠作用的有效成分是皂苷类化合物和黄酮类化合物。本研究从毛叶枣果肉部分分离纯化得9个化合物，其中化合物9为黄酮类化合物，化合物2~4为酚类物质，它们是否具有催眠镇静活性有待进一步化学和药理方面的研究。

（八）毛叶枣干燥、成熟种子的化学成分分析

郭盛等研究了毛叶枣干燥、成熟种子的化学成分。

1. 仪器、试剂和材料

本试验用到的仪器为：BrukerAV-500 或 BrukerAV-300 型核磁共振光谱仪（TMS 为内标），Synapt TMQ-TOF 质谱仪（Waters 公司），WRS-1B 型数字熔点仪（温度计未校正），薄层层析及柱层析硅胶均为青岛海洋化工厂生产。

本试验用到的试剂为乙醇、石油醚、乙酸乙酯、正丁醇等，均为分析纯或色谱纯。

本试验用到的材料为 2011 年 1 月采自云南省大理市的毛叶枣种子样品，为鼠李科枣属植物毛叶枣（*Ziziphus mauritiana* L.）的干燥、成熟种子。凭证标本（No. NJUTCM-20110101）保存于南京中医药大学标本馆。

2. 提取与分离

毛叶枣仁 20 kg，破碎后加 80% 乙醇溶液回流提取 2 次，每次 2 h。减压回收溶剂后加水混悬，分别用石油醚、乙酸乙酯、水饱和正丁醇萃取，回收溶剂后分别得到石油醚萃取物 1 200 g、乙酸乙酯萃取物 210 g 和正丁醇萃取物 250 g。石油醚萃取物（800 g）经硅胶柱色谱分离，石油醚 - 乙酸乙酯梯度洗脱（100∶0~50∶50）得到 5 个组分（化合物1~5）。化合物 1 再经硅胶柱色谱反复分离，石油醚 - 乙酸乙酯梯度洗脱（100∶0~10∶1），得到化合物 10（150 mg）、化合物 11（320 mg）和化合物 12（260 mg）；化合物 2 经硅胶柱色谱反复分离，石油醚 - 乙酸乙酯洗脱（10∶1），得到化合物 1（158

mg）和化合物 6（410 mg）；化合物 4 经硅胶柱色谱反复分离,石油醚 - 乙酸乙酯梯度洗脱（10∶1~1∶1），得到化合物 8（18 mg）。乙酸乙酯萃取物（150 g）经硅胶柱色谱分离,石油醚 - 乙酸乙酯梯度洗脱（50∶1~0∶100）得到化合物 2（5.5 g）、化合物 3（25 mg）和化合物 4（18 mg）。正丁醇萃取物（180 g）经乙酸乙酯 - 甲醇梯度洗脱（50∶1~0∶100），得到化合物 5（50 mg）、化合物 7（45 mg）和化合物 9（120 mg）。

3. 结构鉴定

化合物 1 为无色针晶（甲醇），熔点为 192~193 ℃。醋苷 - 硫酸（Liebermann-Burchard）反应阳性。^{1}H-NMR（CDCl$_3$, 500 MHz）δ: 9.68（1H, d, J=1.5 Hz，—CHO）、4.75（1H, brs, H-29a）、4.62（1H, brs, H-29b）、3.18（1H, dd, J=11.0, 5.0 Hz, H-3）、2.85（1H, m, H-19）、1.69（3H, brs, H-30）、0.97（3H, s, H-27）、.96（3H, s, H-23）、0.92（3H, s, H-26）、0.82（3H, s, H-25）、0.75（3H, s, H-24）；^{13}C-NMR（CDCl$_3$, 125 MHz）δ: 38.73（C-1）、27.42（C-2）、79.00（C-3）、38.87（C-4）、55.36（C-5）、18.29（C-6）、34.37（C-7）、40.87（C-8）、50.52（C-9）、37.21（C-10）、20.78（C-11）、25.58（C-12）、38.73（C-13）、42.59（C-14）、29.29（C-15）、28.83（C-16）、56.33（C-17）、48.12（C-18）、47.56（C-19）、19.22（C-20）、29.91（C-21）、33.25（C-22）、28.00（C-23）、15.35（C-24）、15.93（C-25）、16.14（C-26）、14.29（C-27）、206.65（C-28）、110.15（C-29）、19.02（C-30）。以上数据与文献报道的数据基本一致,故鉴定化合物 1 为白桦脂醛（betulinicaldehyde）。

化合物 2 为无色针晶（甲醇），熔点为 295~297 ℃。Liebermann-Burchard 反应阳性。^{1}H-NMR（CDCl$_3$, 500 MHz）δ: 4.73（1H, brs, H-29a）、4.59（1H, brs, H-29b）、3.15（1H, dd, J=11.0, 5.0 Hz, H-3）、3.00（1H, m, H-19）、1.69（3H, brs, H-30）、0.98（3H, s, H-27）、0.97（3H, s, H-23）、0.94（3H, s, H-26）、0.83（3H, s, H-25）、0.75（3H, s, H-24）。以上数据与文献报道的数据基本一致,且与白桦脂酸对照品对照,在 TLC 中的 R_f 值及显色行为一致,故鉴定化合物 2 为白桦脂酸。

化合物 3 为无色针晶（甲醇），熔点 >300 ℃。Liebermann-Burchard 反应阳性。^{1}H-NMR（DMSO-d$_6$, 500 MHz）δ: 11.99（2H, s, 2 × COOH）、4.69（1H, d, J=1.5 Hz, H-29a）、4.58（1H, d, J=1.5 Hz, H-29b）、3.92（1H, s, H-3）、2.92（1H, m, H-19）、2.30（1H, s, H-1）、1.64（3H, s, H-30）、0.99（3H, s, H-23）、0.98（3H, s, H-25）、0.90（3H, s, H-24）、0.87（3H, s, H-26）、0.80（3H, s, H-27）；^{13}C-NMR（DMSO-d$_6$, 125 MHz）δ: 65.50（C-1）、176.07（C-2）、83.22（C-3）、42.64（C-4）、55.86（C-5）、18.10（C-6）、33.60（C-7）、42.50（C-8）、43.75（C-9）、48.31（C-10）、23.03（C-11）、25.02（C-12）、37.93（C-13）、41.03（C-14）、29.39（C-15）、31.72（C-16）、55.34（C-17）、48.55（C-18）、46.47（C-19）、150.23（C-20）、30.11（C-21）、36.31（C-22）、30.71（C-23）、19.00（C-24）、18.10（C-25）、16.12（C-26）、14.49（C-27）、177.12（C-28）、109.48（C-29）、19.35（C-30）。以上数据与文献报道的数据基本一致,故鉴定化合物 3 为美洲茶酸（ceanothic acid）。

化合物 4 为白色结晶性粉末（乙酸乙酯），熔点为 249~251 ℃。ESI-MS（ m/z ）：535[M+H]⁺、541[M+Na]⁺、533[M-H]⁻；分子式为 $C_{31}H_{42}N_4O_4$。¹H-NMR（CDCl₃，500 MHz） δ：0.61、0.66（each 3H，d，J=6.0 Hz，2×CH₃ of Leu）、1.01、1.27（each 3H，d，J=7.0 Hz，2×CH₃ of Hyleu）、2.25（6H，s，N-dimethyl）、4.04（1H，m，H-5）、4.60（1H，t，J=8.0 Hz，H-8）、5.0（1H，d，J=5.5 Hz，H-9）、5.68（1H，d，J=5.5 Hz，NH-6）、6.42（1H，d，J=8.0 Hz，H-1）、6.47（1H，d，J=8.0 Hz，H-2）、6.94~7.25（9H，m，aromatic）、7.63（1H，d，J=5.5 Hz，NH）、8.31（1H，d，J=9.5 Hz，NH）；¹³C-NMR（CDCl₃，125 MHz）δ：123.10（C-1）、125.69（C-2）、167.64（C-4）、52.61（C-5）、171.50（C-7）、55.26（C-8）、81.69（C-9）、155.99（C-11）、122.80（C-12）、115.66（C-12′）、131.71（C-13）、130.28（C-13′）、131.90（C-14）、39.16（C-15）、24.44（C-16）、20.60（C-17）、23.10（C-18）、29.34（C-19）、150.04（C-20）、20.37（C-21）、172.70（C-23）、70.50（C-24）、30.69（C-25）、140.40（C-26）、128.56（C-27）、128.95（C-28）、126.22（C-29）、41.90（C-30）。以上数据与文献报道的数据基本一致,故鉴定化合物 4 为药炭鼠李叶碱。

化合物 5 为黄色粉末（甲醇），熔点为 237~240 ℃。UV λ_{max}（nm）MeOH：271、334。ESI-MS（ m/z ）：607[M-H]⁻。¹H-NMR（DMSO-d₆，500 MHz）δ：13.62、13.50（1H，s，5-OH）、10.38（1H，s，4′-OH）、7.97（2H，dd，J=1.5 Hz、8.5 Hz，H-2′、6′）、6.94（2H，d，J=9.0 Hz，H-3′、5′）、6.85、6.83（1H，s，H-3）、6.81、6.78（1H，s，H-8）、4.70、4.68（1H，d，J=9.0 Hz，glcH-1″）、4.18、4.16（1H，d，J=9.5 Hz，glcH-1‴）、3.91、3.90（3H，s，—OCH₃）；¹³C-NMR（DMSO-d₆，125 MHz）δ：163.70（C-2）、103.09、102.99（C-3）、182.29、181.98（C-4）、160.54、159.68（C-5）、108.60、108.55（C-6）、163.84、163.80（C-7）、90.76、90.29（C-8）、157.07、156.96（C-9）、104.43、104.18（C-10）、56.52、56.11（—OCH₃）、121.05、121.01（C-1′）、128.53（C-2′、6′）、115.99（C-3′、5′）、161.29（C-4′）、71.04、70.71（glcC-1″）、81.24、80.78（glcC-2″）、78.69、78.29（glcC-3″）、70.45（glcC-4″）、81.92、81.63（glcC-5″）、61.47（glcC-6″）、105.44、105.26（glcC-1‴）、74.71、74.55（glcC-2‴）、76.66、76.38（glcC-3‴）、69.47、69.16（glcC-4‴）、76.66、76.38（glcC-5‴）、60.61、60.06（glcC-6‴）。以上数据与文献报道的数据基本一致,故鉴定化合物 5 为棘苷（spinosin）。

化合物 6 为无色针晶（乙酸乙酯），熔点为 136~137 ℃。Liebermann-Burchard 反应阳性。¹H-NMR（CDCl₃，500 MHz）δ：5.35（1H，m，H-6）、3.52（1H，m，H-3）、1.02（3H，s，H-19）、0.78~0.95（12H，m，H-21、26、27、29）、0.68（3H，s，H-18）。与 β-谷甾醇对照品对照,在 TLC 中的 R_f 值及显色行为一致,故鉴定化合物故化合物 6 为 β-谷甾醇（β-Sitosterol）。

化合物 7 为白色粉末（甲醇），熔点为 273~275 ℃。Liebermann-Burchard 反应和 Molish 反应均为阳性。ESI-MS（ m/z ）：575[M-H]⁻。¹H-NMR（DMSO-d₆，500 MHz）δ：5.31（1H，brs，H-6）、4.35（1H，m，H-3）、4.20（1H，d，J=8.0 Hz，H-1′）、0.94（3H，s，H-19）、

0.75~0.91（12H，m，H-21、26、27、29）、0.63（3H，s，H-18）。以上波谱数据与文献报道的数据基本一致，且与胡萝卜苷对照品对照，在 TLC 中的 R_f 值及显色行为一致，故确定化合物 7 为胡萝卜苷（daucosterol）。

化合物 8 为白色蜡状粉末（乙酸乙酯），熔点为 172~173 ℃。Molish 反应为阳性。ESI-MS（m/z）：928[M+H]$^+$。^{1}H-NMR（DMSO-d$_6$，500 MHz）δ：5.32（1H，brm，H-6）、4.23（1H，d，J=8.0 Hz，H-1′）、4.06（1H，m，H-3）、0.95（3H，s，H-19）、0.74~0.91（15H，m，H-21、26、27、29、24″）、0.65（3H，s，H-18）。参照文献报道数据，结合质谱信息，鉴定化合物 8 为胡萝卜苷 -6′- 二十四烷酸酯（daucosterol-6′-octadecanoate）。

化合物 9 为无色方晶（甲醇），熔点为 172~173 ℃。Molish 反应阳性。^{1}H-NMR（D$_2$O，500 MHz）δ：5.39（1H，d，J=3.5 Hz，glcH-1）、4.19（1H，d，J=9.0 Hz，fruH-3）、4.03（1H，t，J=8.5 Hz，fruH-4）、3.78~3.90（6H，m，glcH-4，6，fruH-5，6）、3.73（1H，t，J=10.0 Hz，glcH-3）、3.66（2H，s，fruH-1）、3.54（1H，dd，J=10.0 Hz、4.0 Hz，glcH-2）、3.45（1H，t，J=9.5 Hz，glcH-5）。以上数据与文献报道的数据基本一致，故鉴定化合物 9 为蔗糖。

化合物 10 为白色片状结晶（石油醚 - 乙酸乙酯），熔点为 69~71 ℃。溴酚蓝反应显黄色。ESI-MS（m/z）：339[M-H]$^-$。^{1}H-NMR（300 MHz，CDCl$_3$）δ：2.35（2H，t，J=7.4 Hz，H-2）、1.62（2H，m，H-3）、1.25~1.30（36H，m，H-4~21）、0.88（3H，t，J=6.3 Hz，H-22）。以上数据与文献报道的数据基本一致，故鉴定化合物 10 为二十二烷酸（docosanoic acid）。

化合物 11 为白色片状结晶（石油醚 - 乙酸乙酯），熔点为 65~67 ℃。溴酚蓝反应显黄色。ESI-MS（m/z）：283[M-H]$^-$。^{1}H-NMR（300 MHz，CDCl$_3$）δ：11.2（1H，brs，—COOH）、2.35（2H，t，J=7.6 Hz，H-2）、1.64（2H，m，H-3）、1.25~1.30（28H，m，H-4~17）、0.88（3H，t，J=6.8 Hz，H-18）。以上数据与文献报道的数据基本一致，故鉴定化合物 11 为硬脂酸（stearicacid）。

化合物 12 为无色油状液体（石油醚 - 乙酸乙酯）。ESI-MS（m/z）：253[M-H]$^-$。^{1}H-NMR（300 MHz，CDCl$_3$）δ：5.34（2H，m，H-9，10）、2.34（2H，t，J=7.5 Hz，H-2）、2.01（4H，m，H-8，11）、1.62（2H，m，H-3）、1.22~1.40（16H，m，H-4~7、12~15）、0.89（3H，t，J=6.9 Hz，H-16）。与棕榈油酸对照品对照，在 TLC 中的 R_f 值及显色行为一致。综合以上数据，鉴定化合物 12 为棕榈油酸（palmitoleic acid）。

本章参考文献

[1] 中国热带作物学会热带园艺专业委员会. 南方优稀果树栽培技术 [M]. 北京：中国农业出版社，2000.

[2] 林尤奋. 热带亚热带果树栽培学 [M]. 北京：中国农业出版社，2004.

[3] 农业部发展南亚热带作物办公室. 中国热带南亚热带果树 [M]. 北京：中国农业出版社，1998.

[4]　NYANGA L K, GADAGA T H, NOUT M, et al. Nutritive value of masau（*Ziziphus mauritiana*）fruits from Zambezi Valley in Zimbabwe[J]. Food Chemistry, 2013, 138（1）:168-172.

[5]　尼章光, 黄家雄, 张林辉, 等. 云南滇刺枣的开发利用 [J]. 中国果菜, 2001（2）: 40.

[6]　李立, 杨星池, 李义龙. 毛叶枣的利用价值及栽培 [J]. 中国林副特产, 1996（1）: 19-20.

[7]　欧继昌. "热带苹果":毛叶枣 [J]. 资源开发与市场, 1999（3）: 38-39.

[8]　PANSEETA P, LOMCHOEY K, PRABPAI S, et al. Antiplasmodial and antimycobacterial cyclopeptide alkaloids from the root of *Ziziphus mauritiana*[J]. Phytochemistry, 2011, 72（9）:909-915.

[9]　Srivastava S K. Nummularogenin, a new spirostane from *Zizyphus nummularia*[J]. Journal of Natural Products, 1984, 47（5）:781.

[10]　钟惠民, 刘国清, 木立群. 野生植物滇刺枣的营养成分 [J]. 植物资源与环境, 1998,（2）: 64-65.

[11]　袁瑾. 分光光度法测定滇刺枣中的锗 [J]. 光谱实验室, 2002（3）: 371-372.

[12]　袁瑾, 曹玮, 曲波, 等. 滇刺枣中 β- 胡萝卜素含量的反相高效液相色谱测定 [J]. 浙江化工, 2004（2）: 34.

[13]　邓国宾, 李雪梅, 林瑜, 等. 滇刺枣挥发性成分的研究 [J]. 精细化工, 2004（4）: 318-320.

[14]　杨守娟. 酸枣仁与滇枣仁镇静催眠作用成分:皂苷及黄酮苷含量的比较研究 [J]. 辽宁中医杂志, 2006, 33（1）: 105.

[15]　徐小艳, 吴锦铸. 台湾青枣的营养成分分析与利用 [J]. 食品科技, 2009, 34（10）: 32-34.

[16]　MEMON A , MEMON N, LUTHRIA D, et al. Phenolic compounds and seed oil composition of *Ziziphus mauritiana* L. fruit[J]. Polish Journal of Food & Nutrition Sciences, 2012, 62（1）:15-21.

[17]　沈瑞芳, 杨叶昆, 魏玉玲, 等. 滇刺枣的化学成分研究 [J]. 云南大学学报（自然科学版）, 2013, 35（S2）: 332-335.

[18]　郭盛, 段金廒, 赵金龙, 等. 滇枣仁化学成分研究 [J]. 中药材, 2014, 37（3）: 432-435.

[19]　叶昆. 天然香料内源性风险物质识别研究及其在烟草中的应用 [D]. 昆明:云南大学, 2016.

[20]　嵇长久, 韩婧, 贺文军, 等. 滇刺枣根中的三萜类成分 [C]// 中国植物学会药用植物及植物药专业委员会, 中国科学院昆明植物研究所. 第十届全国药用植物及植物药

学术研讨会论文摘要集. 昆明：中国植物学会, 2011：1.

[21]　梁瑞璋, 王钊, 蒋俊兰, 等. 野香橼小果型毛叶枣云南移（木衣）的营养价值研究 [J]. 西南林学院学报, 1989（1）：20-24.

[22]　郭盛, 段金廒, 唐于平, 等. 中国枣属药用植物资源化学研究进展 [J]. 中国现代中药, 2012（8）：1-5.

[23]　车勇, 张永清. 枣属植物化学成分研究新进展 [J]. 天然产物研究与开发, 2011, 23（5）：979-982.

[24]　SINGH A K, PANDEY M B, SINGH V P, et al. A new antifungal cyclopeptide alkaloid from *Zizyphus mauritiana*[J]. Indian Chem Soc, 2007, 84（8）：781-784.

第五章　荔枝

一、荔枝的概述

荔枝（拉丁学名：*Litchi chinensis* Sonn.）属无患子科常绿乔木，别名丹荔、丽枝、荔果。荔枝产于中国南方，春季开花，夏季结果。荔枝在中国的栽培和使用历史可以追溯到两千多年前的汉代。最早关于荔枝的文献记载是西汉司马相如的《上林赋》，文中写作"离支"，即割去枝丫之意。大约东汉开始，"离支"写成"荔枝"。

荔枝树高通常不超过 10 m，有时可达 15 m 或更高。树皮灰黑色，小枝圆柱状、褐红色，密生白色皮孔。叶连柄长 10~25 cm 或过之；小叶 2 或 3 对，较少 4 对；薄革质或革质，披针形或卵状披针形，有时长椭圆状披针形，长 6~15 cm，宽 2~4 cm；顶端骤尖或尾状短渐尖，全缘；腹面深绿色，有光泽，背面粉绿色，两面无毛；侧脉常纤细，在腹面不明显，在背面明显或稍凸起；小叶柄长 7~8 mm。花序顶生、阔大、多分枝；花梗纤细，长 2~4 mm，有时粗而短。萼被金黄色短绒毛。雄蕊 6~7 个，有时 8 个，花丝长约 4 mm。子房密覆小瘤体和硬毛。果卵圆形至近球形，长 2~3.5 cm，成熟时通常暗红色至鲜红色；种子全部被肉质假种皮包裹。荔枝树喜高温、高湿，喜光向阳。它的遗传性要求花芽分化期有相对低温，但最低气温在 −2 ～ −4 ℃时，又会遭受冻害。开花期天气晴朗温暖而不干热最有利。湿度过低，阴雨连绵，天气干热或强劲北风均不利于开花授粉。花果期遇到不利的灾害天气会造成落花落果，甚至失收。

二、荔枝的产地与品种

（一）荔枝的产地

17 世纪末，荔枝从中国传入缅甸，100 年后又传入印度。大约在 1870 年传入马达加斯加、毛里求斯。1873 年，由中国商人传入夏威夷，1870—1880 年从印度传入佛罗里达，并于 1897 年传入加利福尼亚。1930—1940 年传入以色列，1954 年由中国移民带入澳大利亚。现荔枝广泛种植于中南美洲、部分非洲及整个亚洲地区。当今世界上荔枝主产国为中国、印度、南非、澳大利亚、毛里求斯、马达加斯加及泰国。我国荔枝主要分布于北纬 18°~29°，以广东栽培最多，福建和广西次之，海南、四川、云南、贵州和台湾等省份栽培较少。荔枝与香蕉、菠萝、龙眼一同号称"南国四大果品"。

(二)荔枝的品种

目前我国已知的荔枝品种有三月红、圆枝、黑叶、淮枝、桂味、糯米糍、元红、兰竹、陈紫、挂绿、水晶球、妃子笑、白糖罂等。

1. 三月红

因在农历三月下旬成熟,故名三月红。属最早熟种。主产于广东的新会、中山、增城、广西的灵山等区县。果实呈心脏形,上广下尖;龟裂片大小不等,排列不规则,缝合线不太明显;皮厚,淡红色;肉黄白,微韧,组织粗糙,核大,味酸带甜,食后有余渣。由于上市早,尚受消费者欢迎。

2. 圆枝

圆枝又名水东或水东黑叶。分布于广州市郊和珠江三角洲各县。果实短卵圆形或歪心形,果肩一边高一边低;龟裂片略平宽,皮深红色,果肉软滑多汁,甜中带酸,微香。5月下旬或6月上旬成熟。

3. 黑叶

果实短卵圆形,果顶浑圆或钝,果属平;皮深红色,壳较薄,龟裂片平钝,大小均匀,排列规则,裂纹和缝合线明显;肉质坚实爽脆,香甜多汁,多数为大核。6月中旬成熟。较耐贮存。

4. 淮枝

淮枝又名密叶、凤花、古凤、怀枝(传闻古时有尚书路过岭南,把乡亲送的荔枝揣入怀中,故名)、槐枝,是广东地区栽培最广、产量最多的品种。鲜食、干制皆宜。果实圆球形或近圆形,蒂平;果壳厚韧,深红色,龟裂片大,稍微隆起或近于平坦,排列不规则,近蒂部偶有尖刺,密而少;肉乳白,味甜带酸,核大而长,偶有小核。7月上旬成熟。

5. 桂味

桂味又名桂枝,因含有桂花香味而得名。它是最优良的品种之一,以广州市郊和广西灵山县所产最佳。桂味有全红及鸭头绿两个品系。果实圆球形,果壳浅红色,薄而脆;龟裂片突起,小而尖,从蒂膊两旁绕果顶有圈较深的环沟,为桂味的特征;肉色黄白,柔软饱满,核小,味很甜。7月上旬成熟。

6. 糯米糍

糯米糍又名米枝,为广东地区价格最高的品种,是闻名中外的广东特产果品。主产广州市萝岗区和增城区新塘镇,其次是从化、东范等县。有红皮大糯和白皮小糯两个品系。果实属心脏形,近圆形;果柄歪斜,为其品种特征。初上市黄蜡色,旺期鲜红色;龟裂片大而狭长,呈纵向排列,稀疏、微凸;缝合线阔而明显;果顶丰满,蒂部略凹;肉厚,核小,肉色黄白至半透明,含可溶性固形物达 20%,味极甜、香浓、糯而嫩滑,品质优良。为消费者最喜爱的品种,最适宜鲜食和制干。7月上旬成熟。

7. 元红

元红又名皱核,主产福建省福州市闽侯县。果实心脏形,科顶丰满;果梗长;果皮紫红色,龟裂片小,中央有小刺,缝合线不明显;肉较薄,乳白色,核大小不一,味甜带酸。7月中旬成熟。

8. 兰竹

兰竹主产福建省龙海、南靖、漳州等县市。有红色和青色两个品系。果实心脏形,果顶丰满;果梗细;龟裂片中大无刺;核大小不一,大核居多;肉乳白色,味甜而酸,品质中等。7月中旬成熟。除鲜食外,适宜制罐头和制干。

9. 陈紫

陈紫为福建荔中绝品,成熟时散发出阵阵幽香,沁人心脾。莆田、仙游一带最著名。

10. 挂绿

挂绿为广东增城的荔枝珍品,也是广东荔枝的名种之一。其特点是外壳颜色四分微绿六分红,有条绿线纵贯果身,果肉清脆口有微香,剥去外皮纸包不湿纸。封建时代列为贡品。《岭南荔枝谱》记述:其果"蒂旁一边突起稍高,谓之龙头;一边突起稍低,谓之凤尾。熟时红紫相间,一绿线直贯到底,故名"。果皮暗红带绿色;龟裂片平,缝合线明显;肉厚爽脆,浓甜多汁,人口清香,风味独好。6月下旬至7月上旬成熟。在广东增城举行的 2002 年绿荔枝拍卖会上,一颗荔枝竟卖出 55.5 万元的天价,成为史上最贵水果。这颗荔枝采自增城西园挂绿老树,该树已有 400 多年历史,每年结果甚少。

11. 水晶球

水晶球产自广东,果肉爽脆清甜,肉色透明,果核细小,是一个有数百年栽培历史的优质品种。陈鼎的《荔枝话》记述:水晶球"白花、白壳……而浆如血,味甘,香沁肺腑"。

12. 妃子笑

四川叫铊提,台湾称绿荷包或玉荷包。妃子笑的特点是果皮青红,个大,肉色如白蜡,脆爽而清甜,果核小。传说当年唐明皇为博杨贵妃一笑,千里送的荔枝就是妃子笑,故有诗句"一骑红尘妃子笑,无人知是荔枝来"流传于天下。

13. 白糖罂

白糖罂又名蜂糖罂或电白。为早熟品种,主要产区在茂名市高州市根子镇,电白羊角镇等地亦有零星栽培。有二三百年的栽培历史。

三、荔枝的主要营养和活性成分

荔枝营养丰富:荔枝核中含有挥发性成分、氨基酸类、皂苷类、黄酮类、糖类等;荔枝肉中含有可溶性糖类、有机维生素等;荔枝皮中含有大量的多酚。尤其是荔枝核中的黄酮、皂苷的含量高于其他部位,荔枝肉中多糖的含量高于其他部位。荔枝具有健脾生津、理气止痛之功效,适用于身体虚弱、病后津液不足、胃寒疼痛、疝气疼痛等症。现代研究发现,荔枝具有抗肿瘤、消炎、抑制微生物、抑制血小板聚集、抑制乳腺增生等多种功效;有营养脑细胞的作用,可改善失眠、健忘、多梦等症状;能促进皮肤新陈代谢,延缓衰老;临床多用于治疗寒疝疼痛、肿瘤、妇科疾病等。但过量食用或某些特殊体质的人食用荔枝可能发生意外。

成熟的荔枝每 100 g 可食部分的营养物质含量详见表 5-1。

表 5-1　成熟的荔枝每 100 克可食部分的营养物质含量

食品中文名	荔枝	食品英文名	Litchi
食品分类	水果类及制品	可食部	73.00%
来源	食物成分表 2009	产地	中国
营养素含量(100 g 可食部食品中的含量)			
能量 /kJ	296	蛋白质 /g	0.9
脂肪 /g	0.2	不溶性膳食纤维 /g	0.5
碳水化合物 /g	16.6	维生素 A/μg 视黄醇当量	2
钠 /mg	2	维生素 B_1(硫胺素)/mg	0.1
维生素 B_2(核黄素)/mg	0.04	维生素 C(抗坏血酸)/mg	41
烟酸(烟酰胺)/mg	1.1	磷 /mg	24
钾 /mg	151	镁 /mg	12
钙 /mg	2	铁 /mg	0.4
锌 /mg	0.17	铜 /mg	0.16
硒 /μg	0.1	锰 /mg	0.09

四、荔枝中活性成分的提取、纯化与分析

(一)荔枝中氨基酸的提取与分析

杨苞梅等采用 AccQ·Tag 柱前衍生反相高效液相色谱法测定紫娘喜、大丁香、黑叶、兰竹和甜眼荔枝果实中的 17 种游离氨基酸含量,试验结果表明:采用的测定方法重现性好、紧密度高;甜眼果实中的人体必需氨基酸含量占氨基酸总量的 36.4%,人体必需与非必需氨基酸含量之比为 0.57,较接近理想蛋白质的标准要求;紫娘喜、大丁香、黑叶、兰竹和甜眼荔枝果实均含有丰富的药效氨基酸、鲜味氨基酸、甜味氨基酸以及少量的芳香族氨基酸,但不同品种间的氨基酸含量及必需与非必需氨基酸比例差异较大。

1. 仪器、试剂和材料

本试验用到的仪器为:2695 高效液相色谱仪(配 2475 荧光检测器和色谱工作站),美国 Waters 公司;RE-52AA 真空旋转蒸发仪,上海亚荣生化仪器厂;Lab Dancer 涡旋混合器,德国 IKA 公司;KQ5200DE 超声波清洗器,昆山市超声仪器有限公司;UFE600 烘箱,

德国 Memmert 公司。

本试验用到的试剂为：天冬氨酸（Asp）、丝氨酸（Ser）、谷氨酸（Glu）、甘氨酸（Gly）、组氨酸（His）、精氨酸（Arg）、苏氨酸（Thr）、丙氨酸（Ala）、脯氨酸（Pro）、半胱氨酸（Cys）、酪氨酸（Tyr）、缬氨酸（Val）、蛋氨酸（Met）、赖氨酸（Lys）、异亮氨酸（Ile）、亮氨酸（Leu）和苯丙氨酸（Phe）的标准品和混合品；乙腈，色谱纯；实验用水，Milli-Q 高纯水；AQC 柱前衍生剂、乙酸钠 - 三乙胺缓冲液、硼酸盐缓冲液。

本试验用到的材料为国内荔枝主产区的主栽品种荔枝样品，分别为广东省高州市的黑叶（21.777 15° N，111.001 11° E）和广州市增城区的甜眼（23.244 23° N，13.767 18° E）、福建省漳州市的兰竹（24.470 54° N，117.620 58° E）、海南省海口市的紫娘喜（19.925 93° N，110.285 75° E）和大丁香（19.904 11° N，110.269 47° E）。在荔枝成熟期收获整株果实，充分混匀后采集不同品种的荔枝果实样本各 3 个，分析荔枝果肉的 17 种游离氨基酸含量。

2. 试验方法

1）色谱条件

色谱柱为 Waters AccQ·Tag 氨基酸分析柱（3.9 mm × 150 mm，4 μm）；流速为 1.0 mL/min；柱温为 37 ℃；荧光检测激发波长 250 nm、发射波长 395 nm；流动相 A 为乙酸钠 - 三乙胺缓冲液，使用时按 1∶10 的体积比用高纯水稀释，超声波脱气 1 min；流动相 B 为乙腈；流动相 C 为高纯水。

2）样品处理及柱前衍生

取荔枝果肉捣碎成浆，浆汁以 6 000 r/min 的转速离心 15 min，取上清液过孔径为 0.45 μm 的滤膜，滤液于 4 ℃冰箱中保存、备用。同步做果肉密度试验。移取 10 μL 已稀释的样品注入 6 mm × 50 mm 衍生管底部，加入 170 μL 硼酸盐缓冲液，涡旋混合。另移取 20 μL 刚配好的 AccQ·Fluor 衍生剂，在涡旋状态下加入衍生管中，并保持涡旋混合 10 s。室温放置 1 min 后，用石蜡膜封口，放在 55 ℃恒温烘箱内加热 10 min，取出冷却至室温，取 20 μL 进样分析。

3）氨基酸的定性及定量测定

根据氨基酸标准品的保留时间和荧光光谱对样品中的氨基酸进行定性。用 Waters 色谱工作站测定样品中氨基酸的纯度后，依据外标曲线计算氨基酸的含量（μg/g）。

4）氨基酸组成的分析方法

本研究对人体必需氨基酸含量占氨基酸总量的百分比等进行计算。氨基酸总量用 T 表示，成人必需氨基酸含量（Ile、Leu、Lys、Thr、Val、Phe、Met、Try 含量之和）用 E 表示，非必需氨基酸含量（Cys、His、Arg、Ala、Asp、Glu、Gly、Pro、Ser、Tyr 含量之和）用 N 表示，儿童必需氨基酸含量（His 和 Arg 含量之和）用 CE 表示。

计算成人必需氨基酸含量占氨基酸总量的百分比（E/T）、儿童必需氨基酸含量占氨基酸总量的百分比(CE/T)及人体必需氨基酸含量与非必需氨基酸含量之比(E/N)。

计算各种人体必需氨基酸占氨基酸总量的百分比:分别计算 Thr、Val、Met+Cys、Ile、Leu、Phe+Try 和 Lys 占氨基酸总量的百分比,并与 1973 年 FAO/WHO 修订的人体必需氨基酸含量模式谱(以下简称氨基酸模式谱)进行比较。

计算各类味觉氨基酸含量:鲜味氨基酸含量为 Glu 和 Asp 含量之和,甜味氨基酸含量为 Ala、Gly、Ser 和 Pro 含量之和,芳香族氨基酸含量为 Tyr 和 Phe 含量之和。随后,计算鲜味氨基酸、甜味氨基酸和芳香族氨基酸占氨基酸总量的百分比。试验数据用 SAS9.0 国际通用统计软件进行分析。

3. 结果与分析

1)荔枝果实的氨基酸含量及组成

不同品种荔枝果实的氨基酸总量、人体必需氨基酸含量、人体非必需氨基酸含量及儿童必需氨基酸含量均存在显著性差异。兰竹果实中氨基酸总量最高,而人体必需氨基酸含量及比例最低;黑叶果实中氨基酸总量最低;甜眼果实中人体必需氨基酸含量最高;紫娘喜果实中儿童必需氨基酸含量及比例均最高,其次是兰竹,黑叶含量最低,甜眼比例最低。1973 年, FAO/WHO 提出的理想蛋白质的标准是 E/T 为 40% 左右、E/N 在 0.60 以上。可见,甜眼果实中的蛋白质较接近理想蛋白质的要求,而其他 4 种荔枝果实中的蛋白质均远未达到理想蛋白质的要求。与氨基酸模式谱比较,黑叶仅有 Val 和 Met+Cys 两项、甜眼仅 Thr 一项、紫娘喜仅 Val 一项指标符合氨基酸模式谱,而兰竹和大丁香则无任何指标符合氨基酸模式谱。

2)药效氨基酸含量及组成

黑叶、兰竹、甜眼、紫娘喜和大丁香果实中含有丰富的药效氨基酸。5 种荔枝品种中,紫娘喜果实中的 8 种药效氨基酸总量最高,其次是黑叶,再次是甜眼,而兰竹最低。按 8 种药效氨基酸含量总和占氨基酸总量的比例从大到小排序为黑叶 > 紫娘喜 > 甜眼 > 大丁香 > 兰竹。黑叶中含量最高的是 Glu,其次是 Asp、Arg、Tyr、Lys、Gly 和 Phe,Leu 含量最低;兰竹中含量最高的是 Glu,其次是 Arg、Asp、Lys、Tyr、Leu 和 Gly,Phe 含量最低;甜眼中含量最高的是 Glu,其次是 Asp、Arg、Lys、Phe、Tyr 和 Gly,Leu 含量最低;紫娘喜中含量最高的是 Asp,其次是 Arg、Glu、Leu、Phe、Gly 和 Tyr,Lys 最低;大丁香中含量最高的是 Asp,其次是 Glu、Arg、Gly、Leu、Phe 和 Tyr,Lys 含量最低。可见,5 种荔枝果实中含量较高的药效氨基酸是 Glu、Asp 和 Arg,含量较低是 Lys 和 Leu。

3)味觉氨基酸含量

荔枝果实中含有丰富的鲜味氨基酸和甜味氨基酸以及少量的芳香族氨基酸,但不同品种的氨基酸含量及比例差异较大。5 种荔枝品种中,甜眼果实中的鲜味氨基酸含量最高,黑叶位居第一,其次是紫娘喜,再次是大丁香,而兰竹最低。按鲜味氨基酸含量占氨基酸总量的比例从大到小排序为黑叶 > 甜眼 > 紫娘喜 > 大丁香 > 兰竹。兰竹果实中的甜味氨基酸含量及占氨基酸总量的比例均最高,大丁香位居第二,其次是紫娘喜,再次是甜眼,黑叶最低。黑叶果实中的芳香族氨基酸含量及占氨基酸总量的比例均位居第一,紫娘喜位居第二,而甜眼均最低。

4. 结论

甜眼荔枝果实中的人体必需氨基酸含量占氨基酸总量的百分比为 36.4%,人体必需与非必需氨基酸含量之比为 0.57,较接近理想蛋白质的要求。紫娘喜、大丁香、黑叶、兰竹和甜眼 5 种荔枝果实含有丰富的鲜味氨基酸和甜味氨基酸以及少量的芳香族氨基酸,但不同品种的氨基酸含量及比例差异较大。5 种荔枝品种中,甜眼果实中的鲜味氨基酸含量最高,黑叶果实中的鲜味氨基酸含量占氨基酸总量的比例最高,兰竹果实中的甜味氨基酸含量及占氨基酸总量的比例均最高。因此,不同荔枝品种的口感风味明显不同。

(二)荔枝中多酚的提取

1. 仪器、试剂和材料

本试验用到的仪器为: UV-754 型紫外可见分光光度计,北京瑞利分析有限公司;R205 旋转蒸发仪,无锡市星海王生化设备有限公司。

本试验用到的试剂为没食子酸、福林试剂,其他试剂均为分析纯。

本试验用到的材料为取自广州市从化顺昌源绿色食品有限公司的荔枝样品。新鲜的荔枝用不锈钢刀迅速去除果皮、果核,将果肉装入塑料袋中,立即冷冻(-18 ℃),保存备用。

2. 试验方法

1)测定方法

TPC 的测定采用福林 - 肖卡法。

2)标准溶液的制备

准确称取 0.5 g 没食子酸溶于蒸馏水中,然后定容至 100 mL,再取此原液 0.5 mL 稀释至 50 mL,即为标准溶液。准确量取 0.05 mL、0.1 mL、0.15 mL、0.25 mL、0.5 mL 标准溶液于 10 mL 容量瓶中,各加 3 mL 蒸馏水,摇匀;再加 0.25 mL 福林试剂,充分混匀。1 min 后,加入 20% Na_2CO_3 溶液 0.75 mL,混匀后用蒸馏水定容。混合液于 75 ℃恒温水浴中加热 10 min 后立即冰浴,于 760 nm 波长下使用 1 cm 比色杯比色。由测得的吸光度绘制标准曲线。空白用蒸馏水代替没食子酸标准溶液。

3)样品测定

取 0.25 mL 适当浓度的样品溶液(用提取溶剂稀释)于 10 mL 容量瓶中,空白用提取溶剂代替样品,其余操作同上。根据测得的吸光度从标准曲线计算得荔枝总酚的含量。荔枝总酚的含量表示为每克新鲜样品中含有的总酚量(以没食子酸计,μg GAE/g FW)。

4）单因素试验

（1）浸提溶剂浓度的确定

以冷冻荔枝果肉为材料，选用浓度分别为 60%、70%、80%、90%、100% 的乙醇溶液作为浸提溶剂，料液比为 1：7，在 60 ℃水浴锅中避光浸提 6 h，过滤得到滤液，立即测定其总酚含量。

（2）料液比的确定

以冷冻荔枝果肉为材料，采用 80% 乙醇溶液作为浸提溶剂，料液比分别为 1：5、1：7、1：9、1：11、1：13，在 60 ℃水浴锅中避光浸提 6 h，过滤得到滤液，立即测定其总酚含量。

（3）浸提时间的确定

以冷冻荔枝果肉为材料，采用 80% 乙醇溶液作为浸提溶剂，料液比为 1：9，在 60 ℃水浴锅中避光浸提 2 h、4 h、6 h、8 h、10 h，过滤得到滤液，立即测定其总酚含量。

（4）浸提温度的确定

以冷冻荔枝果肉为材料，采用 80% 乙醇溶液作为浸提溶剂，料液比为 1：9，在 25 ℃、40 ℃、50 ℃、60 ℃、70 ℃水浴锅中分别避光浸提 6 h，过滤得到滤液，立即测定其总酚含量。

（5）浸提条件优化

在上面单因素试验的基础上，以乙醇为浸提剂，考察乙醇浓度、料液比、提取时间、提取温度四因素对荔枝果肉多酚提取效果的影响，拟定四因素三水平，进行正交试验，分析荔枝果肉多酚在不同浸提条件下的提取率，确定最佳提取条件。

（6）浸提级数的确定

以冷冻荔枝果肉为材料，采用优化的浸提条件连续重复提取 3 次，立即测定每次浸提液中的总酚含量。

5）荔枝多酚的分离

将荔枝果肉（5.0 g 左右）用优化的浸提条件连续重复提取 2 次，过滤，合并浸提液。将浸提液旋转蒸发除去乙醇（40 ℃）至体积约为 50 mL。将浓缩液经等体积正己烷萃取去脂 8 次，再用等体积乙酸乙酯 - 无水乙醚（1：1）萃取荔枝多酚 6 次，将合并的乙酸乙酯 - 无水乙醚相旋转蒸发（30 ℃）至干燥。将合并的水相放在干燥箱中于 40~50 ℃下干燥，将正己烷相、乙酸乙酯 - 无水乙醚相、水相等干燥物分别定容，测定其多酚的含量。

6）数据统计与分析

每个提取试验均重复 3 次，每个测定均重复 3 次。结果表示为平均值 ± 标准偏差。应用 SPSS 11.5 软件对所有数据进行方差分析，利用邓肯式多重比较对差异显著性进行分析，$P<0.05$ 表示显著，$P<0.01$ 表示极显著。

3. 结果与分析

1）乙醇浓度对荔枝果肉多酚提取的影响

结果表明，采用80%乙醇溶液浸提，提取液中总酚含量最高，多酚含量显著高于其他浸提液提取的总酚含量（$P<0.05$）。因此，初步确定80%为乙醇溶液的最适浸提浓度。

2）料液比对荔枝果肉多酚提取的影响

结果表明，料液比对荔枝果肉提取液中总酚含量的影响显著（$P<0.05$）。采用1∶13的料液比浸提，提取液中总酚含量最高。并且随着料液比的增大，荔枝果肉多酚浸提量显著增加（$P<0.05$）。根据Rubilar等的研究，浓度梯度是提取的动力，因而提高料液比对提取效率有正面影响。虽然提高料液比有利于总酚的提取，但当料液比达到某一极限时，再提高料液比收效不大。本研究中，后一级料液比较前一级料液比增加的提取率分别为46.9%、36.7%、28.0%、18.1%）。综合考虑浓缩时间，1∶9的料液比为最佳。

3）提取时间对荔枝果肉多酚提取的影响

结果表明，浸提时间对荔枝果肉提取液中总酚含量的影响显著（$P<0.05$）。采用6 h浸提时，提取液中总酚含量最高。显然，多酚的充分提取需要足够的浸提时间，但是由于提取过程中多酚长时间处于高温下，会被部分氧化，因而延长提取时间反而导致提取率下降，故浸提时间不能太长。因此，初步确定浸提时间为6 h。

4）提取温度对荔枝果肉多酚提取的影响

结果表明，浸提温度为40 ℃时，提取液中总酚含量最高，其总酚含量显著高于其他提取温度的总酚含量（$P<0.05$）。显然，适宜的温度有利于多酚的提取。综合考虑，本试验选择提取温度为40 ℃。

5）各因素综合变化对荔枝果肉多酚提取的影响

以上结果均为单因素变化对荔枝果肉多酚提取的影响。为了全面考察乙醇浓度（A）、浸提时间（B）、料液比（C）、浸提温度（D）4个因素对荔枝果肉多酚提取效果的影响，设计了四因素三水平正交试验。因素水平的选择由单因素结果并综合考虑时间效应而定。影响荔枝果肉多酚类物质浸提量的因素主次顺序为B>C>A>D，即浸提时间对荔枝果肉提取液中总酚含量的影响最大，其次为料液比，乙醇浓度又次之，浸提温度影响最小。荔枝果肉多酚的最佳提取条件为$A_1B_2C_3D_1$，即70%乙醇按1∶11的料液比在温度40 ℃下浸提6 h，荔枝果肉多酚浸提效果最好。表5-2的方差分析结果表明，浸提时间对荔枝果肉多酚提取的影响达到极显著水平（$P<0.01$）；乙醇浓度和料液比2个因素对荔枝果肉多酚提取的影响达到显著水平（$P<0.05$）。又通过对每个因素的3个水平进行多重比较，结果如下：A因素（乙醇浓度）3个水平最优是A_1；B因素（提取时间）3个水平最优是B_2；C因素（料液比）3个水平最优是C_3，D因素（料液比）3个水平最优是D_1。即通过方差分析结果确定最佳组合依旧为$A_1B_2C_3D_1$。

表 5-2　影响荔枝果肉多酚提取的因素及水平

水平	乙醇浓度（A）/%	浸提时间（B）/h	料液比（C）	浸取温度（D）/℃
1	70	4	1∶7	40
2	80	6	1∶9	50
3	90	8	1∶11	60

6）浸提级数对荔枝果肉多酚提取的影响

荔枝果肉用优化的浸提条件连续重复提取 3 次，测定每次浸提液的总酚含量。结果表明，提取级数对荔枝果肉提取液中总酚含量的影响显著（$P<0.05$）。然而，第一、第二、第三次浸提总酚的量占总的总酚浸提量 [（1.655 ± 0.009）μg GAE/g FW] 的比例分别为 60.54%、21.67%、17.79%，第一、第二次浸提的总酚量占总浸提量的 83.21%。考虑到提取的成本和后续操作的烦琐与得率的关系，本研究确定浸提次数为 2 次。

7）荔枝多酚的分离

采用优化提取条件浸提的荔枝多酚浸提液用正己烷、乙酸乙酯 - 无水乙醚（1∶1）分步萃取，得到荔枝多酚浸提液的正己烷相、乙酸乙酯 - 无水乙醚相和水相，分别测定此三相中总酚的含量。结果表明，三相中多酚含量差异显著（$P<0.05$），其中水相的总酚含量最高，乙酸乙脂 - 无水乙醚相的总酚含量次之，正己烷相最低。根据 Calliste 等的研究，水相中含有的酚类物质多为多酚的多聚体，而正己烷相及乙酸乙酯 - 无水乙醚相中则为多酚的低聚体和单体。因此，荔枝果肉多酚以多酚的多聚体为主，其次是低聚体和单体。

4. 结论

本研究选用溶剂提取法提取荔枝果肉中的多酚，以总酚含量为评价指标，优化了荔枝果肉多酚的提取条件。影响荔枝果肉多酚提取的主要因素是浸提时间，其次为料液比，乙醇浓度又次之，浸提温度影响最小。荔枝果肉多酚浸提的最佳工艺条件为：采用 70% 乙醇溶液，按 1∶11 的料液比在温度 40 ℃下浸提 6 h，在此条件下浸提 2 次。荔枝果肉多酚以多酚的多聚体为主，其次是低聚体和单体。

（三）荔枝核中多糖的提取与纯化

1. 仪器、试剂和材料

本试验用到的仪器为 CW-2000 微波 - 超声波协同萃取仪（上海新拓有限公司）、752 型紫外可见分光光度计（上海菁华科技仪器有限公司）、AY220 型电子分析天平（岛津国际贸易公司）、TGL-16M 高速台式冷冻离心机（长沙湘仪离心机仪器有限公司）、旋转蒸发仪（郑州长城科工贸有限公司）等。

本试验用到的试剂为芦丁标准品（中国药品生物制品检定所）、葡萄糖、硝酸铝、亚硝酸钠、95% 乙醇溶液、氢氧化钠、浓硫酸、苯酚等，以上药品均为分析纯。

本试验用到的材料为市售荔枝,去皮和果肉后,干燥至水分含量在 0.5% 以下,粉碎过 40 目筛,备用。

2. 实验方法

1)荔枝核多糖的连续提取工艺

荔枝→去果皮、果肉→恒温干燥→粉碎过筛→乙醇提取→过滤→滤渣→水提→多糖提取液、黄酮提取液→浓缩干燥→黄酮粗提物

2)荔枝核中多糖的提取工艺优化

取经微波 - 超声协同萃取黄酮后的滤渣,将料水比、微波 - 超声波功率、提取温度、提取时间作为考察因素,各因素设计 3 个水平,以多糖含量为指标,利用 $L_9(3^4)$ 正交表设计试验,确定多糖的最佳提取工艺条件。

3. 结果分析

各因素对荔枝核多糖提取的效果依次为提取时间 > 提取温度 > 料液比 > 微波 - 超声波功率。获得的最佳提取工艺为料液比 1∶35、微波 - 超声波功率 700~900 W、提取温度 90 ℃、提取时间 15 min。

4. 结论

采用微波 - 超声波协同萃取法对荔枝核中多糖进行连续提取,荔枝核多糖最佳提取工艺为料水比 1∶35、微波 - 超声波功率 700~900 W、提取温度 90 ℃、提取时间 15 min,多糖提取率为 4.557%。微波 - 超声波协同萃取法提取荔枝核多糖具有速度快、得率高等优点,可为多糖的快速工业化生产打下技术基础,促进荔枝核资源的综合有效利用。

（四）荔枝核中黄酮的提取与纯化

1. 仪器、试剂和材料

本试验用到的仪器为 CW-2000 微波 - 超声波协同萃取仪(上海新拓有限公司)、752 型紫外可见分光光度计(上海菁华科技仪器有限公司)、AY220 型电子分析天平(岛津国际贸易公司)、TGL-16M 高速台式冷冻离心机(长沙湘仪离心机仪器有限公司)、旋转蒸发仪(郑州长城科工贸有限公司)等。

本试验用到的试剂为芦丁标准品(中国药品生物制品检定所)、葡萄糖、硝酸铝、亚硝酸钠、95% 乙醇溶液、氢氧化钠、浓硫酸、苯酚等,均为分析纯。

本试验用到的材料为市售荔枝,去皮和果肉后,干燥至水分含量在 0.5% 以下,粉碎过 40 目筛,备用。

2. 试验方法

1)荔枝核黄酮的连续提取工艺

荔枝→去果皮、果肉→恒温干燥→粉碎过筛→乙醇提取→过滤→滤渣→水提→多糖提取液、黄酮提取液→浓缩干燥→黄酮粗提物

2）荔枝核中黄酮的提取工艺优化

准确称取荔枝核粉末 5.00 g 于烧杯中，加入一定量、一定浓度的乙醇溶液，在微波 - 超声协同萃取仪中提取一定时间，过滤，滤液经旋转蒸发仪干燥浓缩至膏状，得总黄酮粗提物，用 70% 乙醇溶液定容，测定样品溶液中黄酮的含量。将乙醇浓度、料液比、微波 - 超声波功率等作为考察因素，各因素设计 3 个水平，以黄酮含量为指标，利用 $L_9(3^4)$ 正交表设计试验，以确定总黄酮的最佳提取工艺条件。

3. 结果分析

在乙醇浓度 70%、料液比 1∶30、提取温度 60 ℃、提取时间 30 min 条件下，分别以 400~600 W、500~700 W、600~800 W、700~900 W、800~1000 W 的微波 - 超声波功率进行提取，考察微波 - 超声波功率对总黄酮提取率的影响。由试验可知，在微波 - 超声波功率为 600~800 W 时总黄酮提取率最大，此后功率增加，总黄酮提取率反而下降。这可能是由于功率过高时，强烈的热效应对黄酮产生破坏作用，且乙醇也容易挥发。

4. 结论

采用微波 - 超声波协同萃取法对荔枝核中总黄酮进行连续提取，得到荔枝核中总黄酮的最佳提取工艺为：乙醇浓度 70%、料液比 1∶30、微波 - 超声波功率 600~800 W、提取温度 60 ℃、提取时间 30 min，总黄酮提取率为 8.201%。

（五）荔枝核中色素的提取与稳定性分析

1. 仪器、试剂和材料

本试验用到的仪器为 UV-1800PC 型紫外可见分光光度计、数显恒温水箱、电子天平、加热电炉等。

本试验用到的试剂为稀盐酸、氢氧化钠、95% 乙醇溶液、果糖、葡萄糖、柠檬酸、H_2O_2、Na_2SO_3、NaCl 等。

本试验用到的材料为新鲜荔枝干，产自广东高州。

2. 试验方法

1）提取工艺流程

荔枝核→除杂→水洗→晾干→粉碎→称重→浸泡→过滤→色素液

2）色素提取效果的测定

将提取液按一定的比例稀释后在 UV-1800PC 型紫外可见分光光度计上测出 280 nm 波长处的吸光度 A，A 值的大小代表荔枝核色素的含量高低。

3）提取工艺的单因素试验

根据提取剂对荔枝核色素作用的特性，分别研究提取剂种类、提取剂配比、提取温度、提取时间等单因素对提取效果的影响。

4）稳定性试验

分别就 pH 值、光照、加热、氧化还原剂、食品添加剂等因素对荔枝核棕色素提取液稳定性的影响进行研究。

3. 结果与分析

1）不同因素对提取效果的影响

4 种因素对荔枝核棕色素提取效果的影响程度依次为料液比＞温度＞提取时间＞提取剂种类，其中料液比对荔枝核棕色素提取效果的影响最显著，提取剂配比对荔枝核棕色素提取效果的影响最小。最佳提取工艺为：乙醇浓度 70%、提取温度 80 ℃、提取时间 2 h、料液比 1∶10。

2）荔枝核棕色素稳定性分析

（1）pH 值对荔枝核棕色素稳定性的影响

用稀盐酸和氢氧化钠溶液调节色素溶液的 pH 值，观察溶液颜色变化，并测定不同 pH 值时色素的吸光度和吸收曲线。结果发现：pH 值为 3 时的色素光谱曲线与原液的差别不大；而 pH 值为 12 时，光谱曲线整体上升，280 nm 处的吸收峰最大，波长右移，几乎消失。观察 3 支试管，发现 pH 为 12 时溶液变红，说明荔枝核棕色素在酸性和中性环境中稳定，而在碱性条件下不稳定。

（2）光照对荔枝核棕色素稳定性的影响

室内自然光、太阳光下色素颜色无显著变化，说明色素耐光性好。

（3）加热对荔枝核棕色素稳定性的影响

小于 80 ℃时，荔枝核棕色素的吸光度变化很小，保持稳定；而在 100 ℃时，吸光度变大，溶液颜色变红，说明 100 ℃下色素不稳定。

（4）氧化还原剂对荔枝核棕色素稳定性的影响

氧化剂 H_2O_2 对荔枝核棕色素起显著的减色效果，而还原剂 Na_2SO_3 对荔枝核棕色素起增色效果。

（5）食品添加剂对荔枝核棕色素稳定性的影响

常见的食品添加剂中 NaCl 对荔枝核棕色素有一定的增色作用，果糖、葡萄糖、柠檬酸有一定的减色作用，但肉眼观察色素颜色无显著变化，说明 NaCl、果糖、葡萄糖和柠檬酸对荔枝核棕色素稳定性的影响不大。

4. 结论

提取剂为 70% 乙醇溶液、提取温度为 80 ℃、提取时间为 2 h、料液比为 1∶10 是荔枝核棕色素提取的最佳工艺。对荔枝核棕色素稳定性的研究结果表明：荔枝核棕色素在光照、酸性和中性、温度小于 80 ℃的条件下稳定，还原剂 Na_2SO_3 的存在对其影响较小，但强碱、温度大于 80 ℃及氧化剂 H_2O_2 对荔枝核棕色素稳定性都有一定的影响。常见的食品添加剂对荔枝核棕色素稳定性的影响不大。

（六）荔枝中香气成分提取与分析

1. 仪器、试剂和材料

本试验用到的仪器为 KD 浓缩器（武汉玻璃仪器厂）、NRE59-99 型旋转蒸发仪（上海亚荣生化仪器厂）、5973N 型气相色谱 - 质谱联用仪（美国 Agilent 公司）。

本试验用到的试剂为乙醚（分析纯，上海试剂一厂）、正戊烷（分析纯，上海试剂一厂）、甲醇（分析纯，上海试剂一厂）、无水硫酸钠（分析纯，国药集团化学试剂有限公司）、柠檬酸（分析纯，国药集团化学试剂有限公司）、磷酸二氢钠（分析纯，国药集团化学试剂有限公司）、环己酮（HPLC 纯，美国 Fluka 公司）、β- 葡萄糖苷酶（美国 Finka 公司）、半纤维素酶（和氏璧生物技术有限公司）、Amberlite XAD-2（20~60 目，美国 Supelco 公司）。

本试验使用的材料为妃子笑荔枝样品，于 2007 年 6 月采自荔枝主产区广东省，选择成熟度适宜、无病虫害的果实。果实采收后榨汁，密封贮藏在 -18 ℃的冰柜中备用。

2. 试验方法

1）荔枝汁的制备

将荔枝果肉用组织捣碎机研磨 30 s，用粗纱布过滤除去皮渣，再通过冷冻离心机离心 15 min（12 000 r/min，4 ℃），所得清汁在 -18 ℃的冰柜中贮存备用。

2）Amberlite XAD-2 树脂的处理

称取 50 g XAD-2 树脂在索氏抽提器中分别用戊烷、乙酸乙酯和甲醇回流处理各 10 h，然后贮于甲醇中备用。使用时将洗净的 XAD-2 以甲醇为溶剂湿法装柱，以 500 mL 蒸馏水洗柱（10 mL/min）后即可使用。

3）样品中游离态和键合态芳香组分的分离

将荔枝汁以 2 mL/min 的流速流经处理好的 Amberlite XAD-2 柱（50 cm× 1 cm）。先用 500 mL 去离子水洗柱以除去水溶性的糖、酸物质，然后用 500 mL 乙醚与戊烷混合液（1：1）洗柱得到游离态芳香组分，再用 500 mL 甲醇洗脱吸附在柱上的键合态芳香组分，收集键合态洗液。将所得的游离态芳香组分经无水 Na_2SO_4 干燥，用 KD 浓缩器浓缩至 10 mL，再用氮气吹去剩余溶剂，最终浓缩至 0.5 mL 供 GC-MS 分析；键合态洗液在旋转蒸发器上减压浓缩（水浴温度 35 ℃）至干，用 100 mL 0.1 mol/L 的柠檬酸 -Na_2HPO_4 缓冲液（pH=5.0）溶解，再用 100 mL 乙醚与戊烷混合液（1：1）分 3 次萃取，以除去可能存在的游离态芳香组分，水相备用。

4）键合态芳香组分的酶法水解

在上述水相中分别加入 β- 葡萄糖苷酶 45 mg（7.21 U/mg）、半纤维素酶 5 mL（300 U/mL）。样品置于顶空瓶中压盖密封，于 40 ℃水浴中保温 3 d。用与戊烷混合液 150 mL 分 3 次萃取酶解液，用无水硫酸钠干燥，使用氮气将液体浓缩至 0.5 mL 供 GC-MS 分析。

5）GC-MS 分析

5973N 型气相色谱 - 质谱联用仪，配有 7683 自动进样器（Agilent 公司）、HP-5 石英毛细管柱（30 m × 250 μm，0.25 mm）。升温程序：40 ℃ 保持 2 min；以 3 ℃ /min 的速率升至 90 ℃，保持 2 min；然后以 2 ℃ /min 的速率升至 120 ℃；再以 10 ℃ /min 的速率升至 230 ℃，保持 5 min；进样口温度为 270 ℃。质谱条件：电离方式 EI，电子能量 70 eV，灯丝发热电流 0.25 mA，电子倍增器电压 1 000 V，离子源温度 230 ℃，接口温度 250 ℃，全程扫描速度 40~400 amu/s。

3. 结果与分析

妃子笑荔枝中游离态香气组分有 32 种，含量较高的有香叶醇、香茅醇、亚油酸、苯乙醇、反，反 -2，6- 二甲基 -2，6- 辛二烯 -1，8- 二醇、己二酸二（2- 甲基丙基）酯、棕榈酸甲酯、邻苯二甲酸异丁基辛酯、11，13- 二甲基 -12- 十四碳烯 -1- 醇乙酸酯、4- 甲氧基 - 苯基丙醇、香叶醛等，含量均在 100 μg/L 以上。其中，香叶醇具有典型的柑橘类水果香气，香茅醇具有玫瑰花香，苯乙醇具有特定的甜香味，它们对构成荔枝特征香气起着重要作用，是妃子笑荔枝游离态风味的主要组成成分。Charng 在荔枝游离态香气中检测到香叶醇、苯乙醇、芳樟醇、苯甲醇、橙花醛、香叶醛、罗勒烯等物质，本试验在妃子笑荔枝中也都检测到了。此外，有研究表明乙偶姻在荔枝游离态香气中含量最高。据报道，该物质天然存在于谷物和酒中，具有令人愉快的奶油似的香气和风味。本研究发现妃子笑中含有该物质，但含量较低。本试验在游离态香气组分中未检测到该物质，可能是提取方法不同造成的。同时，有学者指出从荔枝中检测到的酸类物质中辛酸的含量较高，而本试验检测到妃子笑中亚油酸含量很高。国外在荔枝游离态香气组分中只检测到乙酸松油酯一种酯类物质，本试验在妃子笑中检测到己二酸二（2- 甲基丙基）酯、棕榈酸甲酯、邻苯二甲酸异丁基辛酯、11，13- 二甲基 -12- 十四碳烯 -1- 醇乙酸酯 4 种酯类物质，且含量较高。据分析，所选荔枝的品种和产地不同可能是导致结果差异的主要原因。妃子笑荔枝中键合态香气组分有 27 种，含量较高的有香叶醇、香茅醇、苯乙醇、苯甲醇、牻牛儿酸、4-（3- 羟基 -1- 丁烯基)-3，5，5- 三甲基 -2- 环己烯 -1- 酮等。其中苯甲醇的含量比游离态增长了 2 倍多。此外，芳樟醇、α- 松油醇、牻牛儿酸等物质的含量均比游离态要高，由此可见妃子笑荔枝中存在大量的键合态香气成分，通过酶解可以将其释放出来。国外研究发现荔枝中键合态香气成分主要是香叶醇和香叶醛，本试验检测到妃子笑键合态香气成分中香叶醇含量很高，但未检测到香叶醛。通过酶解将这些香气成分释放出来，可显著增强荔枝香气。在释放出来的 27 种键合态风味物质中，有 13 种物质在游离态组分中不存在，分别是 3- 辛醇、α- 甲基苯甲醇、顺式 -α，α，5- 三甲基 -5- 乙烯基四氢呋喃 -2- 甲醇、苯甲酸甲酯、4-（3- 羟基 -1- 丁烯基)-3，5，5- 三甲基 -2- 环己烯 -1- 酮、6- 甲基 -5- 庚烯 -2- 酮、1- 甲氧基 - 环己烯、3，7，7- 三甲基 - 二环 [4.1.0]-2- 庚烯、山梨酸、苯甲醛、α，4- 二甲基 -3- 环己烯 -1- 乙醛、2，6- 二甲基苯酚、反式氧化玫瑰。其中，苯甲酸甲酯在橙汁里被检测到以键合态形式存在,其具有典型的水果香气及芬芳的风味。许多香气化合物,如1-辛烯-3-醇、苯甲醇、苯乙醇、(Z)-3,7-二甲基-3,6-辛二烯-1,8-二醇、反,反-2,6-二甲基-2,6-辛二烯-1,8-二醇、芳樟醇、香叶醇、α-松油醇、香茅醇、柠檬烯、牻牛儿酸等在游离态和键合态中均存在。

荔枝中键合态风味组分中苯甲醇、苯乙醇含量较高。它们的生物合成途径与莽草酸途径有关。莽草酸在ATP的帮助下,通过一系列反应形成了苯丙氨酸和酪氨酸,苯丙氨酸经L-苯丙氨酸-氨-裂解酶作用生成肉桂酸,肉桂酸可作为食品中芳香族化合物的中间体,生成肉桂酸甲酯或乙酯,去掉一个乙酸酯的基团生成苯甲酸类,并还原生成各种苯甲醛类和苄醇类。荔枝中的键合态风味物质,如芳香族化合物,占有很大比重,很有可能来自这一生物合成途径。荔枝中的糖苷部分被甲醇从XAD-2柱上洗脱下来,嗅不出任何香气,但当用酶水解时,可闻到明显的香味,只是没有游离态香气那样有刺激感,而是较为柔和,可见键合态的香气组分对荔枝香气起着重要作用。用酶水解有明显的增香作用。妃子笑荔枝中有相当部分的萜醇以键合态形式存在,酶解可使之释放出来以增强荔枝香气。

4. 结论

妃子笑荔枝中游离态香气组分含量较高的有香叶醇、香茅醇、亚油酸、苯乙醇、反,反-2,6-二甲基-2,6-辛二烯-1,8-二醇、己二酸二(2-甲基丙基)酯、棕榈酸甲酯、香叶醛等,键合态香气组分含量较高的有香叶醇、香茅醇、苯乙醇、苯甲醇、牻牛儿酸、4-(3-羟基-1-丁烯基)-3,5,5-三甲基-2-环己烯-1-酮等。在妃子笑游离态和键合态风味组分中香叶醇、香茅醇、苯乙醇含量较高,是荔枝的主要香气成分。研究结果表明,荔枝中有相当大一部分香气化合物是以键合态形式存在的,酶解可使之释放出来,以增强荔枝香气。

(七)荔枝中皂苷的提取

1. 仪器、试剂和材料

本试验用到的仪器为数控超声波清洗器、超声提取器、紫外分光光度计。

本试验用到的试剂为人参皂苷、无水乙醇、甲醇、浓硫酸等。

本试验用到的材料为品购自广州菠海蔚记食品有限公司的荔枝核样品。

2. 试验方法

1)超声波辅助提取法

取荔枝核5.00 g,按照试验方案拟定的不同料液比加入足量的乙醇水溶液,并将二者充分搅拌混合。在超声提取器上设定好试验温度和提取时间,待温度达到目标温度后将物料置入提取器。提取后取出样品进行抽滤,随后以4 000 r/min的转速离心5 min。取离心后的上清液进行旋蒸蒸发,待提取液充分蒸干后使用甲醇溶剂进行重溶,重溶后过滤取上清液备用。

2）传统溶剂提取法

对比试验采用乙醇浸泡提取法。进行优化后，几个主要的试验参数如下：乙醇浓度70%、固液比 60 : 1（g/L）、提取温度 60 ℃、提取时间 2 h。提取过程：将原料和溶剂充分混合后采用水浴加热的方法进行浸泡提取。

3. 结果与分析

在大多数提取试验中，固液比都是影响提取效率的十分重要的因素。这是由于适当的固液比有助于有效成分的扩散，促进溶液中待提取有效成分的最大提取平衡，因此很多情况下提取率会随着所用溶剂量的增大而增大。

超声提取时间会影响物料内有效成分在溶液中的扩散，随着时间的推移，还会影响物料细胞结构由于空化效应受到破坏的程度，细胞结构的破坏会进一步影响细胞内成分的扩散程度。而有些研究表明，超声时间过长可能会导致有效成分的降解从而影响提取效果，相比由此带来的更高的能耗显得有些得不偿失。因此根据试验结果，选择超声时间30 min 作为超声辅助提取荔枝核总皂苷的最佳工艺参数。

超声提取功率对荔枝核皂苷的提取也有着比较显著的影响。足够大的超声功率可以保证足够强度的空化效应，使物料的组织结构得到更加充分、有效的破坏。

很多皂苷类成分是不耐高温的，过高的提取温度可能导致皂苷类成分变质，同时会对总皂苷提取率有着比较显著的影响，因此选择适宜的提取温度非常重要。在各类皂苷提取试验中，提取温度都是必须考虑的因素。

根据相似相容原理，荔枝核皂苷的标志性成分为人参皂苷 RG1。这类成分易溶于醇类溶剂，在水中的溶解度较低，故乙醇溶液的浓度将会影响整体的提取效果。从理论上说，乙醇浓度越高，总皂苷的提取率越高。从前期试验中，我们发现乙醇浓度达到 70% 时可以实现最大的提取率。

4. 结论

使用超声波辅助提取技术对荔枝核皂苷类物质的提取工艺进行了研究，研究了固液比、提取时间、超声温度、超声功率以及乙醇浓度对提取效率的影响。在此基础之上与传统的溶剂提取对比验证超声提取的效果，结果得到超声波辅助提取荔枝核中总皂苷的最佳工艺参数为乙醇浓度 70%、固液比 60 : 1（g/L）、超声提取时间 30 min、提取温度 45 ℃、提取功率 420 W，在最佳条件下总皂苷的提取率为 41.8 mg/g。研究结果表明，超声波辅助法提取皂苷的时间短、温度低，整体上优于传统溶剂提取法。

本章参考文献

[1]　彭颖，周如金. 不同品种荔枝果汁氨基酸和糖类的测定与分析 [J]. 中国食品添加剂，2017（4）:173-177.

[2]　杨苞梅，姚丽贤，国彬，等. 不同品种荔枝果实游离氨基酸分析 [J]. 食品科学，2011，32

（16）：249-252.

[3] 崔珊珊,胡卓炎,余恺,等. 不同产地妃子笑荔枝果汁的氨基酸组分 [J]. 食品科学, 2011,32（12）：269-273.

[4] 许柏球,杨剑. 反相高效液相色谱法测定荔枝果实游离氨基酸 [J]. 食品科学,2004 （12）：156-159.

[5] 杨苞梅,姚丽贤,李国良,等. 不同品种荔枝果肉游离氨基酸及香气组分分析 [J]. 热带作物学报,2014,35（6）：1228-1234.

[6] 申江,李超,王素英,等. 冰温储藏对荔枝氨基酸及其他品质的影响 [C]// 中国制冷学会. 第七届全国食品冷藏链大会论文集. 青岛：中国制冷学会,2010:4.

[7] 陈卓慧,胡卓炎,吕恩利,等. 不同贮藏方式对双肩玉荷包荔枝氨基酸变化的影响 [J]. 现代食品科技,2013,29（8）：1955-1960.

[8] 黄雪松,陈杰. 测定荔枝核中的游离氨基酸 [J]. 氨基酸和生物资源,2007（2）：11-14.

[9] 周雪晴,谢艳丽,赵振东,等. 柱前衍生 - 反相高效液相色谱法测定荔枝果蒂中的氨基酸 [J]. 化学分析计量,2012,21（5）：22-24.

[10] 王洋,黄雪松. 离子色谱法测定荔枝核及其 732 树脂洗脱液的游离氨基酸 [J]. 食品研究与开发,2008（6）：106-110.

[11] 沈颖,刘晓艳,白卫东,等. 荔枝酒酿造过程中氨基酸的变化 [J]. 食品与发酵工业, 2012,38（5）：191-196.

[12] 陈献雄,杨剑. HPLC 法测定荔枝花粉中氨基酸含量 [J]. 安徽农业科学,2008（25）： 10750-10751,10778.

[13] 冯卫华,于立梅,秦艳,等. 荔枝果肉多酚的提取与分离 [J]. 食品研究与开发,2012, 33（7）：48-52.

[14] 吴丹玲,李艳,刘冬. 荔枝果肉多酚提取条件优化研究 [J]. 食品科技,2011,36（3）： 180-182,192.

[15] 罗威,钟萍,胡杰. 超声波辅助提取荔枝核多酚工艺的响应面优化 [J]. 轻工科技, 2014,30（2）：11-14.

[16] 吴国宏,熊何健. 荔枝叶中多酚类物质的提取制备 [J]. 食品科学,2007（6）：131-135.

[17] 熊何健,郭倩倩,乔小瑞. 荔枝多酚柱层析纯化工艺条件研究 [J]. 江西农业大学学报,2010,32（6）：1274-1278.

[18] 涂杜,谭富英,徐志宏. 丁酸梭菌及荔枝多酚联合应用对腹泻小鼠抗氧化功能的影响 [J]. 畜牧与饲料科学,2016,37（Z1）：12-15.

[19] 熊何健,郑建华,吴国宏,等. 荔枝多酚的分离制备及清除 DPPH 活性 [J]. 食品科学,2006（7）：86-88.

[20] 冯卫华,于立梅,秦艳,等. 荔枝多酚的抗氧化性动力学及稳定性 [J]. 食品科学,

2011,32（15）：5-9.

[21] 蒋黎艳,罗思玲,周旭,等.荔枝多酚的提取和纯化技术研究进展 [J]. 果树学报, 2020,37（1）：130-139.

[22] 胡雪艳,李焕清,邓红,等.指纹图谱与一测多评法相结合评价荔枝多酚提取物 [J]. 中草药,2017,48（3）：490-498.

[23] 胡丽云.荔枝果肉多酚在贮藏褐变和微生物转化过程中的变化规律研究 [D]. 南昌: 江西农业大学,2016.

[24] 张粹兰.荔枝果肉多酚抗氧化应激作用及其机制研究 [D]. 武汉:华中农业大学, 2011.

[25] 蒋世云,刘光东,师玉忠,等.荔枝褐变及其多酚氧化酶动力学研究 [J]. 广西工学院 学报,1999（2）：87-90.

[26] 张荣,徐丹丹,江立群,等.荔枝果皮多酚对荔枝霜疫霉生物学特性的影响 [J]. 华南 农业大学学报,2019,40（6）：82-87.

[27] 陈卫云,张名位,魏振承,等.不同方法提取荔枝多糖抗氧化活性的比较 [J]. 食品工 业科技,2012,33（4）：192-194,199.

[28] 周浓.荔枝粗多糖提取工艺的研究 [J]. 现代食品科技,2006（3）：121-123.

[29] 吴雅静,张名位,孙远明,等.荔枝多糖的超声波辅助提取工艺优化研究 [J]. 华南师 范大学学报（自然科学版）,2007（2）：119-124.

[30] 刘洋,黄菲,李巍巍,等.荔枝多糖的超声 - 微波提取工艺优化及其免疫调节作用 [J]. 中国食品学报,2019,19（4）：184-190.

[31] 范芳,翁楚垒.不同品种荔枝叶多糖的提取及含量比较 [J]. 广东石油化工学院学报, 2016,26（1）：28-30.

[32] 韩淑琴,吴丽.表面活性剂协同酶解辅助水提荔枝核多糖 [J]. 食品科技,2017,42 （1）：203-207.

[33] 黄菲,郭亚娟,张瑞芬,等.不同干制方式的荔枝多糖理化特性和抗氧化活性比较 [J]. 中国食品学报,2016,16（3）：212-218.

[34] 张钟,邱银娥.不同品种荔枝干多糖酶法提取条件的优化 [J]. 包装与食品机械, 2014,32（2）：14-18.

[35] 唐小俊,池建伟,张名位,等.几种澄清剂对荔枝提取液中多糖含量影响 [J]. 食品科 技,2006（10）：184-188.

[36] 翁雪成,袁红.蒽酮 - 硫酸法测定荔枝核中可溶性多糖含量 [J]. 杭州师范学院学报 （医学版）,2007（2）：107-108.

[37] 彭刚,陈梓欣,张晓辉,等.不同提取方法对荔枝干粗多糖提取率及其自由基清除活 性的影响 [J]. 安徽农业科学,2016,44（22）：98-100.

[38] 景永帅,张丹参,吴兰芳,等.荔枝低分子量多糖的分离纯化及抗氧化吸湿保湿性能分析 [J].农业工程学报,2016,32(9):277-283.

[39] 陈卫云,张名位,廖森泰,等.荔枝多糖超声微波酶解协同提取工艺优化 [J].中国食品学报,2013,13(5):77-84.

[40] 李巍巍,张名位,魏振承,等.荔枝多糖的分离纯化及清除自由基作用研究 [J].广东农业科学,2009(5):124-127.

[41] 郭刚,王中来,程冬洋,等.荔枝多糖的冷电弧-光催化脱色工艺优化 [J].食品科学,2011,32(12):14-18.

[42] 唐小俊,池建伟,张名位,等.荔枝多糖的提取条件及含量测定 [J].华南师范大学学报(自然科学版),2005(2):27-31.

[43] 孔凡利,张名位,于淑娟,等.荔枝粗多糖脱蛋白方法的研究 [J].食品科技,2008(10):142-145.

[44] 黄菲,张瑞芬,刘慧娟,等.荔枝多糖级分的溶液性质研究 [J].食品安全质量检测学报,2015,6(5):1770-1775.

[45] 李雪华,谢云峰,周劲帆,等.荔枝多糖分离纯化及纯度鉴定 [J].广西医科大学学报,2005(3):366-367.

[46] 王振西,杭方学,周凌,等.荔枝多糖的研究进展 [J].轻工科技,2017,33(5):13-15.

[47] 唐小俊,张名位,徐志宏,等.荔枝多糖高效提取与咀嚼片的研制 [J].广东农业科学,2006(11):66-69.

[48] 彭刚,张晓辉,陈梓欣,等.过氧化氢处理对荔枝干多糖色泽和活性的影响 [J].广东农业科学,2016,43(12):76-79.

[49] 孔凡利,张名位,邝瑞彬,等.大孔吸附树脂对荔枝粗多糖的脱色条件研究 [J].食品科技,2012,37(5):179-183.

[50] 赵丹丹,陈盛余,凌绍明,等.荔枝壳多糖的超声波提取及其抗氧化活性研究 [J].安徽农业科学,2016,44(4):123-125.

[51] 蒋琼凤,袁志辉.荔枝核中总黄酮和多糖的连续提取工艺研究 [J].中国食品添加剂,2015(7):111-116.

[52] 宋伟峰,苏俊芳,罗淑媛.荔枝多糖抗疲劳作用的实验研究 [J].中药材,2012,35(9):1485-1487.

[53] 蒋跃明.荔枝果实采后果肉多糖降解与能量亏损关系研究进展 [J].食品安全质量检测学报,2018,9(2):355-359.

[54] 汤建萍,周春山,涂秋云,等.荔枝核黄酮类化合物的提取工艺研究 [J].应用化工,2007(2):109-113.

[55] 涂华,陈碧琼,张燕军.超声波提取荔枝壳总黄酮的工艺研究 [J].安徽农业科学,

2011,39(14):8350-8352.

[56] 王维力,明李,阮尚全,等.荔枝皮黄酮微波-双水相提取工艺优化及DPPH·清除活性[J].食品与机械,2018,34(11):151-155.

[57] 郑韵英,钟书明,刘冰,等.荔枝壳中总黄酮的提取工艺研究[J].钦州学院学报,2015,30(5):18-21.

[58] 林大专,惠春,孙全乐,等.超声法提取荔枝核黄酮类化合物的工艺研究[J].医药导报,2013,32(9):1221-1223.

[59] 彭新生,周艳星,田圆,等.不同采收期荔枝叶中总黄酮含量的变化[J].广东医学院学报,2013,31(5):513-515.

[60] 冯宇,刘雪梅,罗伟生,等.大孔树脂纯化荔枝核总黄酮工艺研究[J].中草药,2019,50(9):2087-2093.

[61] 郑韵英,韦藤幼.大孔吸附树脂纯化荔枝壳总黄酮的工艺研究[J].食品工业科技,2015,36(18):271-275.

[62] 姚莉,戴远威,何敏,等.纤维素酶辅助醇提荔枝核黄酮的工艺研究[J].食品研究与开发,2015,36(24):69-72.

[63] 汤建萍,周春山,丁立稳.大孔吸附树脂分离纯化荔枝核黄酮类化合物的研究[J].离子交换与吸附,2006(6):551-558.

[64] 刘永,黄杰锋,周东文.超声波辅助提取荔枝壳色素的研究[J].食品工业,2015,36(12):92-94.

[65] 梁志.荔枝核棕色素提取及稳定性研究[J].中国调味品,2015,40(6):111-114.

[66] 胡志群,王惠聪.荔枝果皮组织中疏水色素提取方法比较[J].华南农业大学学报,2005(1):21-23.

[67] 胡位荣,曾秋平,姚伙旺,等.荔枝果皮花色素苷提取及离体保存技术的研究[J].广州大学学报(自然科学版),2008(3):60-63.

[68] 陈志慧,宋光泉.荔枝皮色素的提取及稳定性研究[J].湖南农业科学,2006(2):77-79.

[69] 陈志慧,宋光泉.荔枝果皮色素的性能及其对保鲜作用的影响研究[J].化工时刊,2006(2):36-38.

[70] 何战胜,李贵荣,刘传湘.荔枝壳红色素的提取及稳定性观察[J].南华大学学报(医学版),2002(3):269-271.

[71] 陈志慧,宋光泉,张翠荣.荔枝皮色素的超声提取及性能研究[J].河南工业大学学报(自然科学版),2006(2):63-66.

[72] 郑灿芬.荔枝的香气分析及荔枝香精的调配技术[J].饮料工业,2018,21(6):40-43.

[73] 范妍,黄旭明,莫伟钦,等.SPME/GC-MS法分析不同荔枝品种果实中的香气成分

[J]. 热带农业科学,2017,37(6):72-78.

[74] 徐禾礼,余小林,胡卓炎,等.七个荔枝品种果实香气成分的提取与分析研究 [J]. 食品与机械,2010,26(2):23-26,39.

[75] 邢其毅,金声,林祖铭,等.荔枝香气化学成分的研究 [J]. 北京大学学报(自然科学版),1995(2):159-165.

[76] 郝菊芳,徐玉娟,李春美,等.不同品种荔枝香气成分的 SPME/GC-MS 分析 [J]. 食品科学,2007(12):404-408.

[77] 蔡长河,陈玉旭,曾庆孝,等.冷冻处理对荔枝香气成分的影响 [J]. 食品科学,2008(8):557-561.

[78] 李春美,钟慧臻,郝菊芳,等.固相微萃取 - 气相色谱 - 质谱联用法分析荔枝汁贮藏过程中香气成分的变化 [J]. 食品科学,2011,32(8):206-211.

[79] 王洋,庞康,钟远坚,等.超声辅助乙醇提取荔枝核总皂苷工艺优化及其抗炎作用研究 [J]. 化学试剂,2020,42(10):1240-1245.

[80] 樊阳.超声提取荔枝核中总皂苷的优化提取工艺研究 [J]. 四川化工,2020,23(2):9-13.

[81] 陈衍斌,武可泗,陈建宗.荔枝核皂苷含量测定方法 [J]. 陕西中医学院学报,2007,4(3):45-46.

[82] 杨燕,罗志辉,晏全.荔枝核总皂甙的含量测定 [J]. 化工时刊,2004,18(1):45-46.

[83] 王洋,覃仕娜,李玉凤,等.荔枝核总皂苷颗粒剂成型工艺研究 [J]. 中药材,2020,4(7):1695-1699.

[84] 岳强,曾新安,于淑娟,等.新鲜荔枝汁营养成分分析 [J]. 食品工业科技,2006,4(4):173-174.

[85] 陆志科,黎深.荔枝核活性成分分析及其提取物抗氧化性能研究 [J]. 食品科学,2009,30(23):110-113.

第六章　蛋黄果

一、蛋黄果的概述

蛋黄果(拉丁学名：*Lucuma nervosa* A.DC.)，又名仙桃、狮头果、蛋果、桃榄等，山榄科蛋黄果属多年生植物，树体高约 6 m，小枝圆柱形，灰褐色，嫩枝被褐色短绒毛。单叶互生，叶片纸质，狭椭圆形，长 10~20 cm，宽 2.5~4.5 cm，先端渐尖，基部楔形，两面无毛，中脉在上面微凸，下面浑圆且十分凸起，侧脉 13~16 对，斜上升至叶缘弧曲上升，两面均明显，第三次脉呈网状，两面均明显；叶柄长 1~2 cm。花小白色，1~2 朵，生于叶腋，花梗圆柱形，长 1.2~1.7 cm，被褐色细绒毛；花萼裂片通常 5 枚，少数 6 或 7 枚，卵形或阔卵形，长约 7 mm，宽约 5 mm，内面的略长，外面被黄白色细绒毛，内面无毛；花冠较萼长，长约 1 cm，外面被黄白色细绒毛，内面无毛；冠管圆筒形，长约 5 mm，花冠裂片 4 或 6 枚，狭卵形，长约 5 mm；能育雄蕊 5 个，花丝钻形，长约 2 mm，被白色极细绒毛，花药心状椭圆形，长约 1.5 mm；退化雄蕊狭披针形至钻形，长约 3 mm，被白色极细绒毛；子房圆锥形，长 3~4 mm，被黄褐色绒毛，5 室，花柱圆柱形，长 4~5 mm，无毛，柱头头状。

果实呈球形，部分为倒卵形，长约 8 cm，未熟时绿色，成熟时黄绿色至橙黄色，无毛，光滑，皮薄。中果皮肉质，肥厚，蛋黄色。果肉橙黄色，富含淀粉，质地似蛋黄且有香气，含水量少，味如鸡蛋黄，故名蛋黄果。其口感介于番薯和榴莲之间。种子通常 2~4 粒，近圆形或椭圆形，压扁长 4~5 cm，黄褐色，具光泽，疤痕侧生，长圆形，几与种子等长。花期春季，果期秋季。果实 12 月成熟，采收后需要后熟 4~7 d 方可食用。

二、蛋黄果的产地

蛋黄果喜温暖多湿气候，年均温度 24~27.5 ℃较为适宜。能耐短期高温及寒冷，短时间经历(40 ± 2) ℃植株不致受害。花期若遇阴雨、高温，严重落花；果熟期忌低温，冬季低温果实变硬。颇能耐旱，对土壤适应性强，以沙壤土生长最好。

蛋黄果原产古巴和北美洲热带地区，主要分布于中南美洲、印度东北部、缅甸北部、越南、柬埔寨、泰国、中国南部。中国在 20 世纪 30 年代引入蛋黄果，50 年代广州始有栽培。中国广东、广西、海南、云南和福建等热带、亚热带地区有零星种植。在北方的温室或室内也有种植。冬季越冬温度不低于 15 ℃。家庭室内可以盆栽，如果大量种植可以种在温室大棚里。

三、蛋黄果的主要营养和活性成分

（一）蛋黄果的营养成分

1. 蛋黄果果肉的营养成分

蛋黄果作为热带水果之一,不仅树形优美、口感独特,还具有丰富的营养成分。据报道,蛋黄果可食率约 80%,可溶性糖和淀粉的含量较高,分别为 14% 和 8%,同时富含 1% 左右的粗脂肪,是一种高热量食物。在我国,蛋黄果主要在海南地区种植。这种水果肉质皮厚,水分含量比较少。它口感软绵,味道甘甜,吃起来的感觉有点儿像煮熟的蛋黄,因此而得名。蛋黄果还是难得的保健水果。成熟的蛋黄果每 100 g 可食部分的营养物质含量详见表 6-1。

表 6-1　成熟的蛋黄果每 100 g 可食部分的营养物质含量

食品中文名	蛋黄果	食品英文名	Canistel
食品分类	药食两用食物及其他	可食部	80.00%
来源	食物成分表 2004	产地	海南
营养素含量（100 g 可食部食品中的含量）			
能量/kJ	72	蛋白质/g	1.1
脂肪/g	0.1	膳食纤维/g	3.8
碳水化合物/g	6.8	不溶性膳食纤维/g	1.9
维生素 A/μg 视黄醇当量	7	可溶性膳食纤维/g	1.9
维生素 E/mg α- 生育酚当量	0.5	维生素 B_2（核黄素）/mg	0.01
维生素 B_1（硫胺素）/mg	0.01	烟酸（烟酰胺）/mg	0.24
维生素 B_6/mg	0.12	钠/mg	14
维生素 C（抗坏血酸）/mg	10.7	钾/mg	292
叶酸 /μg 叶酸当量	2	钙/mg	137
生物素/mg	8.4	锌/mg	0.4
磷/mg	5	硒/mg	0.4
镁/mg	62	铜/mg	0.06
铁/mg	0.4	锰/mg	40.89
碘/mg	9.5		

2. 蛋黄果种子的营养成分

蛋黄果种子作为植物的重要器官,营养极为丰富,不仅含人体必需的 8 种氨基酸,还有高含量的不饱和脂肪酸。马金爽等对蛋黄果种子的营养成分进行了分析及评价。研究结果显示,蛋黄果种子中淀粉含量为 13.89 g/100 g、粗脂肪含量为 6.27 g/100 g、灰分含量为 2.22 g/100 g、粗蛋白含量为 1.12 g/100 g、维生素 C 含量为 2 mg/100 g，其功能性成分多糖、多酚、黄酮的含量分别为 8.04 g/100 g、2.58 g/100 g、1.90 g/100 g。氨基酸共有 18 种，总量为 22.95 mg/g，以谷氨酸、天冬氨酸的含量最多，分别占氨基酸总量的 22.05% 和 13.94%。谷氨酸和天冬氨酸不仅具有特殊鲜味，而且都是药用氨基酸，对人体的代谢及肝脏功能的修复均有促进和改善作用。通过 GC-MS 对蛋黄果种子挥发油的化学成分进行分析，共鉴定出 22 种化合物，占挥发油总量的 54.33%，主要成分为链状的饱和或不饱和脂肪酸，还有各种长链的烃类、酯类、胺类和醇类化合物，其中不饱和脂肪酸占挥发油总量的 22.50%。现代医学研究表明，不饱和脂肪酸具有抗肿瘤、增强免疫、预防心脏病等多种功能，其药用价值受到越来越多人的关注。此外，种子挥发油对四联球菌、蜡状芽孢杆菌、大肠杆菌、白色葡萄球菌的生长有明显的抑制作用。总之，蛋黄果种子不仅营养丰富，还具有很好的药用和经济价值。

（二）蛋黄果的活性成分

Morton 报道，蛋黄果的叶子、种子和树皮都具有药用价值，可用来治疗炎症、溃疡、发热和皮肤疹等。Elsayed 从蛋黄果叶子和种子中分离出原儿茶酸、没食子酸、槲皮素、杨梅素、杨梅素 -3-O-β- 半乳糖苷和杨梅素 -3-O-α-L- 鼠李糖苷等 6 种化合物，从分子角度为传统医学使用蛋黄果治疗炎症、疼痛和溃疡等相关病症提供了科学证据。

20 世纪 30 年代，我国开始引进蛋黄果，现已在海南、广东、广西、云南等省栽种。其中海南、广东、云南将其作为优良水果进行栽种，而广西将其作为绿化观赏树种进行栽种。由于蛋黄果的生长环境特殊，我国引入蛋黄果较晚，对蛋黄果的研究主要集中在新品种的引进及培育。近几年也有一些关于其他方面的报道，例如，方正等采用超声波法提取了蛋黄果色素，并优化了提取条件；顾宗珠等研究了蛋黄果果醋的发酵工艺，在最佳条件下，酿制出的蛋黄果果醋不仅色泽优美，而且口感独特；陈佳瑛等利用高效液相色谱对蛋黄果中果糖、葡萄糖、蔗糖的含量进行测定，结果 3 种糖都得到很好的分离，且加样回收率均在 95% 以上。

蛋黄果中含有没食子酸、没食子儿茶素、儿茶素、表儿茶、二氢杨梅素、儿茶素 -3-O-没食子酸酯和杨梅素等多种酚类抗氧化剂。Kubola 等通过 3 种提取溶剂（水、70% 甲醇溶液和 70% 乙醇溶液）评估了蛋黄果种子、果肉和果皮提取物的抗氧化能力，结果显示果肉和果皮乙醇提取物的抗氧化活性很高。Aseervatham 等的研究也表明蛋黄果果肉提取物不仅具有很强的抗氧化作用，还对乙酰氨基酚诱导的肝毒性有显著的保护作用。Hernandez 等从蛋黄果叶的乙酸乙酯提取物中鉴定出 6 种芪类和 6 种类黄酮糖苷，并评估了它们的抗有丝分裂活性。De Andrade 和 Padmathilake 等对蛋黄果种子萌发率以及内生真菌和生物活性等方面进行了相关报道。

四、蛋黄果中活性成分的提取、纯化与分析

(一)蛋黄果中油酸、棕榈酸等挥发油分的分析

1. 仪器、材料与试剂

本试验用到的仪器为：DHG-9070A 恒温鼓风干燥箱，上海申贤恒温设备厂；H50 循环水冷却恒温器，北京莱伯泰科技仪器有限公司；RE-52AA 旋转蒸发仪，上海亚荣生化仪器厂；RJM-28-10 马弗炉，沈阳节能电炉厂；MLS-3751L-PC 高压蒸汽灭菌器，日本三洋公司；IS-RDD3 恒温振荡器，美国精骐公司；GC7890/MS5975 气相色谱与质谱联用仪，美国安捷伦公司。

本试验用到的蛋黄果购于海口市南北水果市场(产于越南)，大小、形状各异但成熟度相似。

本试验用到的试剂为葡萄糖、盐酸、磷酸、乙醚、正己烷、无水硫酸钠，均为国产分析纯。

2. 试验方法

1)试样制备与保存

蛋黄果去掉果皮和果肉，将种子于 50 ℃下烘干(30 h)，粉碎，过 60 目筛，置于干燥器中备用。

2)仪器参考条件

进样方式采用 GC 自动进样模式；升温模式为起始温度 60 ℃，保留 0 min，然后以 6 ℃/min 的速率升温到 240 ℃，保留 15 min；色谱柱为 HP-5MS 弹性石英毛细管柱(30 m × 250 μm, 0.25 μm)；载气为高纯氦气；流速为 1.0 mL/min；分流比为 30∶1；离子源为 EI；离子源温度为 230 ℃；MS 四极杆的温度为 150 ℃；扫描电压为 70 eV。

3)测定

通过 GC-MS 对蛋黄果种子挥发油的化学成分进行分析，其总离子流色谱见图 6-1。

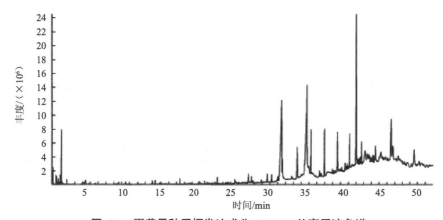

图 6-1　蛋黄果种子挥发油成分 GC-MS 总离子流色谱

3. 测定结果

各组分质谱经计算机检索和人工操作解析及标准谱图索引对照分析,并采用面积归一化法测得各组分的相对含量,分析鉴定结果见表 6-2。其中,相对含量较高的组分为油酸(10.466%)、棕榈酸(8.158%)、邻苯二甲酸单(2- 乙基己基)酯(6.643%)、芥酸酰胺(4.261%)等。油酸是一种不饱和脂肪酸,可以降低人体中的胆固醇、高血压、高血脂,预防多种疾病;棕榈酸在化工产业中广泛应用于制造蜡烛、润滑脂、软化剂等。芥酸酰胺是一种优良的精细化工产品,热稳定性高且无毒,常用在塑料和食品包装上。蛋黄果种子挥发油组成简单且利用价值高,有利于进一步加工。

表 6-2　蛋黄果种子挥发油分 GC-MS 分析

序号	时间 /min	化合物名称	分子式	相对含量 /%
1	28.297	肉豆蔻酸	$C_{14}H_{28}O_2$	0.396
2	32.500	棕榈酸	$C_{16}H_{32}O_2$	8.158
3	32.619	二十烷	$C_{20}H_{42}$	3.322
4	34.528	油酸甲酯	$C_{19}H_{36}O_2$	0.431
5	34.995	十五烷酸甲酯	$C_{16}H_{32}O_2$	0.378
6	35.741	油酸(顺 - 十八碳烯酸)	$C_{18}H_{34}O_2$	10.466
7	35.818	油酸甘油酯	$C_{21}H_{40}O_4$	0.789
8	35.999	(3Z,13Z)- 十八碳二烯醇	$C_{18}H_{32}O$	1.203
9	36.257	三十烷	$C_{30}H_{62}$	1.633
10	37.951	二十五烷	$C_{25}H_{52}$	1.380
11	40.836	乙酸三十烷酯	$C_{32}H_{64}O_2$	0.517
12	41.157	二十四烷	$C_{24}H_{50}$	3.184
13	41.255	22- 二十三烯酸	$C_{23}H_{44}O_2$	0.560
14	42.021	邻苯二甲酸单(2- 乙基己基)酯	$C_{16}H_{22}O_4$	6.643
15	42.105	二十三烷	$C_{23}H_{48}$	1.857
16	42.412	二十六烯	$C_{26}H_{52}$	0.835
17	42.704	二十六烷	$C_{26}H_{54}$	1.544
18	43.694	碘十六烷	$C_{16}H_{33}I$	1.509
19	44.516	3- 甲基 - 十四烷	$C_{15}H_{32}$	1.452
20	45.206	四十一醇	$C_{41}H_{84}O$	1.663
21	46.545	芥酸酰胺	$C_{22}H_{43}NO$	4.261
22	49.591	氯十九烷	$C_{19}H_{39}Cl$	2.147

（二）蛋黄果中谷氨酸、亮氨酸等氨基酸的分析

1. 仪器、材料与试剂

本试验用到的仪器为：DHG-9070A 恒温鼓风干燥箱，上海申贤恒温设备厂；722 型可见分光光度计，上海菁华科技仪器有限公司；H50 循环水冷却恒温器，北京莱伯泰科技仪器有限公司；RE-52AA 旋转蒸发仪，上海亚荣生化仪器厂；RJM-28-10 马弗炉，沈阳节能电炉厂；MLS-3751L-PC 高压蒸汽灭菌器，日本三洋公司；IS-RDD3 恒温振荡器，美国精骐公司；GC7890/MS5975 气相色谱与质谱联用仪，美国安捷伦公司；RIGOL L-3000 高效液相色谱仪，北京普源精电科技有限公司；Waters Sep-Pak Vac Silica Cartridge 固相萃取柱（SPE），沃特世科技（上海）有限公司。

本试验用到的蛋黄果购于海口市南北水果市场（产于越南），大小、形状各异但成熟度相似。

本试验用到的试剂为：葡萄糖、盐酸、磷酸、乙醚、正己烷、无水硫酸钠，均为国产分析纯；L-苏氨酸（L-Thr）、L-赖氨酸（L-Lys）、L-苯丙氨酸（L-Phe）、L-精氨酸（L-Arg）、L-甲硫氨酸（L-Met）、L-组氨酸（L-His）、L-甘氨酸（L-Gly）、L-天冬酰胺（L-Asn）、L-丝氨酸（L-Ser）、L-亮氨酸（L-Leu）、L-异亮氨酸（L-Ile）、L-丙氨酸（L-Ala）、L-天冬氨酸（L-Asp）、L-色氨酸（L-Trp）、L-酪氨酸（L-Tyr），纯度均≥99.0%，西宝生物科技（上海）股份有限公司；茶氨酸（L-Thea），上海抚生实业有限公司；谷氨酸（L-Glu），上海宸功生物技术有限公司。

2. 试验方法

1）试剂的配制

（1）流动相

甲醇-乙腈-水流动相，按 45∶45∶10 的体积比混合。40 mmol/L 磷酸盐缓冲液，用盐酸调节 pH 至 7.5~7.6。

（2）OPA 衍生剂

取 5 mg OPA 试剂，依次加入 0.05 mL 甲醇、0.45 mL 硼酸钠溶液（0.4 mol/L）、0.025 mL β-巯基乙醇，混合均匀。

（3）标准氨基酸纯样液的制备

取标准氨基酸样品 1 mg 溶于 1 mL 纯净水，得 1 mg/mL 标准溶液。

（4）标准氨基酸混样液的制备

将 17 种标准氨基酸的纯样液按照一定比例混合制备而成。

2）试样前处理

蛋黄果去掉果皮和果肉，将种子于 50 ℃下烘干（30 h），粉碎，过 60 目筛，置于干燥器中备用。

（1）初始蛋黄果样的制备

取蛋黄果种子粉末 0.25 g 浸入 10 mL 沸水中，于 90 ℃恒温水浴中加热 20 min，取出后滤液过 0.45 μm 纤维素膜得到初始蛋黄果样品。

（2）SPE 柱的活化

先用 30 mL 甲醇通过 SPE 柱（速度控制在 1 mL/min 左右），再用 10 mL 水将甲醇洗净。

（3）初始蛋黄果样的 SPE 柱处理

取制备的初始蛋黄果样过 SPE 柱，接取 1 mL 后用 5 mL10% 乙醇溶液再次洗脱，将两次的洗脱液合并后，置于旋转蒸发仪中旋转蒸干，用 1 mL 纯净水复溶，复溶液过 0.45 μm 纤维素膜得到用于 HPLC 检测的蛋黄果样品溶液。

（4）氨基酸的柱前衍生化反应

取样液 70 μL 与 OPA 衍生液 10 μL 于 25 ℃恒温水浴中准确反应 2 min。

3）色谱参考条件

采用 ZORBAX Eclipse XDB-C$_{18}$ 色谱柱；DAD 检测器，338 nm 紫外检测波长；进样量为 20 μL；柱温为 40 ℃；流动相 A 为甲醇 - 乙腈 - 水溶液，流动相 B 为 40 mmol/L 磷酸盐缓冲液，洗脱梯度见表 6-3；流速为 1 mL/min。

表 6-3　HPLC 流动相的洗脱梯度

序号	时间 /min	流动相 A（有机相）体积分数 /%	流动相 B（无机相）体积分数 /%
1	0.0	10.0	90.0
2	10.0	18.0	82.0
3	15.0	24.0	76.0
4	21.0	41.0	59.0
5	21.5	41.2	58.8
6	22.0	42.0	58.0
7	23.0	42.8	57.2
8	25.0	58.0	42.0
9	27.0	59.0	41.0
10	30.0	60.0	40.0

4）测定

（1）标准氨基酸纯样液的 HPLC 检测

取标准氨基酸样品，用 OPA 衍生化后，进行 HPLC 测定。

（2）标准氨基酸混样液的 HPLC 检测

取标准氨基酸混合样品进行试验。

（3）标准曲线的绘制

分别取 17 种标准氨基酸样品（1 mg/mL）配制成以下反应浓度梯度：0.05 mg/mL、0.025 mg/mL、0.005 mg/mL、0.002 5 mg/mL、0.001 25 mg/mL。衍生化后按照上面的色谱条件进行 HPLC 检测，绘制标准曲线，计算回归方程。

3. 测定结果

17 种标准氨基酸混合样品经 HPLC 检测的色谱如图 6-2 所示。

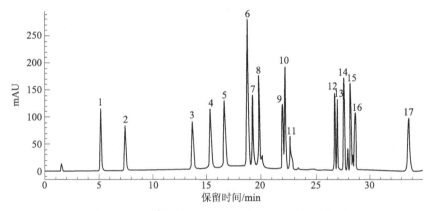

图 6-2　17 种标准氨基酸混样经 HPLC 检测的色谱

色谱图中，任意相邻两个色谱峰的分离度都大于 1.8，而分离度等于 1.5 为相邻两峰完全分开的标志。由色谱图测定 17 种氨基酸的保留时间如表 6-4 所示。

表 6-4　17 种氨基酸的出峰顺序及保留时间

序号	氨基酸	保留时间 /min
1	天冬氨酸（Asp）	5.051
2	谷氨酸（Glu）	7.416
3	天冬酰胺（Asn）	13.424
4	丝氨酸（Ser）	15.166
5	组氨酸（His）	16.205
6	精氨酸（Arg）	18.366
7	甘氨酸（Gly）	18.978
9	丙氨酸（Ala）	21.746
10	茶氨酸（Thea）	21.823
11	酪氨酸（Tyr）	22.198
12	蛋氨酸（Met）	26.355
13	色氨酸（Trp）	26.793
14	苯丙氨酸（Phe）	27.284
15	异亮氨酸（Ile）	27.902

续表

序号	氨基酸	保留时间 /min
16	亮氨酸（Leu）	28.457
17	赖氨酸（Lys）	33.182

蛋黄果种子的氨基酸组成与含量如表 6-5 所示。

表 6-5　蛋黄果种子氨基酸组成与含量　　　　　　　　　（mg/g）

必需氨基酸	含量	非必需氨基酸	含量
苏氨酸（Thr）	0.70	天冬氨酸（Asp）	3.20
缬氨酸（Val）	0.82	谷氨酸（Glu）	5.06
蛋氨酸（Met）	0.19	丝氨酸（Ser）	1.28
异亮氨酸（Ile）	0.55	甘氨酸（Gly）	1.32
亮氨酸（Leu）	1.80	组氨酸（His）	1.10
苯丙氨酸（Phe）	0.80	精氨酸（Arg）	2.27
赖氨酸（Lys）	0.68	丙氨酸（Ala）	1.82
色氨酸（Trp）	0.02	脯氨酸（Pro）	0.94
		酪氨酸（Tyr）	0.35
		半胱氨酸（Cys）	0.05

本章参考文献

[1]　邓成菊,刘学敏,赵素梅,等.热带、亚热带优稀水果蛋黄果研究进展 [J].热带农业科技,2013,36（3）:7-10.

[2]　马慰红,陆军迎,高松峰,等.火龙果、西番莲、蛋黄果优质高效栽培技术 [M].北京:中国农业出版社,2002.

[3]　方正,郭守军,陈佳萍,等.超声波辅助提取蛋黄果色素的工艺优化 [J].广东农业科学,2013,40（20）:105-107,124.

[4]　顾宗珠,沈健.蛋黄果果醋生产工艺的研究 [J].农产品加工（学刊）,2011（1）:48-50.

[5]　陈佳瑛,刘胜辉,王松标,等.高效液相色谱法测定蛋黄果中的糖类 [J].福建果树,2005（4）:11-12.

[6]　MORTON J. Fruits of warm climates[M]. Miami：Purdue University,1987.

[7]　ELSAYED A M，EI-TANBOULY N D，MOUSTAFA S F, et al. Chemical composition and biological activities of *Pouteria campechiana*（Kunth.）Baehni[J]. Journal of Medicinal Plants Research,2016,10（16）:209-215.

[8] MA J，YANG H，BASILE M J，et al. Analysis of polyphenolic antioxidants from the fruits of three pouteria species by selected ion monitoring liquid chromatography-massspectrometry[J]. Journal of Agricultural and Food Chemistry，2004，52（19）：5873-5878.

[9] KUBOLA J，SIRIAMORNPUM S，MEESO N. Phytochemicals，Vitamin C and sugar content of Thai wild fruits[J]. Food Chemistry，2011，126（3）：972-981.

[10] ASEERVATHAM G S B，SIVASUDHA T，SASIKUMAR J M，et al. Antioxidant and hepatoprotective potential of *Pouteria campechiana* on acetaminophen-induced hepatic toxicity in rats[J]. Journal of Physiology & Biochemistry，2014，70（1）：1-14.

[11] HERNANDEZA C L C，VILLASEÑORA I M，JOSEPH E，et al. Isolation and evaluation of antimitotic activity of phenolic compounds from *Pouteria campechiana* Baehni[J]. Philippine Journal of Science，2008，137（1）：1-10.

[12] DE ANDRADE R A，GERALDO M A B，ISABELE S. Effect of temperature on percentage of germination of canistel seeds（*Pouteria campechiana*）[J]. Revista Brasileira De Fruticultura，2002，24（3）：622-623.

[13] PADMATHILAKE K G E，BANDARA H M S K H，QADER M M，et al. Talarofuranone，a new talaroconvolutin analog from the endophytic fungus *Talaromyces purpurogenus* from *Pouteria campechiana* seeds[J]. Natural Product Communications，2017，12（4）：489-490.

[14] 仲伟敏,马玉华. 三叶木通种子的营养成分分析与评价 [J]. 西南农业学报，2016，29（1）：169-173.

第七章　山竹

一、山竹的概述

山竹(拉丁学名：*Garcinia mangostana* L.)是藤黄科藤黄属热带常绿乔木,又名山竹子,学名为莽吉柿,是一种典型的热带水果,主要分布于泰国、越南、马来西亚、印度尼西亚、菲律宾等东南亚国家及我国广东、海南、福建、台湾等省。山竹果壳黑红色,较厚;果肉雪白色,味道清甜柔和,有"果中皇后"的美称。

二、山竹的品种

1. 印度山竹

果实呈圆形,个儿比网球略小,皮既硬又厚,多呈现紫红色。

2. 泰国山竹

果实大小如柿,果形扁圆,壳厚硬,呈深紫色,由 4 片果蒂盖顶,酷似柿样。

3. 多花山竹

浆果卵形至近球形,长约 3.5 cm,青黄色,味酸可食,故又称山橘子。其生于山地林中,分布于江西、福建、台湾、广东、广西和云南等省区。

4. 岭南山竹

浆果近球形,熟时青黄色,长约 3 cm,基部有宿萼。食用后粘牙,染为黄色,故又称为黄牙果。生于山脚平地、林间、丘陵及湿润肥沃的地方。

三、山竹的主要营养和活性成分

山竹果肉中含有丰富的蛋白质、维生素、矿物质以及脂类等,外果皮中含有丰富的果胶、植物多酚类物质。从山竹中分离的化学成分约有 114 种。在东南亚,山竹果皮一直作为传统药物用来治疗皮肤感染、创伤和腹泻。山竹果实呈圆形,直径有 5~7 cm,外皮有 6~10 mm 厚。据文献报道,山竹果皮以氧杂蒽酮类化合物为主要成分,该类化合物具有广泛的抗肿瘤、抗菌、抗氧化、酶抑制等生物活性和药理作用。果皮占单鲜果重的 2/3。果实的可食用部分位于果皮内,由 3 至 8 个的隔膜组成,也称为假种皮,白色,具有甜酸味,种子存在于每个果实的 1 个或 2 个隔膜中。此外,山竹果实的顶部配有厚厚的萼片,外形类似于皇冠,因此山竹又被称为"热带水果女王"。山竹果皮在几个世纪以来一直被用作民间药物,用于治疗内部和外部感染,包括腹痛、腹泻、痢疾、感染性创伤、化脓、慢性溃疡、白带、淋病等疾病。

在山竹果皮、种子、叶片等组织和小植株中,都含有生物活性化合物,如酚类和黄酮类,其中 α-山竹黄酮又称为倒捻子素,是从山竹果皮中分离得到的最主要黄酮类生物活性化合物。目前已证实山竹的果皮提取物对腹痛、腹泻、感染性创伤、痢疾、慢性溃疡和淋病有一定的抑制作用。随着人们对健康、天然饮食的追求,山竹作为一种味道鲜美、营养丰富、用途广泛的热带优质水果,将具有极大的发展潜力。成熟的山竹每 100 g 可食部分的营养物质含量详见表 7-1。

表 7-1　成熟的山竹每 100 g 可食部分的营养物质含量

食品中文名	山竹	食品英文名	Mangosteen
食品分类	水果类及制品	可食部	25.00%
来源	食物成分表 2004	产地	中国
营养素含量(100 g 可食部食品中的含量)			
能量/kJ	290	蛋白质/g	0.4
脂肪/g	0.2	膳食纤维/g	1.5
碳水化合物/g	18.0	不溶性膳食纤维/g	0.4
可溶性膳食纤维/g	0.9	维生素 A/μg 视黄醇当量	(Tr)
维生素 B_2(核黄素)/mg	0.02	维生素 E/mg α-生育酚当量	0.36
维生素 B_{12}/μg	0.00	维生素 B_1(硫胺素)/mg	0.08
烟酸(烟酰胺)/mg	0.30	维生素 B_6/mg	0.03
钠/mg	4	维生素 C(抗坏血酸)/mg	1.2
钾/mg	48	叶酸/μg 叶酸当量	7
钙/mg	11	生物素/μg	0.8
锌/mg	0.06	磷/mg	9
硒/μg	0.5	镁/mg	19
锰/mg	0.10	铁/mg	0.3
铜/mg	0.03	碘/μg	1.10

四、山竹中活性成分的提取、纯化与分析

(一)山竹中 α-山竹黄酮(α-MAG)的结构分析

1. 试剂

本试验用到的试剂为:40% 的 α-MAG 粗品,India Dhanvantari Botanicals Pvt Ltd.;甲苯,分析纯,天津市瑞金特化学品有限公司;乙二醇,分析纯,天津市瑞金特化学品有限公司;无水乙醇,分析纯,天津化学试剂有限公司;甲苯,分析纯,天津化学试剂有限公司。

2. 仪器

本试验用到的仪器为：DF-101S 集热式恒温加热磁力搅拌器,郑州长城科工贸有限公司；TENSOR Ⅱ傅里叶红外光谱仪,德国 Bruker 公司；AXIMA-CFR plus MALDI-TOF MS 基质辅助激光解吸附电离飞行时间飞行质谱仪,岛津集团英国克雷斯托分析仪器公司；RE-52AA 旋转蒸发仪,上海亚荣生化仪器厂；X-4 数字显示显微熔点测定仪,北京泰克仪器有限公司；DZF-3 型真空干燥器,上海福玛实验设备有限公司；LC-6A 高效液相色谱仪,日本岛津公司。

3. α-MAG 的提纯

称取一定量的粗品,加入三颈瓶中,依次加入 37.8 mL 甲苯、900 mL 乙二醇,在 80 ℃ 油浴中搅拌溶解 1 h ,冷却至室温后,减压抽滤。将滤液用甲苯（滤液：甲苯 =1.5：1 ）萃取 3 次,收集甲苯层,将收集的甲苯层在旋转蒸发仪上蒸发浓缩,将浓缩后的甲苯液放置于室温环境中慢慢冷却、结晶,得到黄色晶体,减压抽滤,用少量冷甲苯洗涤滤饼。在真空干燥箱（ 55 ℃）中干燥此滤饼,即可得到浅黄色粉末状晶体。由于结晶较慢,因此要放置 4 h 以上方可认为结晶完全。

4. α-MAG 的重结晶

称取一定量上述产物,在 30~35 ℃下溶解于 5.6 mL 乙醇中,减压抽滤,滤渣用 0.2 mL 乙醇洗涤,收集滤液。然后加入 2.9 mL 水,搅拌 25 min 后加入 α-MAG 晶种,得黄色悬浊液。接着在 27~30 ℃下搅拌 90 min,再搅拌 40 min 并缓慢加入 2.9 mL 水,冷却至 10 ℃,抽滤,将滤饼用冷的乙醇 - 水（1：1）混合液洗涤,将产物置于 55 ℃真空环境中干燥。

5. 高效液相色谱分析

以 95% 的 α-MAG 对照品为外标物,用外标法检测提纯后产物的纯度,色谱条件选择如下：流动相为 0.1% H_3PO_4：CH_3CN（ 10：90 ）混合液；柱型为 Shim-Pack VP-ODS （ 46 mm × 250 mm,5 μm）；柱温为 25 ℃；流速为 1.0 mL/min；检测波长为 243 nm。

6. α-MAG 的鉴定

分别通过红外图谱、^{1}H NMR、质谱结果鉴定 α-MAG 物质。

7. 结论

1）红外图谱的结论

图 7-1 为提纯产物的红外光谱,它和 α-MAG 的结构相吻合。3 421.79 cm^{-1} 处为 —OH 的伸缩振动, 2 925 cm^{-1} 附近的一组峰来源于—CH$_3$、—CH$_2$—、—CH—、—OCH$_3$ 中 C—H 键的伸缩振动, 1 644 cm^{-1} 处是 C═O 键的伸缩振动, 1 609 cm^{-1}、1 584 cm^{-1} 处为苯环骨架的伸缩振动, 1 280.95 cm^{-1} 处则是 C—O 键的伸缩振动。

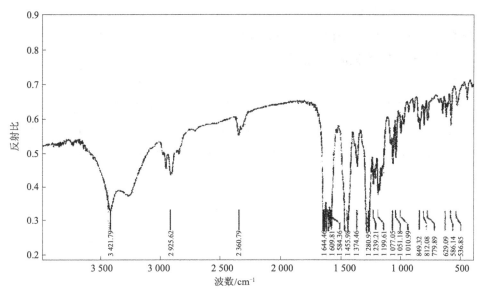

图 7-1 提纯产物的红外光谱

2)¹H NMR 图谱的结论

提纯产物的氢核磁谱图中 δ=13.8、6.30、6.15 ppm 处的单峰来源于分子中的—OH 基团，δ=3.81 ppm 处的单峰则属于分子中的—OCH₃ 基团。与文献中关于 α-MAG 的 ¹H NMR 图谱的记载吻合。

（二）山竹中花青素的提取方法

1. 试剂

本试验用到的试剂为无水乙醇、36% 盐酸溶液、氢氧化钠、2, 2- 联氮双（3- 乙基苯并噻唑啉 -6- 磺酸）二铵盐自由基（ABTS⁺）、1，1- 二苯基 -2- 苦肼基（DPPH）自由基、浓硫酸、浓盐酸，均为分析纯。试验用水为蒸馏水。

2. 仪器

本试验用到的仪器为：ZT-150 型高速多功能粉碎机，永康市展凡工业有限公司；DHG-9023A 电热鼓风干燥箱，上海一恒科学仪器有限公司；TS-100B 恒温摇床，上海天呈试验仪器制造有限公司；UV-1800 型紫外可见分光光度计，上海美谱达仪器有限公司；FA2004 电子天平，上海舜宇恒平科学仪器有限公司；HH-S 数显恒温水浴锅，常州翔天实验仪器厂；pH 计，奥豪斯仪器（上海）有限公司。

3. 材料预处理

1）山竹果皮粉末

山竹果皮 55 ℃下烘干（2 d）至恒重，粉碎并冷冻保存，备用。

2）大孔树脂的预处理

按照说明书对 AB-8 大孔树脂进行预处理，备用。

4. 不同因素对花青素提取量的影响

1）提取温度

精确称取山竹果皮粉末（以下简称粉末）5 份各 0.5 g，按料液比（$W：V$）1：40 加入 60% 盐酸 - 乙醇水溶液，分别于 35 ℃、50 ℃、65 ℃、75 ℃ 及 85 ℃ 水浴中保温提取 1 h。过滤后取滤液定容至 25 mL，在波长 530 nm、620 nm 及 650 nm 处测其吸光度并计算花青素含量。

$$A_\lambda = (A_{530} - A_{620}) - 0.1 \times (A_{650} - A_{620}) \tag{7-1}$$
$$E = A_\lambda V / \varepsilon m \times 10^6 \tag{7-2}$$

式中：A_λ 为光密度值；E 为花青素含量，nmol/g；ε 为花青素摩尔消光系数（$\varepsilon=4.62 \times 10^4$）；$V$ 为试样定容体积，mL；m 为试样质量，g。

2）料液比

精确量取 60% 盐酸 - 乙醇水溶液 20 mL，按料液比（$W：V$）1：10、1：20、1：40、1：60 及 1：70 分别加入 2 g、1 g、0.5 g、0.33 g 和 0.25 g 粉末于 65 ℃ 水浴中保温提取 1 h。过滤后定容至 25 mL，测定其吸光度并计算花青素含量。

3）乙醇浓度

精确称取 5 份各 0.5 g 粉末，按料液比（$W：V$）1：40 分别加入 0%、20%、40%、60% 及 80% 的盐酸 - 乙醇水溶液，于 65 ℃ 水浴锅中保温提取 1 h。过滤后定容至 25 mL，测其吸光度并计算花青素含量。

4）提取时间

精确称取 5 份各 0.5 g 粉末，按料液比（$W：V$）1：40 加入 60% 盐酸 - 乙醇水溶液，然后将锥形瓶放入 65 ℃ 水浴中分别保温提取 0.5 h、1 h、2 h、4 h、6 h、10 h 及 12 h。过滤后定容至 25 mL，测定其吸光度值并计算花青素含量。

5）正交试验

以提取液的花青素含量为评价指标，在单因素试验的基础上，选取提取温度、料液比、乙醇浓度、提取时间 4 个因素的 3 个水平进行 $L_9(3^4)$ 正交试验，确定山竹果皮中花青素的最佳提取工艺。

5. 结论

不同因素对山竹果皮中花青素的提取量均有不同程度的影响，详见表 7-2。

1）单因素试验结论

（1）提取温度对花青素提取量的影响

35~85 ℃ 时，随温度升高，山竹果皮中花青素的提取量呈逐渐增加的趋势。其中，35~65 ℃ 时提取量的增幅较小，65~85 ℃ 时提取量的增幅较大。原因在于温度升高，山竹果皮中的酶被破坏,从而使溶液中可溶性成分的溶解度和扩散系数增大;但温度过高,会使不耐热的有效成分受到破坏而失活。长时间高温受热,花青素易发生聚合,当温度 ≤ 85 ℃时花青素提取程度远大于分解程度,但提取的杂质含量升高,致使提取液变浑浊。此外,温度过高给后续操作带来困难。因此正交试验结果显示,温度水平选用 65~75 ℃较合适。

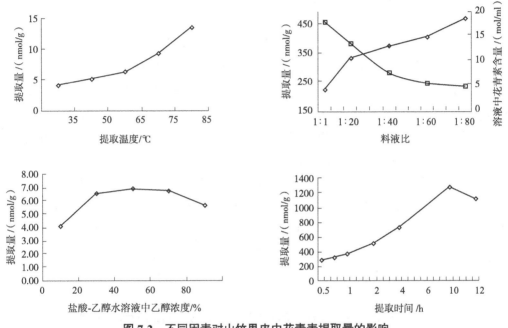

图 7-2　不同因素对山竹果皮中花青素提取量的影响

(a)提取温度　(b)料液比　(c)盐酸 - 乙醇水溶液中乙醇浓度　(d)提取时间

(2)料液比对花青素提取量的影响

一般情况下,在料液比较大时花青素的提取效果较好。山竹果皮中花青素的提取量随料液比升高而减小,而溶液中花青素含量随料液比升高而升高。花青素提取量曲线与溶液中花青素含量曲线出现一个交点,此时料液比为 1 : 28。当料液比过大时,会造成不必要的溶剂浪费和能源消耗,故正交试验得出结论:料液比选用 1 : (25~35)较合适。

(3)乙醇浓度对花青素提取量的影响

随着盐酸 - 乙醇水溶液中乙醇浓度的升高,山竹果皮中花青素的提取量呈先升后降的趋势。当乙醇浓度 <40% 时,提取量呈上升趋势;乙醇浓度为 40% 时,提取量最高,为 374.4 nmol/g;之后提取量呈下降趋势。试验过程中发现,乙醇浓度为 40% 时提取液较浑浊,故判断处于该浓度时有其他物质的干扰。经过正交试验比较后,确定 50%、60% 及 70% 的乙醇浓度较合适。

（4）提取时间对花青素提取量的影响

随着提取时间的延长，山竹果皮中花青素提取量呈先升后降的趋势。当提取时间<10 h 时，提取量呈上升趋势；提取时间为 10 h 左右时，提取量最高，为 1 263.6 nmol/g；而后提取量呈逐渐下降的趋势。原因在于提取时间较短时花青素来不及溶出，而时间过长时花青素又会因长时间受热发生结构变化，且杂质成分溶解量也随之增加。经过正交试验比较后，确定最佳提取时间为 9~11 h。

2）花青素的最佳提取工艺

在上述单因素试验结果的基础上，采用 $L_9(3^4)$ 正交试验设计方案确定山竹果皮中花青素的最佳提取工艺。从表 7-2 可知，9 个方案中花青素的提取量依次为 818.4 nmol/g、1 235.6 nmol/g、1 272.1 nmol/g、1 495.0 nmol/g、1 626.5 nmol/g、1 745.0 nmol/g、1 856.0 nmol/g、1 906.0 nmol/g、2 011.0 nmol/g。其中，方案 8 的提取量最高，为 2 011.0 nmol/g；其次是方案 5，为 1 906.0 nmol/g。根据表 7-3 中极差 R 可知，4 个因素对山竹果皮中花青素提取效果的影响强弱依次为提取温度 > 料液比 > 提取时间 > 乙醇浓度，其中提取温度对花青素含量影响程度最大，其极差 $R=722.467$。根据均值大小可以确定最优提取工艺为 $A_3B_2C_2D_3$，即提取温度 75 ℃、料液比 1：30、提取时间 11 h，乙醇浓度 60%。由于筛选出的最佳提取工艺组合不在设计方案中，因此对其进行验证试验，2 次试验测得花青素平均提取量为 2 083.5 nmol/g，与方案 8 的结果（花青素含量为 2 011.0 nmol/g）接近，这说明由正交试验所得到的最佳提取工艺是准确的。

表 7-2   山竹果皮中花青素提取工艺 $L_9(3^4)$ 正交试验设计方案与结果

方案	提取温度（A）/（℃）	料液比（B）	乙醇浓度（C）/%	提取时间（D）/h	花青素含量 /（nmol/g）
1	1（65）	1（1：25）	1（50）	1（9）	818.4
2	1	2（1：30）	2（60）	2（10）	1 235.6
3	1	3（1：35）	3（70）	3（11）	1 272.1
4	2（70）	1	2	3	1 745.0
5	2	2	3	1	1 906.0
6	2	3	1	2	1 495.0
7	3（75）	1	3	2	1 626.5
8	3	2	1	3	2 011.0
9	3	3	2	1	1 856.0

表 7-3   山竹果皮中花青素提取率的方差分析

数据来源	A	B	C	D
K_1	1 108.700	1 396.633	1 441.467	1 526.800
K_2	1 715.333	1 717.533	1 612.200	1 452.367

续表

数据来源	A	B	C	D
K_3	1 831.167	1 541.033	1 601.533	1 676.033
R	722.467	320.900	170.733	223.666

注:K 为各因素某一水平结果之和;下角标 1~3 为各因素试验水平;R 为该因素不同水平对应的试验结果均值的最大值与最小值的差(即极差)。

(三)山竹中果胶的提取方法

1. 仪器与试剂

本试验用到的仪器为:MA11 电子分析天平,上海第二天平仪器厂;9FZ-158 家用粉碎机,温岭市泽国大众电器厂;冷冻干燥机,北京博医康实验仪器有限公司;DHG-9070 电热恒温鼓风干燥箱,上海一恒科技有限公司;RE-52 旋转蒸发仪,上海嘉鹏科技有限公司;SHZ-D(Ⅲ)循环式真空水泵,巩义市予华仪器有限公司;JB-2 磁力搅拌器,上海雷磁新泾仪器有限公司;HH-4 恒温水浴锅,江苏金坛市宝华仪器厂;PHS-3C 精密 pH 计,上海安亭雷磁仪器厂;KDC-1044 低速离心机,科大创新股份有限公司中佳分公司;UV-9600 型紫外可见分光光度计,北京瑞利分析仪器公司;Kinexus Pro 旋转流变仪,英国马尔文公司;LC-20AT 高效液相色谱仪,日本岛津公司;ABI 4000Q TRAP 液相色谱质谱联用仪,美国应用生物系统公司。

本试验用到的试剂为:苹果果胶(高酯快凝果胶),烟台安德利果胶有些公司馈赠;食用酒精(96%)、乙酸乙酯、甲醇、丙酮、冰醋酸,均为分析纯,广州东巨公司;甲醇、乙腈、二氯甲烷,均为色谱纯,美国 BCR 公司;二甲基乙酰胺(DMAC)、卞硫醇、三氟乙酸(TFA)、1-苯基-3-甲基-5-吡唑啉酮(PMP)、间羟基联苯、ABTS、水溶性维生素 E、原儿茶酸、没食子酸,纯度≥98%,阿拉丁试剂(上海)有限公司;DPPH、BR,纯度≥98%,成都艾科达化学试剂有限公司;福林酚试剂、儿茶素、咖啡酸、丁香酸,纯度≥98%,美国 Sigma-Aldrich 公司;绿原酸,纯度≥96.6%,中国药品生物制品检定所;原花青素 B_2、表儿茶素,HPLC 纯,纯度≥98%,上海源叶生物有限公司;中性糖、半乳糖醛酸、葡聚糖系列,分析纯,广州市齐云生物科技有限公司。

2. 山竹壳中果胶的提取

1)山竹壳中果胶的提取步骤

山竹壳中果胶的主要提取流程如下:

山竹壳→山竹冻干粉→热酸法提取→醇沉→冻干→称重→计算提取率

(1)山竹壳干粉的制备

新鲜山竹取果皮,加水打浆、冻干磨粉后,过 20 目筛,得到山竹壳干粉,置于 4 ℃冰箱中备用。

（2）热酸法提取

取 5 g 山竹壳干粉，按 1：25（$W:V$）的比例加入一定 pH 值的水溶液（用 HCl、NaOH 调 pH 值），在一定温度下提取一定时间。

（3）醇沉纯化、冻干

过滤提取液，调 pH=4.0；滤液经 50 ℃ 旋蒸浓缩后，加入 4 倍体积的酒精，以 3 500 r/min 的转速离心 20 min，获得去除单糖、色素等小分子杂质的沉淀。沉淀经 50 ℃ 旋蒸去酒精后冻干，即可得山竹壳果胶。

（4）果胶提取率

计算方法如下：

$$果胶提取率=\frac{山竹壳果胶质量（g）}{山竹壳干粉质量（g）}\times100\%$$
（7-1）

2）影响山竹壳中果胶提取率的因素

热酸法提取中选取不同的酸碱度、温度和时间条件，考察果胶提取率的影响因素。处理的条件分别为：

①提取水溶液的 pH 值为 1、2、3、4、5、6（提取温度为 80 ℃，提取时间为 1.5 h）；

②提取时恒定温度为 50 ℃、60 ℃、70 ℃、80 ℃、90 ℃、100 ℃（pH 值为 2，提取时间为 1.5 h）；

③提取时间为 0.5 h、1.0 h、1.5 h、2.0 h、2.5 h、3 h（pH 值为 2，提取温度为 80 ℃）；

其他操作步骤与 1）中（3）相同。通过比较不同条件下的果胶提取率，探讨不同因素对山竹壳中果胶提取率的影响。

3）山竹壳中果胶的化学特性分析

（1）山竹壳中果胶的红外光谱分析

利用傅里叶红外光谱对山竹壳中果胶的主要官能团等化学结构进行表征。取约 2 mg 山竹壳果胶样品与 100～200 mg 干燥的溴化钾粉末混合碾磨后压片，进行傅里叶红外光谱扫描分析。分析条件为：扫描范围 4 000~400 cm^{-1}，分辨率 4 cm^{-1}。采用 OMINIC 6.0 软件处理红外光谱图，分析山竹壳中果胶的特征吸收峰数据。

（2）果胶酯化度的测定

采用滴定法测定酯化度，步骤参照《美国食品化学法典》（FCC）并稍作改动。称取 0.5 g 果胶与 15 mL 酸性异丙醇（浓盐酸：60% 异丙醇溶液 = 1：20）混合搅拌 10 min，砂芯漏斗过滤后，用 60% 异丙醇溶液冲洗至无氯离子，滤饼于 110 ℃烘箱中干燥。称 100 mg 处理后的果胶于锥形瓶中，用 2 mL 乙醇润湿后，加入 20 mL 蒸馏水，40 ℃下溶解。加 3 滴酚酞，用标定好的 0.1 mol/L NaOH 溶液滴定，记录消耗 NaOH 溶液的体积（V_1）。之后加入 0.1 mol/L NaOH 溶液 10 mL 振摇 2 h，以 10 mL 0.1 mol/L HCl 溶液中和。再滴入 3 滴酚酞，用 0.1 mol/L NaOH 溶液滴定至粉红色，此时消耗 NaOH 溶液体积

记为 V_2。依照此方法测定山竹壳中果胶的酯化度（DM），并与苹果果胶进行对比。DM 计算方法如下：

$$DM=\frac{V_2}{V_1+V_2}\times100\% \qquad\qquad (7\text{-}2)$$

（3）果胶糖醛酸的测定

采用间羟基联苯法测定果胶中糖醛酸的含量，并与苹果果胶进行对比。

①标准曲线的绘制。

取 0.6 mL 50~180 μg/mL 半乳糖醛酸标准溶液，置于冰浴中，加入 4.5 mL 0.012 5 mol/L 四硼酸钠 - 浓硫酸溶液。在沸水浴中反应 5 min 后，立即用冰浴冷却。加入 60 μL 1.5 mg/mL 间羟基联苯 - 氢氧化钠溶液，摇匀，5 min 内在 520 nm 波长下测吸光度，绘制标准曲线。

②样品的制备。

将果胶样品溶解、稀释到一定倍数，用相同方法测定山竹壳中果胶的糖醛酸含量，并与苹果果胶进行对比，糖醛酸含量以半乳糖醛酸计。

（4）果胶中性糖组成的测定

用 TFA 水解、单糖 PMP 衍生和反相 HPLC-PDA 法检测果胶中的中性糖组成和含量。衍生化处理如下：取 100 μL 样品或单糖标准液，加入 100 μL 0.6 mol/L NaOH 溶液和 100 μL 0.5 mol/L PMP 甲醇溶液。70 ℃下密封、恒温反应 30 min 后，冷却至室温。加入 200 μL 0.3 mol/L HCl 溶液中和，并加入 1 mL 纯水和 2 mL 氯仿涡旋 2 min，经 10 000 r/min 高速离心 5 min，去下层氯仿。如此萃取 3 次，过 0.45 μm 尼龙滤膜后，进行 HPLC 分析。

HPLC 分析条件：选用 Diamonsil C_{18} 色谱柱（250 mm × 4.6 mm，5 μm）；检测温度为 40 ℃；检测波长为 245 nm；进样量为 10 μL；流动相 A 为乙腈，流动相 B 为 0.1 mol/L 磷酸缓冲液（pH=6.7），等度洗脱时按照 17% A+83% B 配比；流速为 1 mL/min。

①标准曲线的绘制。

分别配制 20 mg/mL 的甘露糖、鼠李糖、半乳糖、葡萄糖、阿拉伯糖、木糖标准溶液，稀释配成不同浓度中性糖单标和混标。按照上述方法进行 PMP 衍生处理后，进行 HPLC 分析，绘制标准曲线。

②果胶样品的酸解。

以 2 mL 2 mol/L TFA 在 100 ℃恒温条件下水解山竹壳果胶 2.5 h。冷却后，用高纯氮气吹干反应液，并加入少量甲醇继续吹干溶液，以除去 TFA。之后，加入 1 mL 水溶解果胶水解物，进行 PMP 衍生处理后，用 HPLC 分析其中性糖种类与含量。

（5）果胶相对分子质量测定

采用 HPLC 和凝胶色谱柱测定山竹壳中果胶的重均相对分子质量 M_w。分析条件：PolySep-GFC-P4000 色谱柱（7.8 mm× 300 mm）；柱温为 25 ℃；进样量为 20 μL；流动相为水；流速为 0.5 mL/min；检测器为 RID-10A 示差检测器；池温度为 35 ℃。

①标准曲线的绘制。

分别配制 5 mg/mL 葡萄糖、葡聚糖标准品 Dextran 系列标准溶液，过 0.45 μm 尼龙滤膜后进样。以葡萄糖和 T-200 标定保留时间 T_t 和 T_0，由保留时间 T_e 计算得到相应的分配系数（K_{av}），K_{av} 和 T_e 存在如下关系：

$$K_{av} = \frac{T_e - T_0}{T_t - T_0} \tag{7-3}$$

以相对分子质量的对数 lg M_w 为横坐标、K_{av} 为纵坐标绘制标准曲线。

②果胶样品的制备。

将山竹壳果胶、苹果果胶配成 5 mg/mL 的溶液，过 0.45 μm 尼龙滤膜后进样，测定相对分子质量。

（6）山竹壳果胶的流变学特性

①果胶溶液的静态流变性质测定。

将山竹壳果胶和苹果果胶分别配成质量分数为 1.5% 的水溶液，25 ℃下旋转流变仪剪切速度由 0.01 s⁻¹ 增加到 500 s⁻¹（夹缝距离 0.07 mm，平板直径 20 mm）。记录两种果胶溶液的流动曲线。

②果胶凝胶的动态黏弹性测定。

果胶凝胶的制备：分别称取 0.2 g 果胶粉末与 14 g 蔗糖，加蒸馏水溶解，然后用 12.5% 柠檬酸溶液将 pH 值调至 3，加水定容至 20 mL，并移至 4 ℃冰箱中放置 24 h，即得到果胶凝胶。

应用旋转流变仪（夹缝距离 2 mm，平板直径 20 mm）进行果胶凝胶动态黏弹性的测定，仪器参数如下。

（a）振幅扫描：频率 1 Hz，温度 25 ℃，应变 0.1%~100%。

（b）频率扫描：频率 0.01~10 Hz，温度 25 ℃，应变 1%。

3. 结论与分析

1）不同提取条件对山竹壳中果胶提取率的影响

（1）提取 pH 值对果胶提取率的影响

本研究对提取温度 80 ℃、提取时间 1.5 h 时，pH 值在 1~6 范围内变化对山竹壳中果胶提取率的影响进行了研究。由图 7-3 可以看出，果胶提取率在 pH 值为 1~3 时呈下降趋势，pH 值为 3~6 时变化不大。降低 pH 值能有效地提高提取率，这是因为高 H⁺ 浓度可以加快原果胶水解成果胶。但 pH 值太低，会造成果胶侧链的部分降解，而中、碱性条件下，果胶容易发生去酯化或是因 β- 消除反应造成的 Gal A 链断裂。因此，在 pH 值为 2 时提取山竹壳果胶比较合适。

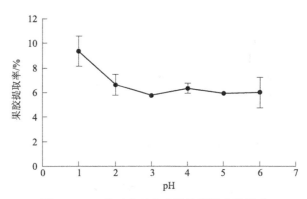

图 7-3　pH 值对山竹壳中果胶提取率的影响

（2）提取温度对果胶提取率的影响

本研究对提取 pH 值为 2、提取时间为 1.5 h 时,提取温度在 50~100 ℃范围内变化对山竹壳中果胶提取率的影响进行了研究。结果发现,在整个温度变化范围内,果胶的提取率随温度升高而升高(图 7-4)。由此看出,高温能促进果胶的提取。这是由于高温能加快原果胶的水解、可溶性果胶的产生和提取速度,但同时高温也能促进高酯果胶的去酯化。因此,在追求高提取率的同时,也要避免采用过高温度对果胶完整性的破坏。

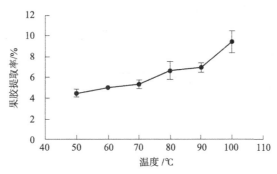

图 7-4　提取温度对山竹壳中果胶提取率的影响

（3）提取时间对果胶提取率的影响

本研究对提取 pH 值为 2、提取时间为 1.5 h 时,提取时间在 0.5～3 h 范围内变化对山竹壳中果胶提取率的影响进行了研究。由图 7-5 可以看出,果胶的提取率随时间延长而升高,在 1.5~2 h 达到最高, 2 h 后提取率随时间延长而降低。这说明一定程度上延长提取时间,能使原果胶水解充分,提高提取率,但时间过长,部分果胶的降解会导致提取率相应地降低。

在上述提取条件范围内,山竹壳中果胶的提取率范围为 4.48%~8.49%,为减少果胶的降解和去酯化,保持果胶的完整性,选取 pH 值为 2、提取温度为 80 ℃、提取时间为 1.5 h 的条件提取山竹壳中果胶最合适。

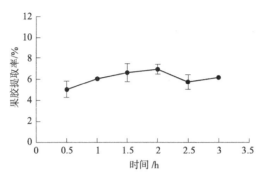

图 7-5　提取时间对山竹壳中果胶提取率的影响

2）山竹壳中果胶的化学特性

（1）山竹壳中果胶的红外光谱特性研究

山竹壳中果胶的红外光谱如图 7-6 所示。4 000~1 300 cm⁻¹ 高波数段官能区中，3 700~3 500 cm⁻¹ 范围内宽而强的峰是羟基的伸缩振动峰，2 960 ~ 2 940 cm⁻¹ 范围内是甲基的不对称伸缩振动峰。1 800 ~ 1 500 cm⁻¹ 区域可以表征果胶的酯化度。其中，1 750 cm⁻¹ 和 1 600 cm⁻¹ 处分别为酯化羧基基团吸收峰和游离羧酸基团吸收峰。通过比较 1 750 cm⁻¹ 和 1 600 cm⁻¹ 处的峰强度大小，可以判断果胶多糖的酯化度。可以明显看出 1 750 cm⁻¹ 处酯化羧基基团的吸收峰，但 1 600 cm⁻¹ 处游离羧酸基团吸收峰被 1 630 cm⁻¹ 处的结晶水峰所掩盖，无法从此图中判断出山竹壳中果胶酯化度的高低。

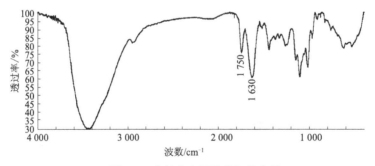

图 7-6　山竹壳中果胶的红外光谱

（2）山竹壳中果胶的酯化度及糖醛酸含量

山竹壳果胶、苹果果胶的酯化度及糖醛酸含量见表 7-4。山竹壳果胶酯化度为（75.97 ± 3.49）%，大于 50%，属于高酯果胶，酯化度与 Madhav 等（甲氧基含量 10.54%，计算 DE 为 64.66%）和 Mai 等（DE 为 70.429%）的结果相近。间羟基联苯法测得的半乳糖醛酸标准曲线回归方程为 $y=0.004\ 5x+0.004\ 9$（$R^2=0.993\ 0, n=6$），根据回归方程计算，山竹壳果胶的糖醛酸含量为（626.52 ± 24.15）mg/g，高于商品苹果果胶。根据 FAO/WTO 食品添加剂联合专家委员会和欧盟委员会的定义，果胶至少含 65% 的半乳糖醛酸，山竹壳果胶接近这一标准，果胶质量比较高。

表 7-4　山竹壳果胶和苹果果胶的酯化度及糖醛酸含量

果胶类别	酯化度 /%	糖醛酸含量 /(mg/g)
山竹壳果胶	75.97 ± 3.49	626.52 ± 24.15
苹果果胶	71.25 ± 3.01	522.33 ± 43.02

（3）山竹壳中果胶的中性糖组成

山竹壳果胶经水解衍生后,可以检测出甘露糖（Man）、鼠李糖（Rha）、葡萄糖（Glu）、木糖（Xyl）、半乳糖（Gal）和阿拉伯糖（Ara）,说明这 6 种单糖是山竹壳果胶的主要中性糖组成,它们的回归方程和相关系数如表 7-5 所示。根据各种中性糖的标准曲线和峰面积,计算出山竹壳果胶的单糖组成和含量。在 6 种中性糖中山竹壳果胶所含阿拉伯糖最多,达（17.91 ± 1.33）mg/g,其次是甘露糖和葡萄糖。

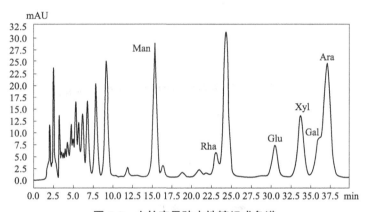

图 7-7　山竹壳果胶中性糖组成色谱

表 7-5　中性糖标准品的回归方程和山竹壳果胶中性糖含量

中性糖	回归方程	相关系数	单糖含量（mg/g）
甘露糖	$y =4.26 \times 10^6 x - 5.08 \times 10^4$	0.999 0	13.08 ± 2.94
鼠李糖	$y =3.21 \times 10^6 x - 2.43 \times 10^3$	0.999 9	4.32 ± 0.83
葡萄糖	$y =2.74 \times 10^6 x - 6.10 \times 10^4$	0.999 6	9.83 ± 1.67
木糖	$y =5.41 \times 10^6 x - 2.97 \times 10^4$	0.999 7	8.50 ± 1.08
半乳糖	$y =3.43 \times 10^6 x - 1.84 \times 10^4$	0.999 6	7.88 ± 0.88
阿拉伯糖	$y =5.42 \times 10^6 x - 7.16 \times 10^4$	0.999 3	17.91 ± 1.33

（4）山竹壳果胶相对分子质量分布

根据不同相对分子质量葡聚糖作出的标准曲线的回归方程为 $y = -0.428\ 6x + 2.290\ 4$（$R^2 = 0.982\ 2$, $n=5$）。根据回归方程和山竹壳果胶、苹果果胶的保留时间计算,山竹壳果胶重均相对分子质量 $M_w=$（7.69 ± 0.50）$\times 10^5$;苹果果胶的 $M_w=$（7.41 ± 1.12）$\times 10^5$,山竹壳果胶比苹果果胶相对分子质量稍大。两种果胶主峰都在 8~14 min 间，相对分子质量的分布范围集中且相近。另外，山竹壳果胶在 20 min 附近有一个小峰，应该是在提取纯化后仍残留的少量寡糖，22 min 为多糖分解后的单糖峰。

（5）山竹壳果胶的流变学特性

①果胶溶液的静态流变学特性。

本研究针对两种果胶黏度与剪切速度的关系和剪切应力与剪切速度的关系进行研究。如图 7-9 所示，山竹壳果胶的黏度随剪切速度的增大而减小，表现出显著的假塑性流体特征。低剪切速度下，山竹壳果胶的黏度大于苹果果胶，但在 0.1~1 s^{-1} 范围内，山竹壳果胶的黏度突然减小，之后其减小幅度也远大于苹果果胶。这可能是由于果胶分子链间物理交联点被破坏的速度大于重建速度，导致黏度下降，而两种果胶不同的分子链长度和结构组成造成了两种黏度曲线间的差异。

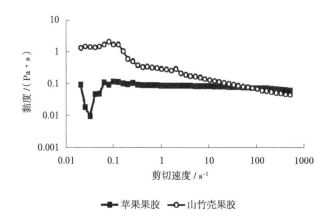

图 7-9　山竹壳果胶和苹果果胶溶液的黏度曲线

如图 7-10 所示，山竹壳果胶溶液是没有屈服值的假塑型流体，剪切应力与剪切速度的关系可以用 Ostwald-de Wale 幂律方程（$\tau=K\gamma^n$，τ 为剪切应力，K 为材料参数，n 为流动指数）拟合。山竹壳与苹果果胶的拟合方程分别为 $y = 0.334\,9x^{0.636\,3}$（$R^2= 0.977\,1$），$y = 0.09x^{0.945\,9}$（$R^2 = 0.999\,7$）。山竹壳果胶的 K 值大于苹果果胶，说明山竹壳果胶的流体稠度大于苹果果胶。山竹壳果胶的 n 值 < 苹果果胶的 n 值 <1，表明山竹壳果胶的假塑形（非牛顿性）更强，拥有更好的剪切变稀特性，可以作为一种潜在的食品增稠剂。

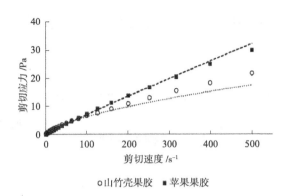

图 7-10　山竹壳果胶和苹果果胶溶液的剪切应力与剪切速度的关系

②果胶凝胶的动态黏弹性。

从图 7-11 中可以看出,应变在 0.1%~1% 范围时两种果胶的储能模量 G'、损耗模量 G'' 几乎不变,此时凝胶的响应为线性黏弹性响应。而从应变为 10% 左右开始,G' 和 G'' 开始变化,这是由于施加的应变过高,使凝胶产生了不可回复的结构变化,此时凝胶响应的应变信号是非线性黏弹的。随着应变的增大,山竹壳果胶凝胶的两种模量从 $G' < G''$ 到 $G' > G''$,由以弹性为主的凝胶体转变为以黏性为主的流体。G' 与 G'' 相交处(即损耗因子 $\tan \delta = 1$ 时)是果胶溶胶与凝胶的转变点。图中山竹壳果胶凝胶的两种模量交点早于苹果果胶,说明山竹壳果胶凝胶的弹性形变范围比苹果果胶凝胶小。

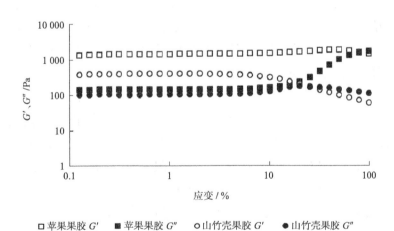

图 7-11　山竹壳果胶凝胶和苹果果胶凝胶的振幅扫描曲线

由图 7-11 可见,应变 1% 在线性黏弹范围内,因此选择 1% 应变对果胶凝胶进行频率扫描。频率扫描反映了果胶性质和时间尺度的关系,从图 7-12 中可以看出,不论在高频率(短时间尺度)还是在低频率(长时间尺度)的应变下,山竹壳果胶的 $G' > G''$,说明果胶在以上频率范围内不会产生流动,表现为胶体的状态。另外,山竹壳果胶凝胶的 G' 和 G'' 皆低于苹果果胶凝胶,而且两种模量间差值要小于苹果果胶凝胶,这说明山竹壳果胶凝胶内网络结构的连接强度比苹果果胶要弱,更易发生形变。

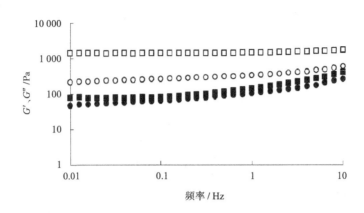

□ 苹果果胶 G' 　■ 苹果果胶 G'' 　○ 山竹壳果胶 G' 　● 山竹壳果胶 G''

图 7-12　山竹壳果胶凝胶和苹果果胶凝胶的频率扫描曲线

(四)山竹中原花青素的分离、纯化与分析

1. 仪器、试剂和材料

本试验用到的仪器为:RE-52AA 旋转蒸发仪,上海亚荣生化仪器厂;BTi-100 恒流泵,上海琪特分析仪器有限公司;HD-21-88 自动层析仪,上海琪特分析仪器有限公司;UV-8000 型紫外可见分光光度计,上海元析仪器有限公司;HNY-1102C 智能摇床,天津欧诺仪器仪表有限公司;SL-N 电子天平,上海精科实业有限公司;FT/IR-480 傅里叶变换红外光谱仪,日本岛津公司;Symmetry® C_{18} 色谱柱(4.6 mm × 150 mm,5 μm),美国 Waters 公司;液相色谱 - 质谱联用仪、安捷伦 LC1100 液相色谱仪,美国安捷伦公司。

本试验用到的试剂为:乙醇,国药集团化学试剂有限公司;甲醇,西陇化工股份有限公司;NaOH,西陇化工股份有限公司;浓盐酸,西陇化工股份有限公司;香草醛,国药集团化学试剂有限公司;溴化钾,国药集团化学试剂有限公司;乙腈,西陇化工股份有限公司;乙酸,西陇化工股份有限公司。以上药品均为分析纯。此外,还有:(+)- 儿茶素标准品,色谱纯,美国 Sigma 公司;(-)- 表儿茶素标准品,色谱纯,美国 Sigma 公司。

将购买回来的山竹及时分离果肉、果壳,并清洗果壳;将洗干净的山竹壳自然风干后粉碎,过 60 目筛,所得粉末包装后置于 4 ℃下保存备用。

2. 大孔吸附树脂参数

大孔吸附树脂共 10 种,其型号及主要性能参数见表 7-6。

表 7-6 树脂型号及主要性能参数

树脂型号	比表面积 /(m²/g)	粒径 /mm	平均孔径 /nm	产地	极性
XDA-6	≥ 630	0.3~1.25	30	西安蓝晓科技有限公司	中极性
XDA-6	≥ 800	0.3~1.25	16	西安蓝晓科技有限公司	弱极性
LSA-10	≥ 550	0.3~1.25	24	西安蓝晓科技有限公司	中极性
AD-8	480~520	0.3~1.20	13~14	南开大学化工厂	弱极性
X-5	500~600	0.3~1.25	29~30	南开大学化工厂	非极性
NKA-9	270	0.3~1.20	4.9	南开大学化工厂	极性
D101	550~650	0.3~1.25	8~9	南开大学化工厂	非极性
HPD-750	650~700	0.3~1.25	8.5~9.0	沧州宝恩化工有限公司	中极性
HPD-600	550~600	0.3~1.20	8	沧州宝恩化工有限公司	极性
HPD-450	500~550	0.3~1.20	9~11	沧州宝恩化工有限公司	中极性

3. 试验方法

1）树脂的预处理

树脂使用前要先进行预处理,除去其中的残留原料、防腐剂等各种杂质。处理步骤:先用 95% 乙醇将大孔吸附树脂浸泡 24 h,充分溶胀后用去离子水冲洗至流出液不再呈白色浑浊;再用 4%NaOH 溶液浸泡 12 h,然后用去离子水冲洗至中性;最后用 4% 盐酸溶液浸泡 12 h,然后用去离子水冲洗至中性备用。

2）样品的预处理

称取一定量的山竹壳粉末,以 1∶15 的料液比加入 72% 乙醇溶液,进行微波萃取,然后将提取液在 4 000 r/min 条件下离心 10 min,取上层清液减压回收乙醇,即得山竹壳原花青素粗提浓缩液,用蒸馏水稀释成不同浓度的样品溶液(简称样液),备用。

3）原花青素含量的测定(香草醛 - 盐酸法)

（1）标准曲线的绘制

准确称取 0.100 0 g 儿茶素标准品,用水溶解并定容至 100 mL,即得浓度为 1 mg/mL 的标准品母液。分别取上述母液稀释成浓度为 0.02 mg/mL、0.06 mg/mL、0.10 mg/mL、0.14 mg/mL、0.18 mg/mL 的系列溶液。分别取上述系列溶液 1.0 mL;加入被锡箔包裹的试管中,接着加入 6.0 mL 4% 香草醛 - 甲醇液,再加 3.0 mL 浓盐酸,彻底混匀。于 33 ℃水浴中显色 15 min,测定 500 nm 波长下的吸光度,每个样品测定 3 个平行数据。由吸光度对浓度进行回归,求得标准曲线。

（2）山竹原花青素提取工艺流程

山竹原花青素提取工艺流程如下:

山竹壳→风干→粉碎过筛→乙醇浸提→ 4 000 r/min 离心 10 min →取样测定含量→

大孔吸附树脂纯化→ 40 ℃蒸发浓缩→冷冻干燥→山竹壳原花青素粗品

（3）样品原花青素含量的检测

精确称取一定量干燥的山竹壳粉末，以乙醇溶液为溶剂，在一定条件下进行微波辅助浸提，浸提液于 4 000 r/min 的转速下离心 10 min，将所得上清液用蒸馏水定容至 100 mL 作为提取液。将提取液稀释 10 倍后，取 1.0 mL 稀释液加入被锡箔包裹的试管中，依次加入 6.0 mL 4% 香草醛 - 甲醛液和 3.0 mL 浓盐酸，然后彻底混匀。在 33 ℃水浴中显色 15 min，在 500 nm 波长下测定其吸光度。将测得的吸光度代入标准曲线，求得试样中原花青素的含量。

（4）静态吸附与解吸试验

①树脂的筛选。

准确称取经预处理的 10 种大孔树脂各 2.0 g 于 250 mL 锥形瓶中，加入浓度为 4.075 0 mg/mL 的提取液 60 mL，置于 25 ℃恒温振荡器上以 120 r/min 的转速振荡 24 h，使其充分吸附后过滤，测定滤液中剩余的原花青素质量浓度，并计算不同树脂对山竹壳原花青素的吸附量及吸附率。

$$吸附率 = (c_0 - c_1)/c_0 \times 100\% \tag{7-4}$$

$$吸附量 = (c_0 - c_1)V/W \tag{7-5}$$

再分别准确称取 1.0 g 各种已吸附饱和的树脂，用蒸馏水冲洗后置于 250 mL 锥形瓶中，依次加入浓度为 70% 的乙醇溶液 40 mL，在 25 ℃恒温振荡器上振荡 24 h，过滤，测定解吸液中原花青素质量浓度，并计算不同树脂对山竹壳原花青素的解吸率。

$$解吸率 = c_2/(c_0 - c_1) \times 100\% \tag{7-6}$$

式中：c_0 为吸附前样液中原花青素的质量浓度，mg/mL；c_1 为吸附后上清液中原花青素的质量浓度，mg/mL；c_2 为解吸液中原花青素的质量浓度，mg/mL；V 为样品溶液的体积，mL；W 为树脂质量，g。

②静态吸附动力学试验。

根据吸附率和解吸率，选择合适的树脂测定其静态吸附动力学。称取处理好的并用滤纸吸干的树脂 1.0 g，置于 250 mL 三角瓶中，加入 30 mL 4.10 mg/mL 的原花青素粗提液，每隔 1 h 用香草醛 - 盐酸法在 500 nm 波长下测定吸光值。以不同时刻大孔树脂的吸附量为纵坐标、时间为横坐标作图，绘制大孔树脂的静态吸附动力学曲线。

③样品浓度对吸附效果的影响。

据静态吸附动力学试验结果选出最优的一种大孔树脂。准确称取 5 份 1.0 g 该大孔树脂分别置于 5 个 250 mL 三角瓶中，再加入 30 mL 不同浓度的样品溶液，置于 25 ℃摇床（120 r/min）上振荡吸附 12 h，以大孔树脂吸附量为纵坐标、起始浓度为横坐标，绘制吸附等温线。

④洗脱剂浓度对吸附效果的影响。

准确称取 5 份 1.0 g 吸附饱和的树脂分别置于 5 个 250 mL 三角瓶中,用蒸馏水洗去残留液体,然后分别加入 30 mL 30%、45%、60%、75%、90% 的乙醇溶液,置于 25 ℃恒温摇床(120 r/min)上进行解吸。12 h 后用香草醛 - 盐酸法测定解吸液中原花青素的浓度,并计算解吸率。

(5)动态吸附与解吸试验

在树脂静态吸附试验的基础上,考察上样流速和洗脱液流速对动态吸附的影响。

①吸附流速的确定。

将一定浓度的样品溶液通入装好的树脂柱,控制上样流速分别为 2 BV/h、4 BV/h、6 BV/h(在离子交换中,BV/h 通常表示空间流速,即柱内单位时间(h)流经单位体积树脂的平均液量)。以 0.5 BV 为单位收集流出液,测定流出液中原花青素的质量浓度,绘制泄漏曲线,考察动态吸附时上样流速对吸附效果的影响。

②解吸流速的确定。

取适宜的上柱液,在适宜的吸附流速下动态吸附后,用一定浓度的乙醇作为解吸剂在 2 BV/h、4 BV/h、6 BV/h 的解吸流速下进行解吸。以 0.5 BV 为单位收集洗脱液并测定解吸液中原花青素的质量浓度,绘制动态解吸动力学曲线,考察洗脱液流速对解吸效果的影响。

4)山竹壳中原花青素成分分析

(1)紫外扫描光谱特性

取一定量山竹壳原花青素的粗提物和乙酸乙酯萃取物分别配成 0.5 mg/mL 的水溶液,用 0.45 μm 的滤膜过滤后,在波长 190~760 nm 之间进行紫外可见光光谱扫描。

(2)红外吸收光谱特性

准确称取 1.0 mg 山竹壳原花青素粗提物,在玛瑙研钵内与 100 mg 溴化钾混匀、研磨,压片,在 4 000 ~ 400 cm^{-1} 区间对样品压片进行红外光谱扫描,得到山竹壳原花青素粗提物的红外光谱图。

(3)山竹壳原花青素粗提物的纯化

通过 XDA-7 大孔树脂初步分离纯化得到的山竹壳原花青素粗提物用 3 倍体积的乙酸乙酯进行萃取,弃去水相收集酯相,减压浓缩冻干,即得乙酸乙酯萃取物。

将 Sephadex LH-20 凝胶浸泡于甲醇中并置于冰箱中放置 24 h,然后脱气装柱(1.0 cm × 30 cm),用 30% 甲醇溶液平衡。取一定量的乙酸乙酯萃取物溶于 30% 甲醇溶液中制成浓度为 10 mg/mL 的样品溶液,取 3 mL 样品溶液上 Sephadex LH-20 凝胶柱。分别用 30%、50%、70% 的甲醇溶液进行洗脱,最后用 50% 的丙酮溶液进行洗脱。洗脱流速为 0.5 mL/min,5 mL 收集一管。于 280 nm 波长下测定洗脱液的吸光度,以管数为横坐标、吸光度为纵坐标作图,合并每个峰,再经浓缩、冻干得到各个组分。

(4)HPLC 测定色谱条件

精确配制 1.0 mg/mL 的样品溶液,经 0.45 μm 滤膜过滤。采用色谱柱 Symmetry® C$_{18}$（4.6 mm × 150 mm, 5 μm）,柱温为 30 ℃,样品上样体积为 20 μL,流动相 A 为 0.4% 乙酸水溶液,流动相 B 为乙腈,以 1 mL/min 的流速进行梯度洗脱,HPLC 梯度洗脱条件如表 7-7 所示。

表 7-7　HPLC 梯度洗脱条件

时间 /min	流速 /（mL/min）	A/%	B/%
0	1.0	95	5
5	1.0	95	5
12	1.0	88	12
27	1.0	81	19
40	1.0	95	5
50	1.0	95	5

（5）HPLC-MS 分析

ESI-MS 条件:采用 ESI 负离子模式,碎片电压为 100 V,毛细管电压为 2 500 V,雾化压力为 30 psi（206.85 kPa）,干燥气体温度为 275 ℃,质谱离子范围为 100 ~ 1 200（m/z）,收集一级质谱和二级质谱信息。

4. 结果与讨论

1）静态吸附与解吸试验

（1）大孔吸附树脂的筛选

由表 7-8 可知,所选的 10 种大孔吸附树脂对山竹原花青素的吸附及解吸效果差异明显,XDA-6、XDA-7、LSA-10 和 HPD-750 4 种树脂对山竹壳原花青素具有较强的吸附能力,吸附量均高于 80 mg/g,并且 XDA-7 树脂的吸附量明显高于其他树脂,表明山竹壳粗提液中主要成分的极性为中低极性。解吸效果明显的是 XDA-6、XDA-7 和 D101。综合考虑吸附量和解吸率两因素,选择 XDA-7 吸附树脂对山竹壳原花青素进行吸附和解吸试验。

表 7-8　10 种大孔吸附树脂对山竹壳原花青素吸附及解吸效果的比较

树脂型号	极性	24 h 吸附量 /（mg/g）	24 h 解吸量 /（mg/g）	解吸率 /%
XDA-6	中极性	86.53	82.88	95.78
XDA-7	弱极性	102.78	100.94	98.21
LSA-10	中极性	80.65	72.70	90.14
AD-8	弱极性	76.40	68.91	90.20

续表

树脂型号	极性	24 h 吸附量 / （mg/g）	24 h 解吸量 / （mg/g）	解吸率 /%
X-5	非极性	65.78	55.80	84.83
NKA-9	极性	35.03	26.47	75.56
D101	非极性	75.40	74.37	98.64
HPD-750	中极性	81.53	66.15	81.13
HPD-600	极性	61.40	48.13	78.39
HPD-450	中极性	54.53	47.63	87.35

（2）静态吸附动力学

绘制静态吸附动力学曲线，结果如图 7-13 所示。

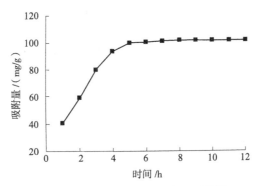

图 7-13　XDA-7 树脂的静态吸附曲线

由图 7-13 可知，在 0~5 h 区间，树脂吸附量明显增加；5 h 后，吸附量逐渐平稳，即 5 h 时基本达到饱和吸附量 100 mg/g。

（3）样品浓度对吸附效果的影响

25 ℃时，XDA-7 树脂对原花青素的吸附量与样液浓度的关系如图 7-14 所示。

由图 7-14 可知，XDA-7 树脂对原花青素的吸附量在一定的浓度范围内随样液浓度的增大而增大；当样液浓度为 3.6 mg/mL 时，树脂吸附量达到最大，约为 100 mg/g；当样液浓度继续增大时，由于树脂吸附达到饱和状态，树脂吸附率反而下降，此时较高浓度的上样液会造成原料的浪费。由此可知，适当增大上样液浓度可以有效增大树脂吸附量，但不宜过大，实际操作中应将上样液浓度控制在 3.6 mg/mL 左右为宜。

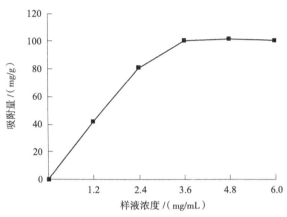

图 7-14　XDA-7 树脂对山竹壳原花青素的吸附等温线

（4）不同浓度乙醇的洗脱效果研究

不同浓度乙醇对原花青素的静态解吸效果的影响如图 7-15 所示。

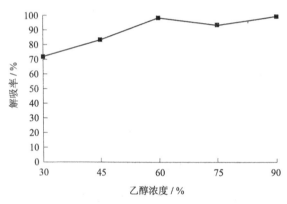

图 7-15　不同浓度乙醇对原花青素的静态解吸

由图 7-15 可以看出，随着乙醇浓度的增大，原花青素解吸率随之增大，解吸率在乙醇浓度为 60%~90% 时达到 93% 以上。为避免更多杂质残留以及节约试剂成本，使用 60% 乙醇溶液作为洗脱液。

2）动态吸附与解吸试验

（1）上样流速对大孔树脂吸附原花青素的影响

初始浓度为 1.748 3 mg/mL 的山竹壳粗提液在不同的上样流速下对大孔树脂吸附原花青素的影响结果见图 7-16。当收集液中原花青素的含量达到上样液中含量的 1/10 时为泄漏点，以泄漏点出现最迟的吸附流速为宜。

在 6 BV/h 的上样流速下洗脱剂体积为 14 BV 时开始泄漏；在 2 BV/h 的上样流速下泄漏点出现得最晚，发生在洗脱剂体积为 27 BV 时。这说明随上样流速的增大，泄漏点前移。这是由于上样流速过快，树脂与样品溶液接触时间短，主要成分来不及扩散就流出。但是上样流速过慢,则会延长时间,降低吸附效率,因此选择 2 BV/h 作为最佳上样流速。

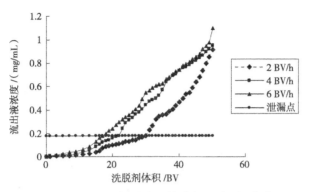

图 7-16 不同上样流速下的动态吸附泄漏曲线

(2)洗脱流速对山竹壳原花青素解吸率的影响

不同洗脱流速对山竹壳原花青素解吸效果的影响如图 7-17 所示。

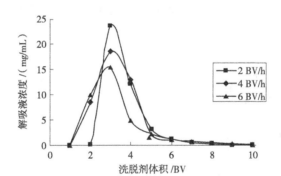

图 7-17 不同流速下的动态洗脱曲线

在 2 BV/h 的流速下,解吸液最大浓度达 23 mg/mL;在 6 BV/h 的流速下,解吸液最大浓度仅为 15 mg/mL。这是由于适当降低洗脱速度可使洗脱剂与目标成分充分接触,从而提高洗脱效果,得到较高纯度的原花青素。如图 7-17 还可看出,原花青素容易被乙醇洗脱,洗脱高峰相对集中。当洗脱剂体积达 6 BV 时,原花青素已基本被洗脱完全。因此确定 2 BV/h 为最佳洗脱速率,最小洗脱剂量为 6 BV。

在上述最佳条件下进行吸附和洗脱,得到的样品浓缩冻干。用香草醛 - 盐酸法对大孔吸附树脂初步纯化后的样品进行原花青素含量测定,测定结果为 66.20%。

3)山竹壳中原花青素的紫外光谱分析

原花青素的紫外光谱可以反映原花青素中原花青定、原翠雀定等结构单元所占的比例。从山竹壳原花青素粗提物和乙酸乙酯萃取物的紫外扫描图谱(图 7-18 和图 7-19)中可以看到,二者在 280 nm 波长处皆有明显吸收,且乙酸乙酯萃取物在 260 ～ 290 nm 区间的吸收峰强过粗提物。这是因为原花青素的 A 环和 B 环的共轭结构所致。二者在 370 nm 波长之后均无吸收。原花青素与葡萄籽原花青素、荔枝皮原花青素在紫外区的特性非常相似。

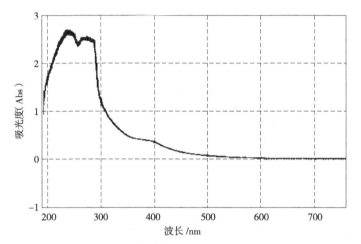

图 7-18　山竹壳原花青素粗提物的紫外 - 可见吸收光谱

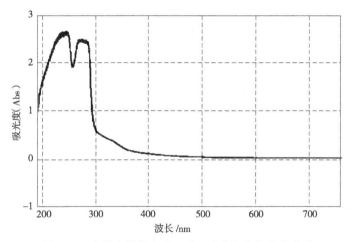

图 7-19　山竹壳原花青素乙酸乙酯萃取物的紫外光谱

4）山竹壳中原花青素的红外光谱分析

由图 7-20 可知，山竹壳原花青素的特征振动峰主要集中在 1 650 ~ 1 000 cm^{-1} 和 850 ~ 700 cm^{-1} 两个区域。3 374.82 cm^{-1} 处的宽吸收峰为原花青素分子间氢键 O—H 的伸缩振动峰；1 609.31 cm^{-1}、1 518.67 cm^{-1} 和 1 443.46 cm^{-1} 处的吸收峰是苯环骨架 C═C 键的特征振动峰。而 1 518.67 cm^{-1} 处的吸收峰为 1 540 ~ 1 520 cm^{-1} 区域唯一的峰，表明含有两个羟基的原花青定可能是山竹壳原花青素提取物中的主要成分。1 283.39 cm^{-1} 和 1 105.98 cm^{-1} 处的峰为 C 环中 C—O 键伸缩振动峰。当苯环上有 3 个相邻的 H 原子存在时,指纹区 850~700 cm⁻¹ 会出现较强的吸收峰。图中 823.455 cm⁻¹ 和 820.56 cm⁻¹ 处的吸收峰可能是原花青素 C_2、C_3、C_4 结构中三个相邻 H 原子产生的。山竹壳原花青素同文献报道的葡萄籽原花青素、蔷薇红景天原花青素及沙枣果肉原花青素的红外光谱图在 850~700 cm⁻¹ 的指纹区有略微差异,这意味着它们的组成成分、分子结构不完全相同。

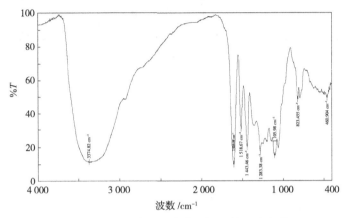

图 7-20 山竹壳原花青素粗提物的红外光谱

5)山竹壳中原花青素的 HPLC 分析

将山竹壳原花青素粗提物配制成 1.0 mg/mL 的水溶液,经 0.45 μm 滤膜过滤后,按表 7-7 中的梯度洗脱条件进样,得到的样品在 280 nm 波长下的色谱如图 7-21 所示。

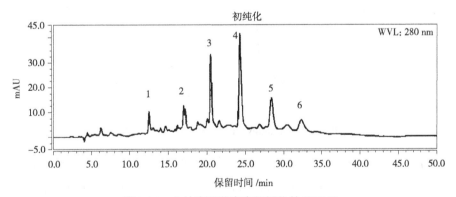

图 7-21 山竹壳原花青素粗提物的 HPLC

从粗提物的 HPLC 可看到,大孔吸附树脂初步纯化物在 12~40 min 内出现 6 个色谱峰,它们反映了原花青素的特征紫外光谱,证明了初步纯化物中具有黄烷 -3- 醇结构。

为了分离纯化得到高纯度的单体,对山竹壳原花青素的组成进行进一步分析,用乙酸乙酯对经过 XDA-7 大孔树脂初步纯化得到粗提物中的低聚物进行萃取分离。乙酸乙酯萃取物的色谱如图 7-22 所示。

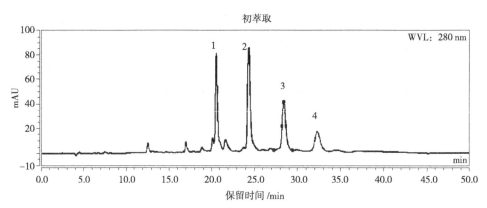

图 7-22　山竹壳原花青素乙酸乙酯萃取物的 HPLC

从乙酸乙酯萃取物的 HPLC 可看到,乙酸乙酯萃取物在 18～35 min 内出现 4 个较高的色谱峰。

将乙酸乙酯萃取物配制成 1.0 mg/mL 的水溶液,经 0.45 μm 滤膜过滤,然后上 Sephadex LH-20 凝胶柱,分离得到 4 个组分(图 7-23)。

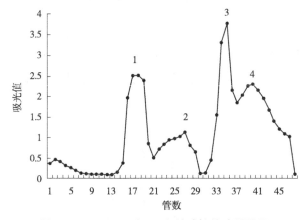

图 7-23　Sephadex LH-20 凝胶柱的洗脱结果

纯化物 1 为 50% 甲醇溶液洗脱组分Ⅰ,其出峰时间为 24.033 min。纯化物 3 是 70% 甲醇溶液洗脱组分Ⅰ,出峰时间为 28.387 min。由图 7-24、图 7-25 可看出,纯化物 1、3 分离效果较好,组分较为单一。纯化物 4 为 70% 甲醇溶液洗脱组分Ⅱ,由图 7-26 可看出,纯化物 4 组分复杂,纯化效果不佳。

6)山竹壳中原花青素的 HPLC-MS 分析

根据纯化物 1、3、4 的 HPLC,对纯度较高、纯化效果较好的纯化物 1、纯化物 3 进行 HPLC-MS 分析。所得质谱如图 7-27～图 7-30 所示。

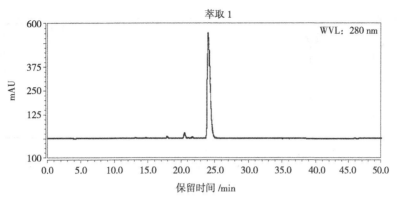

图 7-24　纯化物 1 的 HPLC

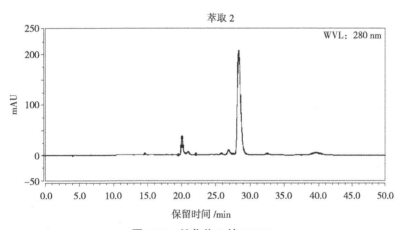

图 7-25　纯化物 3 的 HPLC

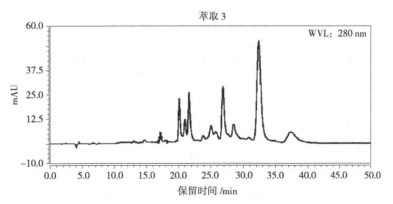

图 7-26　纯化物 4 的 HPLC

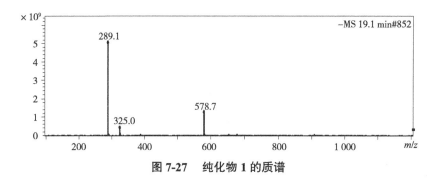

图 7-27　纯化物 1 的质谱

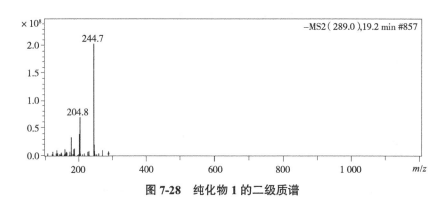

图 7-28　纯化物 1 的二级质谱

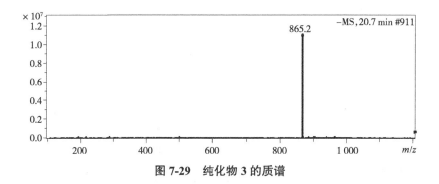

图 7-29　纯化物 3 的质谱

纯化物 1 含有大量分子负离子（m/z=289.1）和少量分子正离子（m/z=325、m/z=518.7）。m/z=289.1 处为儿茶素或表儿茶素失去一个 H 质子后的分子负离子峰。对其进行二级质谱分析可知，其碎片离子峰有 2 个（m/z=204、m/z=244.7 处）。通过对照标准品的液相保留时间和质谱可知，纯化物 1 为（-）- 表儿茶素。

纯化物 3 的 m/z 是 865.2，是原花青素三聚体失去一个 H 质子后的准分子离子峰，故初步推断该化合物为原花青素三聚体。由纯化物 3 的二级质谱图可以看到，该三聚体的主要碎片离子峰有 9 个（m/z=244.8、m/z=288.8、m/z=328.8、m/z=410.6、m/z=448.8、m/z=572.6、m/z=692.7、m/z=736.6、m/z=901.1）。m/z=288.8 的碎片是三聚体失去中性 T-unit

（只有 C_4 键和其他基团相连的称为 T-Unit）及 M-Unit（既有 C_4，也有 C_6 或者 C_8 与其他基团相连的称为 M-Unit）形成的。谱图中未出现 m/z=1 017 的离子峰，因此推断该化合物中不存在酯型聚合体。通过对照其他来源原花青素三聚体的研究文献，可推测纯化物 3 是 B 型原花青素三聚体。

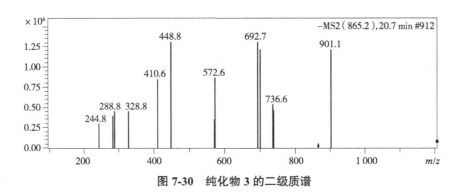

图 7-30 纯化物 3 的二级质谱

本章参考文献

[1] MAI D S，YEN H T K，TRUC N T H, et al. Survey the pectin extraction from the dried rind of mangosteen（*Garcinia mangostana*）in Vietnam[C]. Afssa Conference on Food Safety and Food Security，Osaka Prefecture University，Osaka，Japan，2012.

[2] MÜLLER-MAATSCH J，BENCIVENNI M，CALIGIANI A，et al. Pectin content and composition from different food waste streams[J]. Food Chemistry，2016，201（1）：1-3.

[3] 史铁钧. 高分子流变学基础 [M]. 北京：化学工业出版社，2009.

[4] WANG X，LV X. Characterization of pectic polysaccharides extracted from apple pomace by hot-compressed water[J]. Carbohydrate Polymers，2014，102（1）：174-184.

[5] 郭秀君. 果胶钙及果胶的生产工艺研究 [D]. 广州：暨南大学，2014.

[6] 石碧. 植物多酚[M]. 北京：科学出版社，2000.

[7] HÜMMER W，SCHREIER P. Analysis of proanthocyanidins[J]. Molecular Nutrition and Food Research，2008，52（12）：1381-1398.

[8] LI S Y，XIAO J，CHEN L. Identification of A-series oligomeric procyanidins from pericarp of *Litchi chinensis* by FT-ICR-MS and LC-MS[J]. Food Chemistry，2012，135：31-38.

[9] 祝思宇，肖怡，陈冠林，等. 山竹的花色苷、黄酮、总酚含量及其抗氧化活性 [J]. 食品工业，2020，41（2）：338-343.

[10] 魏琳，樊琛，崔晓茹，等. 山竹果皮花青素的提取及抗自由基检测 [J]. 贵州农业科学，2018，46（12）：127-131.

[11] 杨青. 山竹壳中原花青素的提取纯化与活性研究 [D]. 厦门：集美大学，2013.

第八章　龙眼

一、龙眼的概述

龙眼（拉丁学名：*Dimocarpus Longan* Lour.）俗称桂圆，是无患子科龙眼属常绿果树。龙眼具有开胃健脾、补虚益智的作用，是药食两用的滋补佳品，享有"南方人参"的美称。

龙眼果肉中含有丰富的营养成分和生物活性物质，其中营养成分主要有维生素、膳食纤维等，生物活性物质包括多糖、多酚、甾醇、磷脂和萜类等。多糖是由 10 个以上的单糖通过直链或支链糖苷键连接而成的天然高分子多聚物，广泛存在于自然界的植物、动物和微生物中。据研究报道，龙眼多糖具有多种生物活性功能。例如，龙眼多糖可用于防治小鼠溃疡性结肠炎，通过显著刺激巨噬细胞增殖、吞噬和分泌细胞因子等调节免疫，能够提升由环磷酰胺诱导的免疫功能低下小鼠的免疫功能和调节肠道菌群益生菌的丰度，还能够通过降低体内氧自由基水平起到抗疲劳作用等。龙眼的多酚化合物主要存在于龙眼的果核和果皮上，具有较强的抗氧化活性，能够抑制酪氨酸酶、ABTS、·OH 的活性，减小 H_2O_2 对皮肤成纤维细胞（HSF）造成的损伤，还能够降低胆固醇等。龙眼中的甾醇、磷脂和萜类也被发现具有抗菌、抗肿瘤和降血脂等功效。

二、龙眼的产地与品种

龙眼生长在南亚热带地区，喜温暖湿润气候，原产于中国南部，分布于福建、台湾、海南、广东、广西、云南、贵州、四川等省（区），主产于福建、台湾、广西。龙眼的主要品种如下。

1. 茂名龙眼

该品种果型大、色泽好，肉厚核小、晶莹透明、甜脆可口，植株寿命长、产量高。明代大医学家李时珍在《本草纲目》中称其"味甘、开胃健脾、补虚益智"；干制成桂圆肉后则是名贵中药，有补心益脾、养血安神之效，可作为医治病后虚弱、贫血萎黄、神经衰弱、产后血亏等症的高级补品

2. 储良龙眼

该品种是当地著名的优良品种，果穗中等大，果粒大小均匀。着果较密，果实大，扁圆形，果皮黄褐色。单果重 12 ~ 14.7 g，最大重 28 g。果肉厚 0.44 ~ 0.75 cm，乳白色，不透明，肉质爽脆，味浓甜。可溶性固形物占 21% ~ 23%，可食率达 74.3%。在 100 mL 果汁中，含维生素 C 52.1 mg、全糖 18.6%，由此可见该品种品质上等，是鲜食和加工兼优的品

种。种子较小,扁圆形,棕褐色。嫁接后代结果早,丰产稳产且品质优良,遗传性稳定,植后 3～5 年挂果。7 月下旬至 8 月上旬成熟。

3. 赤壳

该品种亦称有种、店仔种。树冠较矮,百年老树主干多呈卷曲状,果穗长而紧密。果型大,平均粒重 16 g。果壳厚,赤褐色。肉厚味清甜,焙干果壳不易凹陷破裂,制罐后果肉完美,为烤干制罐的好原料。其变异品系有白壳早种、后壁埔种。如按果穗形态分又有硬枝赤壳和软枝赤壳两种。在立地条件好、肥水充足、气候适宜的情况下赤壳龙眼较易丰产稳产,否则易出现大小年及果实大小不齐(谓公孙粒)现象。

4. 水涨

该品种分为白壳有与红壳有两种。树形高大开张,果穗长大,果粒平均重 15 g。果肉厚脆,味淡甜,适宜制罐;焙干也可,但果皮薄,容易凹陷。本品种的特点是适应性强,容易栽培,易丰产稳产,为近年扩种的热门品种。其种植的总面积已超过赤壳。

5. 早熟龙眼

在立秋前后成熟(比一般品种的龙眼早成熟 15～20 d)的龙眼品种有十多个,其中较有价值的有两种。一是"八一早",即于 8 月 1 日前后成熟。其果中大(约 11 g),肉厚质脆,味清甜适口,丰产性好,唯大小年明显,管理水平和气象条件要求较高。二是白壳早种,又名乌龙种、早白等。于 8 月上中旬成熟,其果较大(达 14 g),肉厚、质脆、味甜,可食率高,抗病力强,丰产性好。早熟龙眼因具有市场竞争力,近年来倍受果农欢迎,因而得到迅速推广,这对合理调整龙眼品种结构、延长鲜果上市供应期具有重要的经济价值。

6. 凤梨穗

该品种为厦门市同安区祥桥乡特有的鲜食品种。其树形类似于水涨,果穗长达半米,果粒中大,均匀美观。果皮薄,果肉厚而脆,味甜适口,鲜食最好。该品种适应性强,丰产稳产,实为众龙眼品种中的一枝独秀,今后可作为鲜食龙眼进一步推广。

除此之外,还有天宝一品、天宝玉尊、中山脆肉、古山 2 号、油潭本、乌龙岭、福眼、大广眼、青壳宝圆、东壁、灵龙、松风本、红日石硖 32 号、益微 SOD、中山脆肉、松风本(晚熟的优良品种)、普宁赐合、南海石硖、九月乌、广州大乌圆、高州双孖木、高州储良龙眼、佳圆、白露、平南石硖龙眼等品种。

三、龙眼的主要营养

成熟的龙眼每 100 g 可食部分的营养物质含量详见表 8-1。

表 8-1　成熟的龙眼每 100 克可食部分的营养物质含量

食品中文名	龙眼	食品英文名	Longan
食品分类	水果类及制品	可食部	50.00%

来源	食物成分表 2009	产地	中国
营养素含量（100 g 可食部食品中的含量）			
能量/kJ	298	蛋白质/g	1.2
脂肪/g	0.1	不溶性膳食纤维/g	0.4
碳水化合物/g	16.6	维生素 A/μg 视黄醇当量	3
钠/mg	4	维生素 B_1（硫胺素）/mg	0.01
维生素 B_2（核黄素）/mg	0.14	维生素 C（抗坏血酸）/mg	43
烟酸（烟酰胺）/mg	1.3	磷/mg	30
钾/mg	248	镁/mg	10
钙/mg	6	铁/mg	0.2
锌/mg	0.4	铜/mg	0.1
硒/μg	0.8	锰/mg	0.07

四、龙眼中活性成分的提取、纯化与分析

（一）龙眼中膳食纤维的分析方法

1. 仪器、试剂和材料

1）仪器和设备

本试验用到的仪器和设备为：高型无导流口烧杯，400 mL 或 600 mL；坩埚，具粗面烧结玻璃板，孔径 40～60 μm；真空抽滤装置，可以是真空泵或有调节装置的抽吸器；1 L 抽滤瓶，侧壁有抽滤口，带与抽滤瓶配套的橡胶塞，用于酶解液抽滤；恒温振荡水浴箱，带自动计时器，控温范围为 25～100 ℃，温度波动 ±1 ℃；分析天平，感量 0.1 mg 和 1 mg；马弗炉，（525±5）℃；烘箱，（130±3）℃；干燥器，配有二氧化硅或同等的干燥剂，干燥剂每两周于（130±3）℃烘箱中烘干过夜一次；pH 计，具有温度补偿功能，精度 ±0.1，用前用 pH=4.0、7.0 和 10.0 的标准缓冲液校正；真空干燥箱，（70±1）℃；筛，筛板孔径 0.3～0.5 mm。

2）试剂

本试验用到的试剂为：95% 乙醇；丙酮；石油醚，沸程 30~60 ℃；氢氧化钠；重铬酸钾；三羟甲基氨基甲烷（TRIS）；2-（N- 吗啉代）乙烷磺酸（MES）；冰醋酸；盐酸；浓硫酸；硅藻土；热稳定 α- 淀粉酶液，CAS 9000-85-5，IUB 3.2.1.1,（10 000±1 000）U/mL，不得含丙三醇稳定剂，于 0～5 ℃冰箱中储存，应确保所使用的酶达到预期活性，且不受其他酶的干扰；蛋白酶液，CAS 9014-01-1，IUB3.2.21.14，300～400 U/mL，不得含丙三醇稳定剂，于 0～

5 ℃中冰箱储存;淀粉葡萄糖苷酶液,CAS 9032-08-0,IUB3.2.1.3,2 000~3 300 U/mL,于0~5 ℃冰箱中储存。

　　3)试剂配制

　　乙醇溶液(85%,体积分数):取895 mL 95% 乙醇,用水稀释并定容至1 L,混匀。

　　乙醇溶液(78%,体积分数):取821 mL 95% 乙醇,用水稀释并定容至1 L,混匀。

　　HCl 溶液(1 mol/L):取8.33 mL 盐酸,用水稀释至100 mL,混匀。

　　HCl 溶液(2 mol/L):取167 mL 盐酸,用水稀释至1 L,混匀。

　　MES-TRIS 缓冲液(0.05 mol/L):称取19.52 g MES,用1.7 L 水溶解。根据室温用6 mol/L TRIS 碱溶液调 pH 值:20 ℃时,调 pH=8.3;24 ℃时,调 pH=8.2;28 ℃时,调 pH=8.1;20~28 ℃之间的其他室温,用插入法校正 pH 值。加水稀释至2 L。

　　蛋白酶溶液:用0.05 mol/L MES-TRIS 缓冲液配成浓度为50 mg/mL 的蛋白酶溶液,使用前现配,于0~5 ℃冰箱中暂存。

　　酸洗硅藻土:取200 g 硅藻土,置于600 mL 2 mol/L HCl 溶液中,浸泡过夜,过滤。用水洗至滤液为中性,置于温度为(525 ± 5)℃的马弗炉中灼烧灰分,备用。

　　$K_2Cr_2O_7$ 洗液:称取100 g $K_2Cr_2O_7$,用200 mL 水溶解后加入1 800 mL 浓 H_2SO_4。

　　乙酸溶液(3 mol/L):取172 mL 冰醋酸,加入700 mL 水,混匀后用水定容至1 L。

2. 试验方法

　　1)总膳食纤维(TDF)含量的测定

　　总膳食纤维(TDF)分离纯化方法:干燥试样经热稳定 α- 淀粉酶、蛋白酶和葡萄糖苷酶酶解消化去除蛋白质和淀粉后,经4 倍体积乙醇沉淀、抽滤,残渣用乙醇和丙酮洗涤,干燥称量,即为总膳食纤维。

　　(1)沉淀

　　向每份试样酶解液中,按乙醇与试样酶解液4∶1 的体积比加入预热至(60 ± 1)℃的95% 乙醇溶液(预热后体积约为225 mL),取出烧杯,盖上铝箔,于室温条件下沉淀1 h。

　　(2)抽滤

　　取已加入硅藻土并干燥称量的坩埚,用15 mL 78% 乙醇溶液润湿硅藻土并展平,接上真空抽滤装置,抽去乙醇,使坩埚中硅藻土平铺于滤板上。将试样乙醇沉淀液转移入坩埚中抽滤,用刮勺和78% 乙醇溶液将高脚烧杯中所有残渣转至坩埚中。

　　(3)洗涤

　　分别用78% 乙醇溶液15 mL 洗涤残渣2 次,用95% 乙醇溶液15 mL 洗涤残渣2 次,用丙酮15 mL 洗涤残渣2 次,抽滤去除洗涤液后,将坩埚连同残渣在105 ℃下烘干过夜。将坩埚置于干燥器中冷却1 h,称量(m_G,包括处理后坩埚质量及残渣质量),精确至0.1 mg。减去处理后坩埚质量,计算试样残渣质量(m_R)。

（4）蛋白质和灰分的测定

取 2 份试样残渣中的 1 份按《食品安全国家标准　食品中蛋白质的测定》（GB 5009.5—2016）测定氮（N）含量，以 6.25 为换算系数，计算蛋白质质量（m_p）；另 1 份试样测定灰分，即在 525 ℃下灰化 5 h，于干燥器中冷却，精确称量坩埚总质量（精确至0.1 mg），减去处理后坩埚质量，计算灰分质量（m_A）。

2）不溶性膳食纤维（IDF）含量的测定

不溶性膳食纤维（IDF）分离纯化方法：干燥试样经热稳定 α- 淀粉酶、蛋白酶和葡萄糖苷酶酶解消化去除蛋白质和淀粉后，直接抽滤并用热水洗涤，残渣干燥称量，即得不溶性膳食纤维。

①称取试样、酶解。

②抽滤洗涤。

取已处理的坩埚，用 3 mL 水润湿硅藻土并展平，抽去水分，使坩埚中的硅藻土平铺于滤板上。将试样酶解液全部转移至坩埚中抽滤，残渣用 70 ℃热水 10 mL 洗涤 2 次，收集并合并滤液，转移至另一个 600 mL 高脚烧杯中，备测可溶性膳食纤维。

③洗涤、干燥、称量，记录残渣质量 。

④测定蛋白质和灰分。

3）可溶性膳食纤维（SDF）含量的测定

可溶性膳食纤维（SDF）分离纯化方法：干燥试样经热稳定 α- 淀粉酶、蛋白酶和葡萄糖苷酶酶解消化去除蛋白质和淀粉后，经 4 倍体积乙醇沉淀、抽滤，滤液用 4 倍体积的乙醇沉淀、抽滤，所得残渣干燥称量，得可溶性膳食纤维。

（1）计算滤液体积

收集不溶性膳食纤维抽滤产生的滤液，置于已预先称量的 600 mL 高脚烧杯中。通过称量"烧杯 + 滤液"的总质量并扣除烧杯质量的方法估算滤液体积。

（2）沉淀

按滤液体积加入 4 倍量预热至 60 ℃的 95% 乙醇，室温下沉淀 1 h。随后，按总膳食纤维测定步骤（2）~（4）进行 SDF 含量的测定。

（二）龙眼中多糖的提取、纯化

多糖纯品的获得一直以来都较为困难，这是由于在使用水溶剂提取多糖的过程中，水溶性蛋白质、有机酸、盐和其他极性物质都可被不同程度地提取，因此提取获得的多糖提取液需要进一步处理，以去除大量的非糖杂质。此外，多糖提取液还需要进行各种不同性质的多糖组分的分离与纯化。目前广泛采用的龙眼多糖分离纯化工艺流程为乙醇沉淀→除蛋白→脱色→脱盐→各多糖组分的分级纯化。

1. 乙醇沉淀

采用 80% 乙醇溶液进行沉淀分离。

2. 蛋白质的去除

采用生物酶 -Sevage 法联用的方式脱除样品中的蛋白质。

生物酶法就是利用水解酶（如胃蛋白酶、胰蛋白酶、木瓜蛋白酶等）将蛋白质降解成小分子氨基酸，以去除蛋白质。该法反应条件温和，但降解速度慢，耗时长，一般与其他方法联合使用。

Sevage 法是一种常用的除蛋白质方法。该方法利用蛋白质遇有机溶剂变性而不溶于水的特点将蛋白质分离除去。一般做法是将样品水溶液与正丁醇、正戊醇和氯仿按一定比例混合后，剧烈振摇，除去水层和溶液层交界处的变性蛋白质。将上述方法重复几次，直至蛋白质除尽为止。

3. 脱色

大孔树脂吸附处理方法：在提取器内加入高于树脂层 10 cm 的乙醇，浸泡 4 h；然后用乙醇淋洗，洗至流出液在试管中用水稀释不浑浊时为止；最后用水反复洗涤至乙醇含量小于 1% 或无明显乙醇气味后即可使用。

脱色方法：用 D301-R 交换树脂除去浓缩液中的色素（计算树脂的用量：树脂与多糖溶液的比为 0.61 g/mL）。除去色素和蛋白质的条件：温度为 48 ℃，pH=4.96，时间为 2 h。用纱布过滤除去大孔树脂。

4. 脱小分子杂质和脱盐

通过流水透析等方式去除小分子杂质和盐分。透析方法简单，易操作，是多糖提取工艺中常用的方法。

1）透析袋的预处理

（1）配置乙二胺四乙酸二钠（EDTA）处理液

准确称取 0.186 g EDTA、10 g $NaHCO_3$，加水定容至 500 mL，即配制成含 2% $NaHCO_3$ 的 1 mmol/L 乙二胺四乙酸二钠处理液。

（2）透析袋的处理

将透析袋放于乙二胺四乙酸二钠处理液中煮沸 10 min 后取出，用超纯水反复冲洗透析袋内外侧，并确保无漏液现象。

2）透析操作

将待透析的多糖溶液转移到透析袋中，密封透析袋，并保证液面与密封处留有一段距离。将装有多糖溶液的透析袋置于常温超纯水中进行透析，每隔 1 h 换一次超纯水。处理 24 h 后即可去除所有的残留小分子和离子。

5. 多糖的纯化

采用乙醇分级沉淀法结合柱层析法进行纯化。

分级沉淀法:分别缓慢加入不同体积的无水乙醇,使乙醇终浓度分别达到30%、40%、50%、60%、70%、80%、85%。

柱层析法是一种较为常用的多糖纯化方法,又可分为一般凝胶柱层析和离子交换层析。龙眼多糖采用离子交换层析进行分离,这类柱层析不仅可以按待分离物质分子质量的不同分离物质,还可以根据电荷性质不同来分离多糖组分。龙眼多糖柱层析纯化使用的交换剂为DEAE 52-纤维素,洗脱剂为水和NaCl溶液。先用水洗脱,将中性多糖洗脱出交换柱,后用离子强度不同的缓冲液将酸性强弱不同的酸性多糖分别洗脱下来。

1)DEAE 52-纤维素填料的预处理和转型

DEAE 52-纤维素填料的预处理步骤如下:用去离子水浸泡DEAE 52-纤维素,使其充分溶胀并除去细小颗粒;用0.5 mol/L NaOH溶液浸泡1 h,抽滤;用去离子水反复清洗并抽滤,直到滤液呈中性;用0.5 mol/L HCl溶液浸泡1 h,抽滤;用去离子水反复清洗并抽滤,直到滤液呈中性;用0.5 mol/L NaOH溶液浸泡1 h,抽滤;用去离子水反复冲洗并抽滤,直到纤维素再次被洗至中性;用真空泵抽气以排干纤维素中的气泡;最后,将纤维素与去离子水调配成1%~2%的浆液,以备装柱。经过预处理后的DEAE-纤维素填料,恢复了各基团的活性,可用于装柱以分离多糖样品。

2)装柱

将层析柱洗净烘干,在柱子底部塞入脱脂棉花。在棉花上倒入一层海沙,以促使其平整。取一片与柱子内径大小相同的脱脂棉花片,平铺于整平的海沙上。缓慢加入去离子水至柱顶。在蠕动泵作用下,将去离子水缓慢从底部流出,以排出棉花及海沙间隙中的空气。空气排尽后,当去离子水的液面降至约1/5柱高时,关闭蠕动泵。把搅拌均匀的DEAE 52-纤维素浆液缓慢地倒入柱中。静置5 min后,打开蠕动泵,控制适当的流速,使纤维素不断沉降,每下降5 cm左右就用此纤维素浆液补足。随着填料柱面不断上升,升到距柱子顶端约4 cm处停止填柱。再取一片与柱子内径大小相同的脱脂棉花片,铺在顶部柱体填料上,以防止滴加洗脱液时破坏柱面平整,并保持填料顶端以上有1 cm左右的水层。

装柱注意事项:(a)玻璃柱必须保证干净,壁面附带未洗净脏物会导致纤维素填料无法与柱壁紧密结合,从而影响样品的分离效果;(b)底部棉花和海沙间隙内的空气必须彻底排干净,以避免装柱过程气泡上升附在壁面上,降低整个柱体分离效果;(c)装柱过程中不能使水层低于填料层,以免导致填料体断裂;(d)装柱完毕后,务必将层析柱顶部密封,以防止漏液。

3)平衡

装柱后用去离子水以一定流速充分淋洗柱体,使纤维素充分平衡,确保柱床稳定。

4)上样

打开柱出口排出柱床表面的洗脱液,当柱中液面下降至与纤维素面相切时,关闭出水口,用注射器加入待测样品。加样时使样品尽可能快地覆盖整个柱截面,以便样品均一地渗入柱内。当所有的样品进入柱内后,用去离子水冲洗层析柱的内壁和床层表面,确保每一份样品完全渗入。这样做可以使沾在柱内壁和柱床表面的样品全部进入柱床中,以免造成拖尾,影响色谱效果。洗涤完毕后,加去离子水,打开蠕动泵,准备开始柱洗脱。

5)洗脱与收集

上样过程结束后,打开蠕动泵,进行柱洗脱,用分布收集器自动收集柱底流出液。龙眼多糖采用线性梯度洗脱的方法进行洗脱纯化。采用洗脱能力连续性逐渐增强的溶液,即浓度线性增大的溶液进行柱洗脱的过程。这一过程中混合物中的各个组分将逐个地进入解吸状态。具体过柱参数如下:层析柱规格,柱直径 D=2.0 cm,柱长 L=35 cm;上样量为 2 mL(浓度为 7.5 mg/mL)流速为 0.4 mL/min;每管收集体积为 6 mL(每管 15 min);洗脱方式,先用纯水溶剂洗脱 50 管,再用 0~0.20 mol/L NaCl 溶液进行线性梯度洗脱。

线性梯度洗脱的装置如图 8-1 所示。

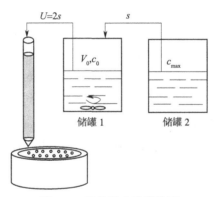

图 8-1　线性梯度洗脱装置

6)洗脱收集样品的测定

柱洗脱样品收集完成后,用苯酚-硫酸法测定收集的各样品中的糖含量。将测得结果以管数为 x 轴、糖浓度为 y 轴,作出洗脱曲线图,分析整个洗脱过程中多糖的洗脱情况和分离效果。

7)洗脱样品的收集

根据洗脱曲线图,将各洗脱峰样品收集合并,经浓缩、透析后,采用高效凝胶渗透色谱法(HPGPC)分析检测。

8)再生

纤维素柱的分离洗脱结束后,用 0.5 mol/L NaOH 溶液洗涤柱床,将残留糖类物质和色素除去,然后再用去离子水洗净碱液,使纤维素填料再生。

6. 龙眼中多糖的分析

1）多糖的纯度、相对分子质量测定

龙眼多糖的纯度和相对分子质量检测均采用 HPGPC 商业柱（TSK 柱系）。

基于体积排阻的原理，大分子多糖的保留时间短，小分子多糖的保留时间长，不同相对分子质量的多糖在凝胶柱上的保留时间与其相对分子质量呈线性关系。根据各种已知相对分子质量的多糖标准品的保留时间绘制多糖相对分子质量与保留时间关系标准曲线，通过回归获得的标准曲线方程计算样品多糖的相对分子质量。同时，根据 HPGPC 谱图中峰的数目可以判断多糖的纯度。

（1）高效凝胶渗透色谱柱条件

柱型号为 TSK-GEL G4000PWxl；流动相为 0.01% NaN_3 溶液（溶剂为超纯水）；流速为 0.5 mL/min；压力为 10 bar（1 bar=100 kPa）；检测器为 RI 示差检测器；柱温为 30 ℃；洗脱时间为 30 min。

（2）试验操作

分离纯化后获得的龙眼多糖溶液经醇沉、真空干燥得到多糖的固体样品。将此样品及不同相对分子质量的 T 系列多糖标准品称量后溶于超纯水中，配制成 1% 的溶液。再用 0.5 μm 孔径的滤膜除去固体小颗粒杂质，获得的澄清滤液通过注射器进入高效凝胶渗透色谱柱。进样量为 20 μL。在一定流速和温度条件下，利用 HPGPC 分析多糖含量和纯度。HPGPC 运行完毕后，用超纯水冲洗柱子 30 min，以去除柱中的残留物质。

根据经验公式，多糖的重均相对分子质量 M_w 与其在凝胶柱上的洗脱体积 V_e、分配系数 K_{av} 存在如下关系：

$$K_{av} = K_1 - K_2 \lg M_w \tag{8-1}$$

$$K_{av} = \frac{V_e - V_0}{V_t - V_0} = \frac{T_e - T_0}{T_t - T_0} \tag{8-2}$$

式中：K_1、K_2 为常数；V_e 为样品洗脱体积；V_0 为柱空体积，即相对分子质量高达 200 万的葡聚糖标准品 T-2000 的柱洗脱体积；V_t 为柱的总体积，即相对分子质量仅为 180 的葡萄糖的柱洗脱体积；T_e 为样品的柱保留时间；T_0 为 T-2000 的柱保留时间；T_t 为葡萄糖的柱保留时间。由 HPGPC 法测得 T-2000 的保留时间 T_0 为 10.55 min，葡萄糖的保留时间 T_0 为 21.14 min。T 系列标准葡聚糖 T-10、T-40、T-70、T-110、T-500 在 TSK-G4000PWxl 上的保留时间以及根据式（8-2）计算所得的分配系数 K_{av} 值列于表 8-2 中。

表 8-2　标准葡聚糖的保留时间及相应 K_{av} 值

T 系列标准葡聚糖	重均相对分子质量 M_w	$\lg M_w$	T_e/min	$K_{av} = \frac{T_e - T_0}{T_t - T_0}$
T-10	10 000	4.00	18.49	0.75
T-40	40 000	4.60	16.88	0.60

续表

T 系列标准葡聚糖	重均相对分子质量 M_w	$\lg M_w$	T_e/min	$K_{av} = \dfrac{T_e - T_0}{T_t - T_0}$
T-70	70 000	4.84	15.78	0.49
T-110	110 000	5.04	15.22	0.44
T-500	500 000	5.70	12.41	0.18
T-2000	2 000 000	6.30	10.55	—

以 K_{av} 为横坐标、$\lg M_w$ 为纵坐标,绘制多糖相对分子质量与 HPGPC 柱保留时间关系标准曲线,如图 8-2 所示。

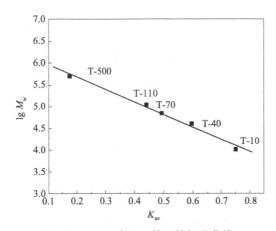

图 8-2　$\lg M_w$ 与 K_{av} 关系的标准曲线

2)多糖的结构分析

由于龙眼多糖分子质量大且结构复杂,用单一分析方法只能获得多糖结构的某一方面信息,只有将各种方法结合起来才能有效地解析多糖的各级结构,因此主要采用高效液相色谱(HPLC)、傅里叶变换红外光谱继续深入分析龙眼多糖各组分的单糖组成和结构特性,并利用硫酸-咔唑法测定多糖中糖醛酸含量,从而分析龙眼多糖的基本组成结构。

(1)试剂

本试验用到的试剂为:溴化钾、三氟乙酸、葡萄糖,均为分析纯,国药集团化学试剂有限公司;鼠李糖、木糖、山梨糖、果糖、甘露糖、阿拉伯糖、半乳糖醛酸,均为分析纯,美国 Sigma 公司。

(2)仪器

本试验用到的仪器为:Agilent 1100 高效液相色谱,安捷伦公司;色谱柱为 ZORBAX NH$_2$ 氨基柱(250 mm × 4.6 mm,5 μm);DU7400 型紫外可见分光光度计,美国 Beckman 公司;AVATAR FT-IR 360 傅里叶变换红外光谱仪,美国 Nicolet 公司。

（3）分析方法及操作步骤

①红外光谱分析。

将各组分多糖真空干燥后,与 KBr 混合并压制成片状,在 4 cm⁻¹ 光谱分辨率下于 4000~400 cm⁻¹ 范围内采用傅里叶变换红外光谱仪进行红外光谱检测。

②单糖组成分析。

称取 20 mg 纯化的多糖粉末,加入 2 mL 2 mol/L 三氟乙酸(TFA)溶液,在沸水浴中密封水解 4 h 后,再真空蒸去 TFA,所得样品即为龙眼多糖水解产物。

③色谱条件。

高效液相色谱(HPLC)分析;流动相为乙腈、水混合液;柱温为 30 ℃。

HPLC 法对单糖标品的定量分析:准确称取鼠李糖、木糖、阿拉伯糖、葡萄糖、半乳糖各 0.500 g,分别定容到 50 mL,即配成 10 mg/mL 的各种单糖标准溶液,再将各标准溶液用超纯水稀释到浓度为 2 mg/mL、4 mg/mL、6 mg/mL、8 mg/mL;采用 HPLC 检测不同浓度的单糖标准溶液,根据积分所得峰面积,绘制各种中性单糖标品的浓度 - 峰面积的标准曲线。

HPLC 法对龙眼多糖各组分水解产物的组成分析:将龙眼多糖的水解产物,配制成浓度约为 20 mg/mL 的水解溶液,经 0.5 μm 滤膜过滤后,进行 HPLC 检测,与单糖标准品进行对照以确定龙眼多糖的单糖组成。

3)龙眼多糖的糖醛酸组成分析

龙眼多糖的糖醛酸组成分析采用硫酸 - 咔唑法。

硫酸 - 咔唑法标准曲线的制作:将 50 mg 咔唑溶于 50 mL 95% 乙醇,配制成浓度为 0.1% 的咔唑溶液。称取干燥的半乳糖醛酸 10 mg 溶解于 100 mL 水中,配成 0.1 mg/mL 标准溶液。准确量取 0 mL、0.1 mL、0.2 mL、0.4 mL、0.6 mL、0.8 mL 该标准溶液并加超纯水稀释至 1.0 mL。在冰水浴中向各不同浓度的标准溶液中加入 6 mL 浓硫酸,混合均匀后,在 85 ℃水浴中保温 20 min。待各标准溶液冷却至室温后,加入 0.2 mL 咔唑溶液。室温下保持 2 h 后,在 530 nm 波长下测定吸光值。以吸光值 A_{530} 为横坐标,以半乳糖醛酸的浓度为纵坐标,做出硫酸 - 咔唑法标准曲线。采用与标准品同样的方法测定龙眼多糖各组分并计算糖醛酸组成。

（四）龙眼中多酚的纯化和分析

1. 龙眼果肉多酚的分离和纯化

采用有机溶剂萃取的方法分离龙眼果肉多酚,将提取液减压浓缩至约 50 mL 后,用约 200 mL 的正丁醇萃取 3 次,将萃取液合并浓缩。依次采用 AB-8 大孔吸附树脂和葡聚糖凝胶树脂 Sephadex LH-20 对萃取液进行富集、分离。

1）大孔吸附树脂的预处理

将 AB-8 大孔吸附树脂用 95% 乙醇浸泡 24 h 以充分溶胀,再淋洗至流出液加等量去离子水无白色浑浊,后用 4% HCl 溶液、4% NaOH 溶液各浸泡 5 h。用去离子水冲洗至 pH 值达到中性时,湿态保存备用。

2）大孔吸附树脂的再生

大孔树脂经过一段时间的吸附与解析的过程后,会在树脂表面和内部残留一些杂质,这些杂质的存在会影响大孔树脂的性能。去离子水可洗涤大部分的非吸附性杂质,而吸附性杂质根据自身的性质选用不同的有机溶剂去除。若树脂经过反复使用后,吸附效果下降,则需要再生树脂。可依次用 4% HCl 溶液和 4% NaOH 溶液以 3~5 BV/h 的流速冲洗 5~6 倍柱体积,再用去离子水冲洗至中性。若树脂中混入悬浮杂质或者树脂颗粒破碎,需将树脂盛于烧杯中,用悬浮法除杂方可继续使用。

3）Sephadex LH-20 葡聚糖凝胶

准确称取 30 g 葡聚糖凝胶 Sephadex LH-20 干粉,浸泡于 20% 甲醇水溶液中 24 h,充分搅拌以确保凝胶完全溶胀。向 ϕ1.6 cm × 70 cm 的层析柱中加入 20% 甲醇水溶液至液面距柱底约 20 cm 高。凝胶经超声脱气后,一边充分搅拌一边缓慢将凝胶倒入层析柱中。凝胶自然沉降且无气泡和断层。凝胶完全沉降后,用 20% 甲醇溶液平衡。检测流出液在 280 nm 波长下的吸光度,当吸光度为零时平衡完成。将大孔树脂富集相的冷冻干燥粉末配制成 20 mg/mL 的溶液,0.45 μm 的微孔滤膜过滤备用。先降低层析柱中液面高度,然后缓慢沿层析柱内壁滴加溶液 2 mL。待凝胶吸附一段时间后,用 20% 甲醇水溶液将液面高度恢复至上样之前的高度。依次用 250 mL 20%、40%、60%、80%、100% 甲醇溶液洗脱。洗脱流速为 1.0 mL/min,分管收集,每管 10 mL 并在 280 nm 波长下测定每管的吸光度值。

2. 龙眼果肉多酚的组成分析

1）高效液相色谱分析

收集分离得到的各组分液体并除去溶剂,冷冻干燥。将各组分用适量色谱级甲醇溶解,配成合适的浓度,经 0.45 μm 的微孔滤膜过滤后置于液相小瓶中待测。

不同洗脱体系和洗脱条件对化合物的分离有很大影响,一般流动相组合为水 - 甲醇、水 - 甲醇 - 醋酸、水 - 乙腈或水 - 乙腈 - 醋酸。洗脱条件一般为等度或者梯度洗脱。经试验验证,选择洗脱体系为 0.1% 醋酸 - 水 - 甲醇,并采用梯度方式进行洗脱的分离效果较好。色谱柱选择 ThermoScientific C_{18} 柱(4.6 mm × 250 mm,5 μm)。检测器为 SPD-M20A。色谱条件:进样量为 10 μL,柱温为 40 ℃,检测波长为 254 nm。流动相 A 为甲醇,B 为 0.1% 醋酸 - 水。

洗脱流程如表 8-3 所示。

表 8-3　龙眼果肉多酚高效液相色谱洗脱方法

时间 /min	A 相	B 相	流速 /（mL/min）
0.1~22	15%	85%	0.6
22~23	70%	30%	0.6
23~25.5	15%	85%	0.6
25.5~30	15%	85%	0.7

2）超高效液相色谱 - 三重四级杆串联质谱分析

（1）主要试剂

甲酸、乙腈、甲醇，均为色谱级纯度，美国 Honeywell 生产。

（2）主要仪器

超高效液相色谱 - 三重四极杆串联质谱，安捷伦科技有限公司；ZORBAX Eclipse Plus C_{18} 柱，安捷伦公司。

（3）试验方法

洗脱程序如表 8-4 所示。

表 8-4　龙眼果肉多酚超高效液相色谱 - 三重四级杆串联质谱洗脱方法

时间 /min	A 相	B 相	流速 /（mL/min）
0~11.5	80%	20%	0.4
11.5~12.5	10%	90%	0.4
12.5~12.8	10%	90%	0.4
12.8~13.0	90%	10%	0.4
13~15	80%	20%	0.4

（4）样品前处理

提取液过 0.22 μm 滤膜，置于进样瓶中。流动相由 0.1% 甲酸溶液（A）和乙腈（B）的梯度组成，流速为 0.4 mL/min。色谱柱用 80% 甲酸溶液洗脱。梯度洗脱程序如下：0~11.5 min，80% 甲酸溶液与 20% 乙腈；11.5~12.5 min、12.5~12.8 min，10% 甲酸溶液与 90% 乙腈；12.8~13.0 min，90% 甲酸溶液与 10% 乙腈；13~15 min，80% 甲酸溶液与 20% 乙腈。色谱柱温度设置为 30 ℃，样品进样量为 5 μL。电喷雾电离源以负离子模式操作，并收集动态多反应监测数据。干燥气体流速和离子源温度分别为 10 L/min 和 350 ℃。

3. 龙眼果肉多酚的结构分析

1）傅里叶全反射红外仪（FTIR）分析

将各组分多酚与标准品分别配制成质量浓度为 20 μg/mL 的溶液，用 Nicolet 6700 型全反射傅里叶红外光谱仪测定红外谱图，扫描范围为 4000~400 cm^{-1}，分辨率为 4 cm^{-1}，连续次数 16 次。

2）紫外 - 可见光谱分析

将各组分多酚与标准品分别配制成质量浓度为 20 g/mL 的溶液,在 200 ~ 1 000 nm 的波长范围内进行扫描。以波长为横坐标(nm)、吸光度(A)为纵坐标绘制吸光度曲线。

4. 结论

通过超高效液相色谱 - 三重四极杆串联质谱分析得出,在这 8 个品种的龙眼中发现了 12 种多酚类物质,包括 3 种酚酸类物质(奎宁酸、没食子酸、邻苯二甲酸)和 9 种类黄酮类物质(芸香柚皮苷、柚皮苷、芦丁、槲皮苷、橙皮苷、根皮苷、野漆树苷、甲基橙皮苷、柚皮素)。

（五）龙眼核中总甾醇及其组成的分离、纯化和分析

1. 龙眼核中总甾醇的提取

采用有机溶剂提取的方法对龙眼核中的总甾醇进行粗提取。有机溶剂提取法是提取活性脂质最常用的方法之一,其利用不同组分在溶剂中有不同溶解度的特点来提取活性脂质。用石油醚、95% 乙醇溶液和水依次提取,能将植物中绝大部分有效成分提取出来。乙醇提取液一般含有鞣质、酚类、有机酸、萜类和甾体等化合物。

龙眼核活性脂质的提取方法:龙眼核粉碎后过 60 目筛,在(45 ± 5)℃烘箱中干燥 24 h。精确称取一定量的龙眼核粉末,以 95% 乙醇溶液为溶剂进行超声辅助提取。采用超声辅助提取法得到龙眼核活性脂质粗提物,通过单因素和正交试验确定最优提取工艺,即料液比 1∶15、时间 40 min、温度 60 ℃。反应结束后,减压抽滤得滤液,旋转蒸发至恒重,冷冻干燥后备用。

2. 龙眼核中总甾醇的分离、纯化

对龙眼核中总甾醇的分离、纯化采用的是硅胶柱层析分离法。硅胶是一种多孔的球形或无定形颗粒,具备硅氧烷交联结构,含有大量的硅醇基,依据对被分离物质的吸附强度不同进行分离。一般来说,物质的极性越小,越容易被硅胶解析,反之,则容易被吸附。

3. 龙眼核中总甾醇组分的分离、结构鉴定与分析

1）试剂

本试验用到的试剂为:无水乙醇、石油醚(60 ~ 90 ℃)、乙酸乙酯、正丁醇、氯仿、氨水,均为分析纯,国药集团化学试剂有限公司;无水甲醇、乙腈,均为色谱纯,国药集团化学试剂有限公司;硅胶(200 ~ 300 目)、酸性氧化铝(FCP),国药集团化学试剂有限公司;GF-254 硅胶预制板,青岛海洋化工有限公司;豆甾醇,纯度≥ 95%,上海源叶生物科技有限公司;β- 谷甾醇,纯度≥ 95%,上海源叶生物科技有限公司;N-palmitoyl-*D*-sphingosine (C16-CER),纯度≥ 97%,美国 Sigma 公司;N-acetyl-*D*-sphingosine(C2-CER),纯度≥ 97% ,美国 Sigma 公司。

2）仪器

本试验用到的仪器为：DFY-300 摇摆式高速万能粉碎机，浙江温岭市林大机械有限公司；ME204E 电子天平，Mettler-Toledo 有限公司；KH-100E 超声波清洗仪，昆山禾创超声仪器有限公司；LYOQUESTPLUS-85 冷冻干燥机，西班牙泰事达公司；DHG-9140 电热恒温鼓风干燥箱，上海精宏实验设备有限公司；DF-101S 集热式恒温加热磁力搅拌器，上海精宏实验设备有限公司；DSHZ-300 A 台式水浴恒温振荡器，太仓市强乐实验设备有限公司；RE-5203 旋转蒸发仪，上海亚荣生化仪器厂；SHB-Ⅲ 循环水式多用真空泵，郑州长城科工贸有限公司；Isolera One / Four 快速制备液相色谱仪，拜泰齐贸易（上海）有限公司；GC-MS-QP2010 Ultra 气相色谱串联质谱联用仪，日本岛津公司；Ultimate 3000 RS 超高效液相色谱仪，美国赛默飞世尔科技公司；MALDI SYNAPT MS 超高效液相色谱串联四极杆飞行时间质谱联用仪，美国沃特世公司。

3）分析

（1）龙眼核中总甾醇各组分分离、纯化

分级萃取用一定体积的水超声分散龙眼核活性脂质粗提物，再依次用石油醚、正己烷、氯仿、正丁醇进行萃取，料液比为 $1:3$（$V:V$），重复萃取 3 次。合并萃取相，经减压浓缩和冷冻干燥得石油醚相（PEP）、正己烷相（HEP）、氯仿相（CEP）、正丁醇相（BEP）。选取氯仿相进行接下来的分离、纯化。

利用 Isolera 快速制备色谱仪进行硅胶柱层析分离。采用干法上样，用石油醚溶解 0.5 g CEP，再加入 2.0 g 硅胶，磁力搅拌 10 min，使样品均匀吸附在硅胶上，减压浓缩除去部分溶剂，烘干得吸附样品的硅胶。用石油醚冲洗 SNAP KP-Sil 层析柱，平衡后加入吸附样品的硅胶，以石油醚（A）- 乙酸乙酯（B）为流动相进行梯度洗脱，洗脱程序如表 8-5 所示。收集在 213 nm 波长处有吸收的组分，通过 TLC 分析，合并相同组分。

表 8-5　龙眼核总甾醇薄层色谱洗脱方法

阶段	溶剂	混合溶液	洗脱柱体积 /CV	流速 /（mL/min）
平衡	A-B	5%	3.0	40
	A-B	5% ~ 30%	3.0	20
	A-B	30%	6.0	20
线性洗脱	A-B	30% ~ 70%	3.0	20
	A-B	70%	6.0	20
	A-B	70% ~ 90%	3.0	20
	A-B	90%	6.0	20

使用 Isolera 快速制备色谱仪进行 ODS 柱层析分离。用甲醇冲洗 SNAP C_{18} 60 g 层析柱，平衡后将 CEP-2 浓缩液用注射器注入层析柱中，进行梯度洗脱。洗脱程序为：30%

的甲醇线性增加为 95% 甲醇,体积为 5.0 CV;95% 甲醇线性增加为 100% 甲醇,体积为 3.0 CV;100% 甲醇等度洗脱,体积为 10.0 CV,流动相流速均为 15 mL/min。每 16 mL 收集一管,通过 TLC 分析,合并相同组分。

（2）结构鉴定

① TLC 分析。

神经酰胺与硫酸铜反应后,生成大分子活性物质,其在酸性和高温条件下发生碳化反应,在薄层板上出现黑色斑点。本试验的显色剂为 10% 的磷酸 - 硫酸铜溶液,温度为 120 ℃,时间为 10 min,流动相是氯仿∶甲醇 =95∶5（$V:V$）,标准对照溶液为 100 μg/mL 的 C_{16}-CER 和 β- 谷甾醇。

② FT-IR 分析。

取少量冷冻干燥后的样品,完全覆盖激光探头,压紧旋钮,进行测试。FT-IR 分析条件:分辨率为 2 cm⁻¹,样品平均扫描 100 次,扫描范围为 4 000 ~ 500 cm⁻¹。

③ HPLC-ELSD 分析。

采用 HPLC-ELSD 方法对硅胶柱分离得到的各组分进行定量分析,选择总甾醇含量及神经酰胺含量较高的组分进行分析。

④ GC-MS 分析。

精密称取 3.771 mg 经过硅胶柱层析后的总甾醇提取物,用丙酮溶解后进行 GC-MS 分析。

GC 条件:选用 DB-5MS（30 M）色谱柱;升温程序为初温 50 ℃,持续 4 min, 50 ~ 400 ℃程序升温 36 min;柱箱温度为 200 ℃;进样口温度为 280 ℃;进样时间为 1 min;进样方式为不分流;压力为 60.8 kPa;载气为 He;总流速为 5.0 mL/min;吹扫流速为 3.0 mL/min;柱流速为 1.10 mL/min;线速度为 38.0 cm/s。

MS 条件:接口温度为 280 ℃;离子源温度为 200 ℃;检测器电压为 0.1 kV;溶剂延迟时间为 4 min。

⑤ UPLC-MS 分析。

将提取物用色谱纯甲醇溶解,用 UPLC-MS 分析方法测定神经酰胺类化合物。高效液相色谱采用 WATERS ACQUITY UPLC 系统。UPLC 条件如下:选用 BEH Amide 分析柱（2.1 mm×100 mm, 1.7 μm）;柱温为 45 ℃;流速为 0.3 mL/min;进样量为 2 μL;流动相为 80% 乙腈 +20% 的 0.1% 氨水溶液;运行时间为 15 min。

质谱系统采用 WATERS MALDI SYNAPT Q-TOF MS 质谱仪。

MS 条件如下:离子方式为 ESI⁺;质量扫描范围为 20 ~ 1 000（m/z）;锥电压为 20 V;检测电压为 1 800 V;毛细管电压为 3.0 kV;离子源温度为 100 ℃;脱溶剂气体温度为 400 ℃;脱溶剂气流速为 70 L/h;喷雾气流速为 50 L/h。

本章参考文献

[1]　郑少泉,曾黎辉,张积森,等.新中国果树科学研究 70 年:龙眼 [J]. 果树学报,2019,36(10):1414-1420.

[2]　向蓉,梁伟杰,袁明贵,等.丁酸梭菌 - 龙眼多糖发酵液对小鼠溃疡性结肠炎的防治作用 [J]. 中国畜牧兽医,2020,47(11):3731-3738.

[3]　戎瑜.龙眼多糖激活巨噬细胞的作用与机制研究 [D]. 海口:海南大学,2019.

[4]　农真真,蒋洁,蒙法艳,等.桂圆益气补血汤与不同剂量龙眼肉多糖配伍用药对环磷酰胺致免疫功能低下小鼠免疫功能的影响 [J]. 广西医科大学学报,2019,36(11):1724-1728.

[5]　赖春香.龙眼燕麦营养餐粉的制备及其肠道菌群调节作用研究 [D]. 广州:华南农业大学,2018.

[6]　周嘉华,刘雅琦,卢慧玲,等.龙眼多糖通过降低肝匀浆氧自由基水平的抗疲劳作用研究 [J]. 现代医学与健康研究电子杂志,2018,2(5):155-157.

[7]　李妍,曾亚丽,曹珂珂,等.龙眼核多酚提取工艺优化及降胆固醇作用 [J]. 怀化学院学报,2017,36(11):19-23.

[8]　关天旺,杨航,刘嘉煜,等.龙眼核多酚提取物对酪氨酸酶抑制作用的研究 [J]. 食品研究与开发,2016,37(17):15-20.

[9]　孙菡峥.龙眼核多酚的分离纯化及抗氧化性能的研究 [D]. 无锡:江南大学,2019.

[10]　杨翠娴.龙眼多糖的提取、分离纯化及初步结构分析 [D]. 厦门:厦门大学,2007.

[11]　吴诗玄.龙眼中多酚的提取、分离纯化、结构鉴定及体外抗氧化活性测定 [D]. 广州:暨南大学,2018.

[12]　汪卓.龙眼多酚成分鉴定及活性研究 [D]. 吉林:北华大学,2019.

第九章　橄榄

一、橄榄的概述

橄榄(拉丁学名: *Canarium* Linn.)又名白榄、青榄、山榄,是热带、亚热带地区特色经济作物。依据植物形态学,橄榄属于核果类,但传统上仍然将橄榄归为热带及亚热带果树类。橄榄是我国卫生健康委员会发布的药食同源食品,其果实富含多酚、类黄酮、膳食纤维、矿物质元素和有机酸等营养和活性成分,在抗氧化、抗病毒、保护肝脏、提高免疫力和调节血脂血糖等方面具有很好的药用价值。值得注意的是,橄榄与油橄榄、锡兰橄榄、滇橄榄果形相似,但并非同一物种。油橄榄(*Olea europaea*)属于木樨科齐墩果属,主要分布在地中海沿岸地区, 20世纪开始引入中国栽培;锡兰橄榄(*Elaeocarpus serratus*)属于杜英科杜英属,原产于印度、斯里兰卡等,也是20世纪开始在中国引种;滇橄榄(*Phyllanthus emblica*)属于大戟科叶下珠属,又名余甘子,在我国主要分布于云南、福建等南部地区;而橄榄属于橄榄科,原产于中国,故英文名称通常为Chinese olive。

二、橄榄的产地与品种

(一)橄榄的产地

橄榄主要分布在我国福建、广东、四川、广西、重庆和浙江等南部省份和地区,在越南中北部、马来半岛和日本南部也有少量分布。橄榄属有约75种,在我国分布的有7种,其中在广西分布的有橄榄、乌榄、方榄。我国橄榄栽培历史悠久,最早关于橄榄外形、果实等方面的记载见于东汉时期杨孚所撰的《异物志》,此后历朝历代,均有记载。李时珍在《本草纲目·果三·橄榄》中记载,"其木脂状如黑胶者,土人采取热之,清烈,谓之榄香",即"橄榄香"。橄榄为硬质果肉,味稍酸涩,香甜之味久嚼之后才能得到,象征着苦尽甘来。橄榄的气味清香,能增进食欲,舒畅神志,橄榄蜜渍后香甜可口,为茶余酒后佳品。由于橄榄具有先苦后甜的鲜食品质,且营养丰富,具有多种加工途径以及不可估计的药用价值,橄榄栽培越来越引起人们的关注和研究。

橄榄适应性强,管理方便,树龄长,结果多,大小年结果不明显,产量稳定,病虫害少,嫁接树一般3~4年便可开花结果,实生树7~8年才能结果,结果后5~6年株产量可达50 kg左右, 200~300年生老树还可正常开花结果。橄榄属热带及亚热带植物,畏寒冷,在年均温度20~22℃时能正常生长,在冬季有霜雪的地区枝梢易受冻害。橄榄3月中下旬开始萌芽, 11月底封顶,每年抽梢2~4次,分春、夏、秋、冬梢。结果树一般是抽春梢、秋梢,

3—4月抽春梢,春梢是结果梢,来梢后开花。春梢、秋梢均系第二年的结果母枝。天气对橄榄产量有很大影响,早春透雨期早,春梢早萌发,则开花早,数量多,花期天气晴朗,花果比率高;如遇连绵阴雨,有碍授粉,则成果率低。橄榄对土壤要求不严格,在土层深厚疏松、排水良好、有一定肥力、pH 值为 4.5~7 的丘陵、山地均能生长发育。

(二)橄榄的品种

1. 惠圆 1 号

由福建省闽侯县上街镇岐头村农户王钦华祖传惠圆单株选育而来,2011 年通过福建省农作物品种审定委员会认定(闽认果 201109)。单果重 18 g 左右, 10 月上旬成熟。果实广椭圆形,果皮浅绿色,果基部有放射状条纹;果肉黄白色,肉质较松脆,味香,微涩,回甘效果好,可溶性总糖含量 1.5%,可溶性固形物含量 9.0%,适宜鲜食与加工。2014 年认定的惠圆 3 号(闽认果 2014004)则化渣一般,肉质硬,回甘效果差,只适合加工。

2. 福榄 1 号

原名“光甜”,福建省农业科学院果树研究所于 2003 年从福州市闽清县梅溪镇梅埔村发现的实生优良单株中选育而来, 2012 年通过福建省农作物品种审定委员会认定(闽认果 2012013)。单果重 9.5~12.6 g, 11 月中下旬成熟。果实较大,长椭圆形;果面黄绿有光泽,果基圆突,果顶尖突;果肉黄白色,肉质脆、化渣,微涩,回甘效果好,可溶性固形物含量 9.9%~11.0%,可溶性糖含量 3.12%,适宜鲜食。

3. 清榄 1 号

原名“小个子”甜榄,1999 年由福建省闽清县梅溪镇梅埔村集体橄榄果园中发现的优良实生单株选育而来, 2014 年通过福建省农作物品种审定委员会认定(闽认果 2014005)。单果重 5.5~7.5 g, 11 月下旬至 12 月中旬成熟。果实卵圆形,果皮光滑,绿黄色,果基广平,与果蒂连接部黄色,果顶尖圆;果肉黄色,肉脆,化渣,清香带甜味,鲜食品种优,可溶性固形物含量 11.8%,可溶性总糖含量 3.3%。

4. 甜榄 1 号

福建省农业科学院果树研究所于 2003 年从福州市闽清县梅溪镇新民村发现的实生优良单株中选育而来。单果重约 5.5 g, 11 月中下旬成熟。果实梭形,果顶尖突,果基略尖突,果皮黄绿色;肉质嫩脆,较易化渣,风味香甜,回甘效果好,可溶性固形物含量 11.9%,可溶性总糖含量 2.5%,无苦涩味,适宜鲜食。

5. 福榄 2 号

2005 年,于福建省闽侯县白沙镇马坑村发现的橄榄实生优良单株。单果重约 8.4 g, 11 月上旬成熟。果实卵圆形,果色黄绿,果基部圆突,果顶钝突,有放射状条纹;果肉黄白色,果实肉质脆,易化渣,风味淡甜,回甘效果好,可溶性总糖含量 5.1%,可溶性固形物含量 12.5%,鲜食品质优。

6. 甜香榄

2006年,从福建省闽清县梅溪镇梅埔村以接穗形式引进的一份适宜鲜食橄榄种植资源中发现的芽变优良单株培育出该品种。单果重约6.0 g,10月中旬成熟。果实卵圆形,果皮光滑,果色青绿,果基部圆平或微凹,果顶钝圆;果实肉质酥脆,清甜无涩味,回甘迅速,可溶性总糖含量5.1%,可溶性固形物含量10.4%,适宜鲜食。

7. 马坑22号

2009年,于福建省闽侯县岐攀果园的檀头芽变株系中发现的优良单株。单果重约7.3 g,11月中旬成熟。果色青中带黄,甘涩,化渣,回甘效果好,可溶性固形物含量10.6%,可溶性总糖含量4.1%,适宜鲜食。

8. 池1号

该品种为福建省农业科学院果树研究所选育的鲜食优良品系。果实椭圆形,黄绿色。单果重约8.1 g,可溶性固形物含量14.7%,可食率77.2%,肉质脆,化渣,香味浓,回味好,品质上等。

9. 光甜

该品种为福建省农业科学院果树研究所选育的鲜食优良品系。果实长椭圆形,果皮光滑,黄绿色。单果重约12.2 g,可溶性固形物含量13.4%,可食率78.0%,肉质脆,化渣,风味淡甜,香味浓,回味好,品质上等。

10. 四季橄榄

原产福建省福安市。一年多次开花结果,采果期从9月至翌年5月,但以9—10月成熟的果较多。单果重约5.6 g,品质一般。属珍稀资源。

11. 红皮橄榄

原产福建省福州市。果实椭圆形,果皮局部红色,品质一般。属珍稀资源。

三、橄榄的主要营养和活性成分

蛋白质作为第一营养素,主要存在于动物性食品中,在植物性食品(除豆类外)中的含量大都较低。水果中的蛋白质含量普遍不高,而橄榄果肉中蛋白质的含量可达1.7%,且氨基酸品种齐全。大多数品种橄榄包含了天冬氨酸、谷氨酸、丝氨酸、精氨酸、甘氨酸、苏氨酸、脯氨酸、丙氨酸、缬氨酸、蛋氨酸、胱氨酸、异亮氨酸、亮氨酸、苯丙氨酸、赖氨酸和酪氨酸等16种氨基酸,有些品种还含有17种氨基酸(前面的16种再加上组氨酸)。不同品种之间氨基酸含量存在显著差异,总蛋白的量也存在一些差异。特别需要指出的是,橄榄核作为加工副产物一般被废弃,但其中含有丰富的蛋白质(29.5%),而且橄榄核仁蛋白质中氨基酸种类齐全,8种必需氨基酸含量达8.9%,占氨基酸总量的34.2%,植物蛋白营养价值较高。

碳水化合物为六大营养素之一。大多数水果中糖类含量较高,一些多糖还有特殊的生理活性。不同品种橄榄含糖量差别较大,福建闽侯5个品种橄榄(福榄1号、檀香、春阳2号、长营、自来圆)可溶性总糖含量为2.43%~4.47%,蔗糖含量为1.08%~2.90%,还原糖含量为1.15%~1.48%。广东汕头6个品种(丰玉1号、丰玉2号、饶甜1号、呐种、鸡心、土呐)橄榄果肉中碳水化合物含量超过10%。福建闽侯的马坑22号含糖量达17%,组分有蔗糖、葡萄糖和果糖,主要为蔗糖,最高的含量达13.9%;采后172 d以上的马坑22号总糖含量超过20%,特别适合鲜食。广东、四川两地的橄榄总多糖含量为0.45%~1.40%,广东地区的橄榄多糖平均含量高于四川地区。福建闽侯橄榄果实总膳食纤维含量为37.40%~50.36%,明显高于柑橘、番木瓜、西番莲等水果,可作为一种重要的膳食纤维补给源。橄榄渣总膳食纤维的持水力、持油力、膨胀力、葡萄糖吸附值分别为4.96 g/g、2.45 g/g、6.00 mL/g、18.11 mmol/g,具有优良的理化性质,具有较好的开发利用价值,适合开发功能性食品。

橄榄中含有丰富的矿物元素,如钾、钙、铁、镁,钠、铜、锌、硒和锰。以闽侯檀香橄榄为例,有研究表明其钾、钙含量较高,果肉中钙含量达101.7 mg/100 g,远高于普通水果,铁的含量也达88.53 mg/kg。此外,橄榄中含有钴、铬、镍等元素;还含有丰富的维生素,如胡萝卜素、维生素 A、维生素 B_1、维生素 B_2、维生素 C 以及烟酸等。需要特别指出的是,橄榄核仁中钙含量达226.2 mg/100 g、钾含量达586.9 mg/100 g、镁含量达185.6 mg/100 g、铁含量达12.4 mg/100 g,是这些矿物质的良好补给源。

橄榄中酚类化合物是主要的功效成分之一,与其诸多药理作用关系密切,橄榄特有的甘中带苦风味也源于此类成分。为提高橄榄多酚的产量和品质,近年来对橄榄多酚的提取工艺研究非常多。谢倩等对橄榄多酚的测定方法进行了比较分析,发现因橄榄品种、产地、实验设备、提取技术等存在差异,得率差别大。进一步分离、纯化多酚具体成分的研究不多,橄榄总多酚的进一步纯化精制技术也比较缺乏。因此相应的橄榄多酚的药理药效评价也需进一步完善。传统医学典籍确认橄榄有较多功效,现代药理研究也初步证实了橄榄的药效作用。

自1990年Mayumi等从橄榄中分离、纯化得到具有护肝活性多酚化合物单体的鞣花酸和3,3′-二甲氧基鞣花酸以来,何志勇等从橄榄中先后提取分离出没食子酸、没食子酸甲酯、没食子酸乙酯等多种酚类物质。项昭保等从橄榄中分离出鞣花酸、没食子酸、焦性没食子酸、3,4-二羟基苯甲酸乙酯、2-羟基苯甲酸、没食子酸乙酯等多个酚类化合物。它们大多具有明显的抗氧化活性,一些酚类化合物还具有多种其他功效,如没食子酸具有抗菌、抗病毒、抗癌等活性,3,4-二羟基苯甲酸乙酯具有抑制癌细胞增殖等活性。成熟的橄榄每100 g可食部分的营养物质含量详见表9-1。

表 9-1　成熟的橄榄每 100 克可食部分的营养物质含量

食品中文名	橄榄（白榄）	食品英文名	Olive（White olive）
食品分类	水果类及制品	可食部	80.0%
来源	食物成分表 2009	产地	福建
营养素含量（100 g 可食部食品中的含量）			
能量/kJ	240	蛋白质/g	0.8
脂肪/g	0.2	不溶性膳食纤维/g	4
碳水化合物/g	15.1	维生素 A/ μg 视黄醇当量	22
钠/mg	（Tr）	维生素 B_1（硫胺素）/mg	0.01
维生素 B_2（核黄素）/mg	0.01	维生素 C（抗坏血酸）/mg	3
烟酸（烟酰胺）/mg	0.7	磷/mg	18
钾/mg	23	镁/mg	10
钙/mg	49	铁/mg	0.2
锌/mg	0.25	铜/mg	（Tr）
硒/μg	0.3	锰/mg	0.48

四、橄榄中活性成分的提取、纯化与分析

（一）橄榄叶中木樨草素的分析方法

1. 仪器、试剂和材料

本试验用到的仪器为：LD5-10 型离心分离机，青海农牧机械厂；KQ100DB 型超声波处理机，昆山市超声仪器有限公司；RE-52AA 型旋转蒸发仪，上海亚荣生化仪器厂；Z 型层析柱（2.0 cm × 50 cm），上海精科实业有限公司；BF-200B 型数显恒流泵，上海沪西分析仪器厂；DBS100 型自动部分收集器，上海沪西分析仪器厂；BMH 型冷冻干燥机，博力行仪器有限公司；Dionex 型高效液相色谱仪，Dionex 公司；PDA-100 型紫外检测器，Dionex 公司；UV2102PC 型紫外可见分光光度计，上海 Unico 公司；Bruker Vector 33 型红外光谱仪，德国 Bruker 公司；Hewlett Packard 1100 LC-MSD 型液相色谱 - 质谱联用仪，美国惠普公司；Bruker Ascend 400 MHz 核磁共振波谱仪，德国 Bruker 公司。

本试验用到的试剂为乙醇（AR）、石油醚（AR）、Na_2SO_3（CP）、$Al(NO_3)_3$（CP）、NaOH（CP）、硫氰酸铵（CP）、氯化亚铁（CP）、NaH_2PO_4（CP）、Na_2HPO_4（CP）、亚油酸（CP）、聚酰胺（100~200 目）、硅胶 G60 型、氘代氯仿（$CDCl_3$）、无水乙醇（AR）、KBr（AR）、双蒸水、乙腈（色谱纯）、BHT、丁基羟基茴香醚（BHA）、芦丁标准品。

本试验的研究对象为橄榄叶。

2. 试验方法

1)橄榄叶黄酮的提取

称取橄榄叶粉末 100 g,以 10:1 的液固比(mL/g)加入乙醇,用超声波处理 30 min,然后将提取液离心分离、真空浓缩后,用石油醚萃取 2 次,再用乙醇定容至 200 mL。

2)橄榄叶黄酮的分离、纯化

聚酰胺柱层析分离样品:取 100 mL 提取液,以 1 mL/min 的流速进行动态吸附后,再用体积分数为 50% 的乙醇洗脱液 800 mL 洗脱,洗脱液流速为 1 mL/min,收集洗脱液。

制备型薄层层析纯化样品:将收集的洗脱液带状点样在薄层层析板上,选择的展开剂为 $V_{乙酸乙酯}:V_{丁酮}:V_{甲醇}:V_{水}=60:10:20:10$,展距为 18 cm。样品经薄层层析分离、纯化后,进行显色分析,得到 C_1、C_2、C_3 共 3 个样品,再将得到的 3 个样品溶液冷冻干燥。

用亚油酸系统法测定经上述方法分离、纯化得到的 C_1、C_2、C_3 3 个样品和 BHA、BHT 的抗氧化活性,筛选出活性最强的样品。

3)HPLC 分析

把样品 C_3 用无水乙醇溶解,用 HPLC 鉴定样品 C_3 的纯度。

色谱条件:色谱柱为 C_{18} 色谱柱(3.9 mm × 300 mm,4 μm),流动相为水 - 乙腈(体积比为 80:20),流速为 0.8 mL/min,进样量为 20 μL,检测波长为 254 nm,柱温为室温,分析时间为 30 min。

4)紫外光谱(UV)分析

将样品 C_3 用无水乙醇溶解,用无水乙醇做空白对照、使用 1 cm 比色皿,在 UV2102PC 型紫外光谱仪上从 200~500 nm 扫描,得到样品 C_3 的紫外光谱图。

5)红外光谱(IR)联合分析

将样品 C_3 用 KBr 压片,在 Bruker Vector 33 型红外光谱仪上进行红外光谱扫描,得到样品 C_3 的红外光谱图。

6)液相色谱 - 质谱(LC-MS)分析

把样品 C_3 用 Hewlett Packard 1100 LC-MSD 型液相色谱 - 质谱联用仪进行分析,得到样品 C_3 的液相色谱图和质谱图。

色谱条件:色谱柱为 ODS 色谱柱(4.6 mm × 200 mm,5 μm),流动相为水 - 乙腈(体积比 = 80:20),流速为 0.8 mL/min,进样量为 20 μL,检测波长为 254 nm,柱温为室温,分析时间为 30 min。

质谱条件:采用 API-ESI 接口,电喷雾电离,以负离子模式电离,以较低电压离子化样品,同时做短时间扫描。

7)核磁共振(NMR)分析

将样品 C_3 用 $CDCl_3$ 溶解,室温条件下,在 Bruker Ascend 400 MHz 核磁共振波谱仪

上做样品的氢谱分析。取样品 C_3 直接在 Bruker Ascend 400 MHz 核磁共振波谱仪上做样品的碳谱分析。

3. 结论

抗氧化活性物质的筛选试验表明,橄榄叶黄酮中样品 C_3 的抗氧化活性最好,优于抗氧化剂 BHA 和 BHT。选取黄酮中样品 C_3 进行分析,综合 HPLC、UV、IR、LC-MS、NMR 的分析结果,判定样品 C_3 为木樨草素,其分子结构式如图 9-1 所示。

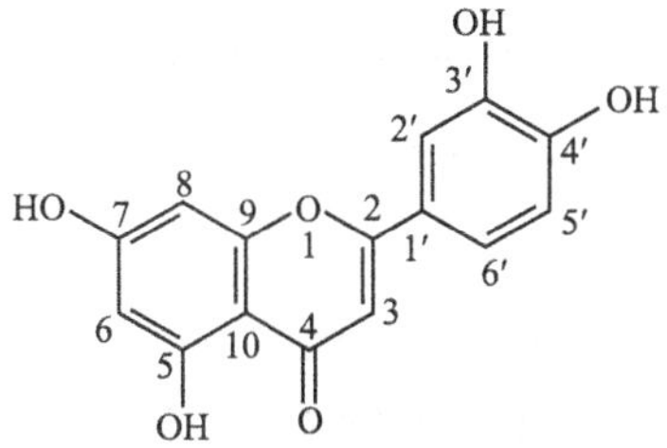

图 9-1　木樨草素的分子结构式

(二)橄榄果实中亚油酸等脂肪酸的分析方法

1. 仪器、试剂与材料

本试验用到的仪器为:恒温水浴锅,上海一恒科技有限公司;电热恒温干燥箱,上海一恒科技有限公司;Trace 气相色谱 - 质谱 - 计算机联用仪,美国 Finnigan 公司。

本试验用到的试剂为石油醚(沸点为 30~60 ℃)、乙醚、苯、甲醇、NaOH 等,均为分析纯。

本试验采用新鲜檀香橄榄果实作为研究对象。

2. 试验方法

1)原料预处理

将新鲜橄榄清洗干净,用刀剖开将橄榄核取出,将核破碎后得到橄榄核仁。分别收集橄榄果肉和橄榄核仁并称重(其中,果肉占 74.3%,橄榄核仁占 6.2%),在 105 ℃干燥箱中烘烤 30 min。研碎干燥后的样品,置于索氏抽提仪中,用石油醚水浴回流提取 8 h,挥发干溶剂得到果肉油和核仁油。

2)脂肪含量测定

参照《食品安全国家标准 食品中脂肪的测定》(GB 5009.6—2016)进行测定。

3)油脂的甲酯化处理

取橄榄油样 50 mg,置于 10 mL 具塞试管中,依次加入 0.5 mL 苯、0.5 mL 乙醚和 1.0 mL 2% NaOH- 甲醇溶液,在 45 ℃水浴中酯化 20 min。冷却后加水定容至 10 mL,待分层后吸取上清液用于 GC-MS 分析。

4）脂肪酸组成分析

样品上清液用 Trace GC-MS 联用仪进行脂肪酸的分析,气相色谱的分离柱为 PEG20M（30 m × 0.25 mm, 0.25 μm）。N_2 作为柱中的载气,以 0.80 mL/min 的流速恒定流动。样品进样方式为 260 ℃分流,流速为 32 mL/min。

质谱仪中离子化方式为 EI^+,发射电流 200 μA,电子能量为 70 eV,汽化温度 260 ℃,接口温度为 250 ℃,离子源温度为 200 ℃,检测器电压为 350 V。炉升温方式为程序升温:起始温度为 180 ℃,按 3 ℃/min 的速率逐渐升温至 240 ℃,并在 240 ℃条件下维持 10 min。测定完后,经计算机化学工作站分析检索其中的脂肪酸组分,经数据处理系统按峰面积归一化法计算各脂肪酸组分的相对含量。

3. 结论

我国橄榄的含油量比较低,新鲜橄榄果肉含油量为 1.1%,橄榄核仁含油量为 52.8%,整果含油量不到 5.0%,远远低于地中海油橄榄中的油含量。橄榄中的脂肪主要集中在橄榄核仁部分,果肉中含量较低。如表 9-2 所示,橄榄核仁油中检出 13 种脂肪酸,其中不饱和脂肪酸有 6 种,主要为亚油酸（41.8%）、油酸（30.5%）、棕榈酸（18.0%）、硬脂酸（7.8%）,以亚油酸成分为主,不饱和脂肪酸含量达 73.3%。橄榄果肉油中检出 10 种脂肪酸,其中不饱和脂肪酸有 5 种,主要为油酸（55.2%）、棕榈酸（26.7%）、亚麻酸（7.1%）、亚油酸（4.7%）、棕榈油酸（3.4%）、硬脂酸（1.3%）,以油酸成分为主,不饱和脂肪酸含量占 70.4%,果肉油中亚麻酸含量明显高于核仁油中的含量,而亚油酸含量非常低。同时,笔者通过试验首次从橄榄中检测出了十五烷酸、十七烷酸、9,12-十六碳二烯酸和二十二烷酸,其中十五烷酸和十七烷酸在一般的植物油中较少见。具体见表 9-2。

表 9-2　橄榄中的脂肪酸成分

脂肪酸	分子式	相对含量 /%	
		橄榄果肉油	橄榄核仁油
肉豆蔻酸	$C_{13}H_{27}COOH$	0.9	0.1
十五烷酸	$C_{14}H_{29}COOH$	未测出	微量
棕榈酸	$C_{15}H_{31}COOH$	26.7	18.0
十七烷酸	$C_{16}H_{33}COOH$	微量	0.1
硬脂酸	$C_{17}H_{35}COOH$	1.3	7.8
花生酸	$C_{19}H_{39}COOH$	微量	0.4
二十二烷酸	$C_{21}H_{43}COOH$	未测出	0.1
棕榈油酸	$C_{15}H_{29}COOH$	3.4	0.3
油酸	$C_{17}H_{33}COOH$	55.2	30.5
11-二十碳烯酸	$C_{19}H_{37}COOH$	微量	0.3
9,12-十六碳二烯	$C_{15}H_{27}COOH$	未测出	0.2

续表

脂肪酸	分子式	相对含量 /%	
		橄榄果肉油	橄榄核仁油
亚油酸	$C_{17}H_{31}COOH$	4.7	41.8
亚麻酸	$C_{17}H_{29}COOH$	7.1	0.2

注：棕榈油酸、油酸、11-二十碳烯酸、9,12-十六碳二烯、亚油酸、亚麻酸为不饱和脂肪酸。

本章参考文献

[1] 郝小玲,於艳萍,宾振钧,等. 广西橄榄种质资源分布及利用现状调查 [J]. 绿色科技,2019(15):172-174.

[2] 邱武凌,卢开椿,庄伯桐. 福建橄榄品种资源调查 [J]. 福建农业科技,1981(4):43-47.

[3] 林玉芳,陈清西,关夏玉,等. 橄榄总多酚提取工艺优化研究 [J]. 中国农学通报,2011,27(5):396-400.

[4] 何志勇. 橄榄果实中脂肪酸组成的 GC/MS 分析 [J]. 安徽农业科学,2008(27):11804-11805,11817.

[5] 王成章,陈强,罗建军,等. 中国油橄榄发展历程与产业展望 [J]. 生物质化学工程,2013,47(2):41-46.

[6] 冯伟业,王春田,苏重娣,等. 斯里兰卡橄榄引种试种报告 [J]. 热带作物研究,1984(2):96-102.

[7] 杨顺楷,杨亚力,杨维力. 余甘子资源植物的研究与开发进展 [J]. 应用与环境生物学报,2008,14(6):846-854.

[8] 赖瑞联,陈瑾,冯新,等. 中国橄榄种质资源评价与抗寒性研究进展 [J]. 热带作物学报,2017,38(11):2188-2194.

[9] 吴征镒. 中国植物志 [M]. 北京:科学出版社,2007.

[10] 杨孚. 异物志辑佚校注 [M]. 吴永章,校注. 广州:广东人民出版社,2010.

[11] 李时珍. 本草纲目(下册)[M]. 台北:文化图书公司,1992.

[12] 广西壮族自治区农业区划委员会办公室. 广西果树自然资源与区域发展研究 [R]. 南宁:广西农业区划委员会办公室,1993:4.

[13] 何志勇. 橄榄果肉营养成分的分析 [J]. 食品工业科技,2008,29(12):224-226.

[14] 戴宏芬,赖志勇,张超红,等. 反向高效液相色谱法测定青果中的氨基酸 [J]. 食品工业科技,2010,31(6):333-335.

[15] 万继锋,吴如健,韦晓霞,等. 橄榄果实中糖和氨基酸组成与含量分析 [J]. 福建农业学报,2013,28(5):472-477.

[16] 何志勇,夏文水,吴刚. 橄榄核仁营养成分分析 [J]. 营养学报,2006,28(2):189-190.

[17] 郑道序,谢晓娜,詹潮安,等.橄榄品种果实营养成分的比较 [J].湖北农业科学, 2015,54(16):3967-3969.

[18] 林玉芳,李泽坤,陈清西,等.橄榄果实糖类组分分析 [J].东南园艺,2012,40(2): 4-7.

[19] 李泽坤,陈清西.橄榄果实发育成熟过程中糖积累与相关酶活性的关系 [J].西北植物学报,2015,35(10):2056-2061.

[20] 汤昊,宋良科,董关涛.不同种质青果的多糖含量比较研究 [J].湖北农业科学,2010, 49(7):1694-1697.

[21] 欧高振,陈清西.橄榄果实膳食纤维含量及动态变化研究 [J].福建农业学报,2009, 24(1):64-67.

[22] 谢三都.橄榄渣总膳食纤维提取工艺优化及其理化性质 [J].安徽农业科学,2015,43 (33):137-139.

[23] 项昭保,徐一新,陈海生,等.橄榄中酚类化学成分研究 [J].中成药,2009,31(6): 917-918.

[24] XIANG Z B,CHEN H S,JIN Y S, et al. Phenolic constituents of *Canarium album*[J]. Chemistry of Natural Compounds,2010,46(1):119-120.

[25] 赖瑞联,陈瑾,韦晓霞,等.中国橄榄研究 40 年 [J].热带作物学报,2020,41(10): 2045-2054.

[26] 何志勇.橄榄酚类化合物的分离纯化和结构研究 [D].无锡:江南大学,2007.

[27] 项昭保,刘星宇.响应面法优化超声 - 微波协同辅助提取橄榄多酚工艺研究 [J].食品工业科技,2016,37(1):195-200.

[28] 谢倩,王威,陈清西.橄榄多酚含量测定方法的比较 [J].食品科学,2014,35(8): 204-207.

[29] 刘玉红,林庆生,孔慧清,等.橄榄叶黄酮类抗氧化物质的结构分析研究 [J].食品与发酵工业,2006(9):28-31.

第十章 杨梅

一、杨梅的概述

杨梅(*Myrica rubra* L.)属于木兰纲杨梅科杨梅属小乔木或灌木植物,又称圣生梅、白蒂梅、树梅,具有很高的药用和食用价值。杨梅为常绿乔木,高可达 15 m 以上,胸径达 60 cm;树皮灰色,老时纵向浅裂;树冠圆球形。小枝及芽无毛,皮孔通常少而不显著,幼嫩时仅被圆形而盾状着生的腺体。叶革质,无毛,生存至 2 年脱落,常密集于小枝上端部分;生于萌发条上者为长椭圆状或楔状披针形,长达 16 cm 以上,顶端渐尖或急尖,边缘中部以上具稀疏的锐锯齿,中部以下常为全缘,基部楔形;生于孕性枝上者为楔状倒卵形或长椭圆状倒卵形,长 5~14 cm,宽 1~4 cm,顶端圆钝或具短尖至急尖,基部楔形,全缘或偶有在中部以上具少数锐锯齿,上面深绿色,有光泽,下面浅绿色,无毛,仅被有稀疏的金黄色腺体,干燥后中脉及侧脉在上下两面均显著,在下面更为隆起;叶柄长 2~10 mm。

杨梅的花为雌雄异株。雄花序单独或数条丛生于叶腋,圆柱状,长 1~3 cm,通常不分枝呈单穗状,稀在基部有不显著的极短分枝现象。基部的苞片不孕,孕性苞片近圆形,全缘,背面无毛,仅被有腺体,长约 1 mm,每枚苞片腋内生 1 朵雄花。雄花具 2~4 枚卵形小苞片及 4~6 个雄蕊;花药椭圆形,暗红色,无毛。雌花序常单生于叶腋,较雄花序短而细瘦,长 5~15 mm,苞片和雄花的苞片相似,密接而成覆瓦状排列,每苞片腋内生 1 朵雌花。雌花通常具 4 个卵形小苞片;子房卵形,极小,无毛,顶端有极短的花柱及 2 个鲜红色的细长的柱头,其内侧为具乳头状凸起的柱头面。每一雌花序仅上端 1(稀 2)朵雌花能发育成果实。

杨梅的果实呈核果球状,外表面具乳头状凸起,半径 1~1.5 cm,栽培品种可达 3 cm 左右。外果皮肉质,多汁液及树脂,味酸甜,成熟时深红色或紫红色。核常为阔椭圆形或圆卵形,略成压扁状,长 1~1.5 cm,宽 1~1.2 cm。内果皮极硬,木质。4 月开花,6—7 月果实成熟。

二、杨梅的产地与品种

(一)杨梅的产地

杨梅原产中国浙江余姚,1973 年余姚境内发掘新石器时代的河姆渡遗址时发现杨梅属花粉,说明在 7 000 多年以前该地区就有杨梅生长。杨梅在中国分布的省份有云南、贵州、浙江、江苏、福建、广东、湖南、广西、江西、四川、安徽、台湾等。国外,如日本和韩国有少量栽培,东南亚各国,如印度、缅甸、越南、菲律宾等国也有分布。杨梅喜酸性土壤,生长于中国温带、亚热带湿润气候下海拔为 125~1 500 m 的山坡或山谷林中,主要分布在长江流域以南、海南岛以北,即北纬 20° 至北纬 31° 的区域。与柑橘、枇杷、茶树、毛竹等的分布相仿,但其抗寒能力比柑橘、枇杷强。

(二)杨梅的品种

杨梅属有 50 多个种,中国已知的有杨梅、白杨梅、毛杨梅、青杨梅和矮杨梅,其中杨梅是主要的经济栽培种。下列 15 种是我国主要种植的杨梅品种。

1. 东魁

东魁又名东岙大杨梅,产于浙江省仙居县等地。该品种树势强壮,树姿直立,发枝力强,树冠呈圆头形,枝梢节短。叶大,倒披针形,叶长 9.72 cm、宽 3.1 cm,叶边缘波状皱缩,叶色浓绿。果实较大,呈圆球形,单果重约 20 g,为果型最大的杨梅品种。果面呈紫红色,果肉呈红色或浅红色。果面缝合线明显,果蒂突起,成熟时保持黄绿色;肉柱稍粗,先端钝尖;汁多,酸甜适口,风味浓,含可溶性固形物 13.4%、糖量 10.5%、酸量 1.10%,可食率为 94.87%,品质上等。产地成熟期为 7 月上中旬,采收期为 8~10 d。

2. 荸荠种

荸荠种主产于浙江省余姚、慈溪和宁波等地区。该品种树势较弱,树冠不整齐,而且枝短、叶密,叶呈椭圆形,全缘大小很不一致,枝下部的叶小。果中大,正扁圆形,重约 14 g,果顶部微凹入,有时有十字纹,果底有明显的浅洼,果梗细短,肉柱圆钝,果色呈淡紫红色至紫色,肉质细软,味清甜、汁液多,具香气,核小,离核性强,成熟后不脱落。具有丰产、优质、耐肥、抗风和适应强等优点。果实鲜食和制作罐头皆宜,已在江南地区推广。

3. 丁岙梅

丁岙梅原产于浙江省温州、永嘉和乐清等地。该品种树冠较大,枝叶较疏,圆头形。叶大,长倒卵形。果圆形,单果重 15~18 g,果柄长约 2 cm,果顶有环形沟纹 1 条。成熟后呈紫红色。果肉厚,肉柱较钝,柔软多汁,含可溶性固形物 11.1%,味甜、核小。6 月中下旬成熟,品质极佳,耐贮藏。由于果柄较长,果实不易脱落,果农多带果柄采摘。

4. 晚稻杨梅

晚稻杨梅原产于浙江省舟山等地。该品种树势强壮,树冠高大,呈圆形或圆筒形。叶披针形,长 8.84 cm、宽 2.22 cm,先端尖圆,基部楔形,叶全缘或稍有锯齿,叶深绿色,叶脉明显。果实圆球形,平均单果重 11.7 g,大的达 15 g 以上;成熟后,果皮呈紫色,肉柱圆钝、肥大、整齐,果顶有微凹,果基圆形,凹沟短、缝合线不明显,果柄短;肉质细腻,甜酸适口,汁多,核与肉易分离;含可溶性固形物 12.6%、总糖 9.6%、总酸 0.85%,可食率为 95%~96%,品质上等。在原产地 7 月上中旬成熟,采收期为 12~15 d。

5. 大叶细蒂

大叶细蒂杨梅原产于江苏省。树冠较大而开张,枝梢长而粗壮。叶大而较软,宽披针形,叶全缘或先端具有小锯齿。果型大,圆形或扁圆形,平均单果重 14.7 g,果顶为圆形,缝合线宽,深而明显,果面平整,肉柱为圆头,少数是尖头;成熟后果面紫红色,肉质厚,柔软多汁,甜酸适度,品质上等;含可溶性固形物 12.26%、酸量为 0.61%,可食率为 95%~96%;果核小,果成熟后不易脱落,比较耐贮藏,丰产。6 月底成熟。其缺点是容易发生大小年现象。

6. 小叶细蒂

小叶细蒂杨梅原产于江苏省。树冠高大,直立,枝细长,分枝多。叶披针形,全缘或先端有细齿,先端稍反卷,基部狭楔形。果实中大,扁圆形,平均单果重 10.5 g,肉柱为圆形,排列紧密,果面较平整;成熟时果面为深紫红色,果肉较厚,质较硬,风味浓甜,品质上等,含可溶性固形物 12.1%、酸量 0.64%,可食率为 94%。原产地成熟期为 6 月底至 7 月初。该品种树势较强,坐果率高,丰产、优质。采前不易落果,较耐贮运,但有大小年。

7. 大粒紫

该品种产自福建省宁德市福鼎市前岐镇。树势强健。果紫红色,中大,平均重 12.9 g,肉质软,味酸甜,呈青绿色。

8. 光叶杨梅

该品种产自湖南靖县,果大,球形,果顶有放射状沟,直达果实中部,呈光泽感,色紫红,品质上等。

9. 乌酥核

该品种产自广东省汕头市潮阳区西胪镇内輋村,是近年来选出的良种。平均单果重 16 g,紫黑色。肉厚、质松,汁多味甜,核小,品质优良。

10. 西山乌梅

该品种果型大,是早熟品种中难得的大果型品种。果肉软硬适度,风味浓郁,富香气。

11. 大炭梅

该品种果梗极短,肉柱长短不一,尖头或钝头带尖,果面粗糙不平,果色浓红带黑;肉软汁多,含可溶性固形物 9.9%,味浓,酸甜适度,品质优良。

12. 早色杨梅

该品种在早熟品种中属于果型较大的品种。完全成熟时,果面呈紫红色,果顶和果基均为平整圆形,果蒂细小,黄绿色。肉柱圆或尖,肉质稍粗,汁多,品质上等。

13. 水梅

该品种果实肉软汁多,果大核小,适合鲜食和加工。该树种适应性强,较丰产。

14. 早荠蜜梅

早荠蜜梅是由浙江省农业科学院园艺研究所和慈溪市杨梅研究所选育的。该品种树势中等,树冠圆头形。叶片较小,长 7.6 cm、宽 2.7 cm,两侧略向上。果实扁圆形,果型较大,果实成熟时呈紫红色、光亮。肉柱顶端为圆形、大小均匀,含可溶性固形物 1.38%、酸量 1.26%,可食率为 93.1%,甜酸适中,品质优良。6 月上旬成熟,是杨梅品种中最早成熟的优良品种之一。

15. 晚荠蜜梅

晚荠蜜梅是由浙江省农业科学院园艺研究所和余姚市杨梅研究所选育的。该品种树势强壮,枝叶繁茂,树冠呈圆头形。叶大、浓绿,长 9.3 cm、宽 2.7 cm。果实大,扁圆形,平均单果重 13.0 g;成熟时果面为紫色,有光泽,肉柱顶端为圆形,含可溶性固形物 13.0%、酸量 1.0%,可食率达 95.6%,肉质致密,甜酸适口,品质上等。7 月上旬成熟,是鲜食和罐头加工兼用的优良品种。

三、杨梅的主要营养和活性成分

(一)杨梅的营养成分

优质杨梅果肉的含糖量为 12%~13%,含酸量为 0.5%~1.1%,富含纤维素、矿物质元素、维生素和一定量的蛋白质、脂肪、果胶及 8 种对人体有益的氨基酸,其果实中钙、磷、铁含量要高出其他水果 10 多倍。

成熟的杨梅每 100 g 可食部分的营养物质含量详见表 10-1。

表 10-1　成熟的杨梅每 100 g 可食部分的营养物质含量

食品中文名	杨梅	食品英文名	Waxberry
食品分类	水果类及制品	可食部	82.00%
来源	食物成分表 2009	产地	中国
营养素含量(100 g 可食部食品中的含量)			
能量/kJ	125	蛋白质/g	0.8
脂肪/g	0.2	不溶性膳食纤维/g	1
碳水化合物/g	6.7	维生素 A/μg 视黄醇当量	7
钠/mg	1	维生素 E/mg α- 生育酚当量	0.81
维生素 B_2(核黄素)/mg	0.05	维生素 B_1(硫胺素)/mg	0.01
烟酸(烟酰胺)/mg	0.3	维生素 C(抗坏血酸)/mg	9
钾/mg	149	磷/mg	8
钙/mg	14	镁/mg	10
锌/mg	0.14	铁/mg	1
硒/μg	0.3	铜/mg	0.02
锰/mg	0.72		

（二）杨梅的活性作用

1. 抗氧化活性

现代营养学研究表明，抗氧化是预防诸多慢性疾病，如糖尿病、癌症、心血管疾病等的重要手段。越来越多的证据表明不同部位的杨梅粗提物均富含抗氧化物质。

通过多种抗氧化活性的评价方法，如 FRAP 法、DPPH 法和 ABTS$^+$ 法，发现深色品种"荸荠"相对于浅色品种"粉红"和白色品种"水晶""白种"表现出更高的抗氧化能力。果实的红色主要来自花青苷，矢车菊素 -3-O- 葡萄糖苷（C_3G）是杨梅中最主要的花青苷，该物质有较高的抗氧化活性，因此颜色越深的杨梅果实的抗氧化能力越强。不同品种杨梅果实的抗氧化能力与总酚、总黄酮和 C_3G 的含量显著正相关。酚类物质的抗氧化活性也在果汁和果渣中进一步被证实。近年来，用高效逆流色谱技术纯化分离出杨梅中的 C_3G，还发现 C_3G 的浓度与 DPPH 抗氧化能力有很好的相关性。

富含 C_3G 的杨梅果肉粗提物可以保护胰岛 β 细胞（INS-1）免受 H_2O_2 引起的体外应激损伤。这样的保护作用导致线粒体活性氧减少，细胞坏死和凋亡减少，同时提高胰腺细胞的生存能力。在杨梅粗提物对小鼠肝和结肠的氧化胁迫的缓解作用研究中，发现杨梅粗提物处理组可以通过增加还原型谷胱甘肽的水平和超氧化物歧化酶、过氧化氢酶和谷胱甘肽还原酶的活性来有效减轻小鼠肝和结肠组织的氧化胁迫。

使用 DPPH 法测定杨梅树叶中酚类物质的抗氧化活性时，发现其 IC_{50}（半抑制浓度）为 2~21 μmol/L。杨梅树叶甲醇提取物有显著的氧化酶（酪氨酸酶和脂氧合酶）抑制活性和 DPPH 自由基清除能力。

除了最主要的花青苷外，杨梅提取物中其他酚类物质主要包括杨梅酮、杨梅黄酮 -3-O- 鼠李糖苷、杨梅黄酮己糖苷（半乳糖苷或葡萄糖苷）、杨梅黄酮 -3-O- 鼠李糖苷没食子酸酯、槲皮素、槲皮素 -3-O- 葡萄糖苷、槲皮素 -3-O- 鼠李糖苷、槲皮素 -3-O- 芦丁糖苷、槲皮素己糖苷没食子酸酯、山奈酚己糖苷、没食子酸、原儿茶酸、对羟基苯甲酸、香豆酸、咖啡酸、阿魏酸等，这些物质在体外和体内都显示出抗氧化活性。很多研究都对酚类物质的抗氧化能力进行了结构与活性关系的阐述，杨梅黄酮 β 环上的没食子酰基结构或者它的衍生物有着高自由基清除能力，这些物质的没食子酰基结构增强了该能力。

采后经过不同处理的杨梅提取物中的抗氧化物质和其抗氧化能力均有变化，如用 1 000 μL/L 乙醇熏蒸后花青苷含量会上升；高氧处理可以维持杨梅果实品质，总酚、总花青苷和 DPPH 自由基清除能力都保持在一个较高水平；用茉莉酸甲酯和乙醇熏蒸共同处理后的杨梅的总酚、总黄酮、花青苷、DPPH 抗氧化能力、超氧化物歧化酶、羟基自由基的水平均比对照组高。

2. 抗炎症和抗过敏活性

中国民间医药中，杨梅树叶可用来治疗炎症。最近的研究表明，从杨梅树叶中分离得到的杨梅酮可以有效治疗二甲苯引起的耳肿胀；另外一种从杨梅树叶中分离得到的物质——杨梅苷，能够抑制在巨噬细胞 Raw264.7 中产生 TNFα，表现出抗炎作用，且该物质被证实在开发新抗炎药物方面有很大的潜力。

一氧化氮自由基（NO·）与各种生理和病理过程中的慢性或者急性炎症有关。Tao 等研究了杨梅树叶中 21 种物质对由脂多糖（lipopolysaccharide，LPS）引起的小鼠腹膜巨噬细胞中 NO·产生的抑制作用。结果表明，6 种联苯型二芳基庚烷——（＋)-S- 杨梅联苯环庚醇（(＋)-S-myricanol）、杨梅联苯环庚酮（myricanone）、杨梅联苯环庚醇、杨梅联苯环（myricanene）A、杨梅联苯环 B、杨梅联苯环，都对 NO·的产生有抑制作用（IC_{50}=19~30 μmol/L），这与非选择性 NO·合酶（NOS）抑制剂——NG- 甲基 -L- 精氨酸（L-NMMA，IC_{50}=28 μmol/L）的作用相似。然而，这类芳基庚烷的糖苷类物质，如杨梅联苯环庚酮 5-O-β-D- 吡喃葡萄糖苷（myricanone 5-O-β-D-glucopyranoside）、（＋)-S- 杨梅联苯环庚醇 5-O-β-D- 吡喃葡萄糖苷（(＋)-S-myricanol 5-O-β-D-glucopyranoside）、杨梅联苯环庚醇葡萄糖苷（myricanol glucoside）、杨梅联苯环 5-O-α-L- 呋喃阿拉伯糖基（1 → 6)-β-D- 吡喃葡萄糖苷（myricanene 5-O-α-L-arabinofuranosyl(1 → 6)-β-D-glucopyranoside）就显示很低的 NO·抑制活性或者没有 NO·抑制活性。事实上，由于糖苷对细胞膜的低渗透性，这些物质很难作用于细胞的活性部位，因此糖苷相对应的苷配基表现出较低的活力。总之，杨梅树叶提取物对 LPS 激发的小鼠腹腔巨噬细胞中 NO·产生的抑制作用支持了传统药用杨梅提取物能治疗炎症的观点。

从 RBL-2H3 细胞中释放的 β- 氨基己糖苷酶（免疫标记）的抑制作用通常用来作为评估天然植物提取物抗过敏的指标。Matsuda 等评价了从杨梅树皮中分离得到的 21 种物质的 β- 氨基己糖苷酶（免疫标记）的抑制作用。研究结果表明，5 种联苯型二芳基庚烷——（＋)- S- 杨梅联苯环庚醇（IC_{50}=28 μmol/L）、杨梅联苯环庚酮（IC_{50}=46 μmol/L）、杨梅联苯环庚醇（IC_{50}= 63 μmol/L）、杨梅联苯环 A（IC_{50}=98 μmol/L）、杨梅联苯环 B（IC_{50}=100 μmol/L）和杨梅酮（IC_{50}=23 μmol/L）表现出比抗过敏药物曲尼司特（0.49 mmol/L）和富马酸酮替芬（0.22 mmol/L）更好的 β- 氨基己糖苷酶的抑制效果。除此之外，4 个类似的二芳基庚烷糖苷化合物，即（＋)-S- 杨梅联苯环庚醇 5-O-β-D- 吡喃葡萄糖苷、杨梅联苯环 A 5-O-α-L- 呋喃阿拉伯糖基（1 → 6)-β-D- 吡喃葡萄糖苷、杨梅联苯环 B 5-O-α-L- 呋喃阿拉伯糖基（1 → 6)-β-D- 吡喃葡萄糖苷、杨梅联苯环庚醇葡萄糖苷和杨梅黄酮 -3- O- 鼠李糖苷（杨梅苷）表现出很弱的 β- 氨基己糖苷酶抑制活性。通过 β- 氨基己糖苷酶的方法对黄酮类物质的 β- 氨基己糖苷酶抑制活性进行研究，发现黄酮和黄酮醇类物质活性高，而黄烷酮类、异黄酮或者儿茶素类物质活性不高。近年来研究发现，杨梅树叶里面的杨梅苷是降低活体血清免疫球蛋白 E 和小鼠过敏模型抗过敏的关键物质，且可能与抗炎的潜在机制相关。

3. 抗癌活性

杨梅树叶提取物可以在体外抑制人宫颈癌细胞（HeLa）和鼠白血病细胞株（P-388）的生长，并且可以在体内抑制 P-388 肿瘤的 CDF1 小鼠模型中癌细胞的生长。表儿茶素 -3-O- 没食子酸盐和原翠雀素 A-2，3′ -O- 没食子酸盐（prodelphinidin A-2，3′ -O-gallate）被认为是最主要的引起 HeLa 细胞凋亡的抗癌物质。原翠雀素 B-2, 3, 3′ - 双 -O- 没食子酸盐（prodelphinidin B-2, 3, 3′ -di-O-gallate, PB233′OG）是一种从杨梅树皮中分离的原花色素没食子酸盐，通过 Fas/Fas 配位体凋亡系统可以诱发人乳腺癌 MCF-7 细胞的凋亡，并且有很好的时间、剂量依赖效应（IC_{50}=5.2 μmol/L）。在另一个研究中，PB233′OG 可在 G_0/G_1 期阻断细胞周期连续性，从而抑制 A549 肺癌细胞的增殖。从杨梅树皮中分离的二芳基庚烷杨梅新醇和（11ξ)-3,5- 二甲氧基 -11, 17- 二羟基 -4, 19- 二酮 -（7,0)- 间二苯撑环烷烃（(11ξ)-3, 5-dimethoxy-11, 17-dihydroxy-4, 19-diketo-（7,0)-metacyclophane）对乳腺癌（Bre-04, IC_{50}=32.58 μg/mL）均表现出细胞毒性。6 种从杨梅树皮中分离的酚类物质——杨梅联苯环庚醇 11-O-β-D- 吡喃葡萄糖苷（myricanol 11-O-β-D- glucopyranoside）、杨梅联苯环庚醇 5-O-β-D-（6′ -O- 没食子酰基)- 吡喃葡萄糖苷（myricanol 5-O-β-D-（6′-O-galloyl)-glucopyranoside）、杨梅联苯环庚醇 5-O-α-L- 呋喃阿拉伯糖基（1 → 6)-β-D- 吡喃葡萄糖苷（myricanol 5-O-α-L-arabinofuranosyl（1 → 6)-β-D-glucopyranoside）、杨梅联苯环庚醇 17-O-β-D-（6′ -O- 没食子酰基)- 吡喃葡萄糖苷（myricanol 17-O-β-D-（6′ -O-galloyl)-glucopyranoside）、16- 甲氧基槭木素 B 9- 呋喃芹菜糖基（1 → 6)-β-D- 吡喃葡萄糖苷（16-methoxy acerogenin B 9-apiofuranosyl-（1 → 6)-β-D-glucopyranoside）、杨梅苷（myricitrin）在 B16 小鼠中可以抑制 30%~56% 黑色素的产生。

近年来，杨梅果肉甲醇提取物的抗肿瘤作用也在不同的肿瘤细胞和小鼠中被证实。富含酚类物质的杨梅果肉提取物可以有效抑制雄性 Sprague-Dawley 大鼠中 1，2- 二甲肼诱发的肠道异常病灶和结肠肿瘤的发展。活性的抑制可能与大鼠中脂质过氧化调制机制和抗氧化防御体系相关。杨梅果实中纯化得到的 C_3G 可以抑制不同胃癌细胞系（如SGC7901、AGS、BGC823）的生长，这与 C_3G 的 DPPH 清除能力相关。C_3G 处理后，细胞癌细胞增殖减少，细胞黏附性降低，细胞凋亡的异常形态特征明显，癌细胞的表型与生理指标均具有很好的剂量效应。C_3G 对胃癌细胞的化学保护作用可能与癌细胞迁移、入侵和转移密切相关的基质金属蛋白酶的细胞抑制相关。

4. 抗糖尿病活性

最近的研究表明，杨梅果肉粗提物可能有效预防和控制糖尿病。富含 C_3G 的果肉粗提物可以降低链脲霉素诱发的糖尿病小鼠的血糖水平和增加口服糖耐量测试中葡萄糖耐量。这些结果表明杨梅粗提物可能是通过 ERK1/2 和 PI3K/Akt 介导血红素氧化酶 -1（HO-1）的上调，来降低细胞活性氧水平，改善抗氧化状态，降低 H_2O_2 诱导的 β 胰岛细胞的坏死和凋亡水平。此外，杨梅果肉中的花青素可以上调胰岛素转录因子 PDX-1 的表达,提高 β 细胞中胰岛素基因(Ins2)及其结合蛋白的表达水平,保护 β 细胞胰岛素的分泌活力,进而阻止由于胰岛素分泌不足导致的 STZ 诱导型糖尿病。

5. 止泻、抑菌活性

一些研究已经证实了杨梅的止泻作用部分归因于其抗菌能力。Zhong 等发现杨梅果肉粗提物能体外抑制人类霍乱弧菌的基因表达。通过婴儿小鼠模型,发现粗提物能抑制霍乱弧菌(Vibrio cholerae)的生长和繁殖,但并不抑制正常肠道菌群大肠杆菌(Escherichia coli)和枯草杆菌(Bacillus subtilis)的生长。最小的抑制浓度(MIC)为 2.07~8.28 mg/mL 时,杨梅果肉提取物有显著抑制沙门氏菌(Salmonella)、李斯特菌属(Listeria)和志贺氏杆菌(Shigella)的能力。含有 C_3G、杨梅酮、槲皮素以及槲皮素 -3-O- 葡萄糖苷的提取物表现出最强的体外抑菌能力和体内止泻能力。因此,推测这些黄酮类物质可能与杨梅粗提物的止泻活性密切相关。

根据生长在 Mueller-Hinton 介质中 26 种细菌的生长情况可以评价 22 种酚类物质的抑菌能力,有助于阐述抑菌活性和结构的关系。研究显示,有连苯三酚结构的植物多酚比邻苯二酚组或间苯二酚组显示出更强的抑菌活性。杨梅苷和联苯三酚结构的原翠雀定可以产生强的抗菌活性(MIC 为(744 ± 389)μg/mL)。杨梅提取物对鱼肉酱腐败细菌(Serratia marcescens)和假单胞菌属(Pseudomonas)有很强的抑制能力,因此可作为鱼糜制品的天然防腐剂。

6. 其他活性

对于重要的物质,如 C_3G、杨梅酮(标准品)等的体内生物有效性的研究也有很多报道,这些研究可以提供其他有效的证据阐明杨梅提取物的保护作用。在中国和日本,杨梅树皮曾作为收敛剂、染色剂和鞣剂使用。从杨梅树皮分离的 PB233′OG 对单纯性疱疹病毒 2 型(HSV-2)显示出体外抗病毒能力: XTT 钠盐分析显示, IC_{50}=5.3 μmol/L;蚀斑减少实验中 IC_0=0.4 μmol/L。杨梅树叶粗提物对 Madino-Darby 犬肾细胞(MDCK)中的流感病毒的复制也有抑制作用。

杨梅树皮和树叶的 50% 乙醇提取物被证实可以抑制黑色素生成。从树叶、树皮中得到的槲皮素、杨梅酮、杨梅苷削弱了黑色素产生的关键酶酪氨酸酶的活性。此外,从树皮中得到的包括 3 种二苯基环氧庚烷在内的 6 种酚类物质均可抑制 B_{16} 黑色素瘤细胞产生黑色素。该研究中,25 μg/mL 的杨梅树皮提取物处理可以减少 30%~56% 的黑色素,并且几乎不产生细胞毒性。

据报道,杨梅树皮提取物有脂肪酶的抑制活性。富含杨梅苷的树皮提取物可以降低橄榄油饲喂小鼠体内甘油三酯(triglyceride, TG)的水平。杨梅苷经胃肠消化形成的没食子酸和杨梅酮可能是高脂小鼠控制 TG 水平的关键物质。此外,树皮提取物还可以体外抑制睾酮 5α- 还原酶活性和抑制阉割仓鼠雄性激素的产生。杨梅中还含有杨梅联苯环庚酮、杨梅联苯环庚醇等活性物质。杨梅树叶里面的杨梅酮是有效的环氧合酶 -1 抑制剂,具有抗血小板活性和强大的镇痛作用。

四、杨梅中活性成分的提取、纯化与分析

(一)杨梅中天门冬氨酸等氨基酸的分析

1. 仪器和材料

本试验用到的仪器为氨基酸自动分析仪。

供试杨梅品种有:野生杨梅,采自连山大龙山;实生杨梅,采自广州天河区;大乌杨梅、胭脂蜡、红蜡,采自广州萝岗区;乌酥梅,采自汕头潮阳区。

2. 试验方法

氨基酸营养成分含量测定采用干样。将杨梅果实洗净、晾干、去核,并用果实捣碎机打浆,分 3 批取样,每批重复 3 次,取数据的平均值。样品处理采用标准酸水解法。

3. 测定结果

1)广东主要杨梅品种(品系)的经济性状调查

经调查,广东有 6 个主要杨梅品种(品系)。(a)乌酥梅。果大,核小,果肉离核性好,果肉嫩、汁多味甜,有香味,丰产性好,是目前广东杨梅最优异的品种之一,主产地在潮汕地区;肉质软、耐贮性较差。(b)大乌杨梅。果大,肉厚,果肉离核性好,甜酸味浓,糖分较高,迟熟,肉柱小而整齐,较耐贮运,是目前广东杨梅优良品种之一。(c)胭脂腊。广州的中熟良种,果肉质地较柔软、甜酸多汁,果实美观,局部呈浅红或水红色,但离核性和耐贮运性稍差。(d)红腊。果大,但核较大,果肉不易离核,汁多味甜酸,丰产,耐贮运性中等,成熟早,售价高。(e)野生乌梅。果小肉薄,酸甜,品质相对较差,耐贮运,丰产,不易离核。(f)实生杨梅。果中等大,果形整齐,甜酸,肉离核,肉柱小而整齐,耐贮运。广东主要杨梅品种(品系)的经济性状调查结果如表 10-2 所示。

表 10-2 广东主要杨梅品种(品系)的经济性状调查结果

品种(品系)	采集地	成熟期	果实色泽	平均单果重 /g	可食率 /%	可溶性固形物含量 /%
野生杨梅	连山大龙山	6 月中旬	乌黑	3.8	85	8.6
实生杨梅	广州天河区	5 月下旬	乌黑	4.3	91	10.5
大乌杨梅	广州萝岗区	6 月上旬	乌黑	9.6	90	8.0
乌酥梅	汕头潮阳区	6 月上旬至中旬	乌黑	12.3	94	13.4
胭脂蜡	广州萝岗区	5 月上旬至中旬	局部浅红	8.1	91	9.5
红蜡	广州萝岗区	4 月下旬至 5 月上旬	红	14.1	93	9.3

2)氨基酸的种类和含量比较分析

经测定,杨梅果实至少含有 18 种氨基酸和 7 种人体必需氨基酸。如表 10-3 所示,乌

酥梅氨基酸含量为 15.453 mg/kg,实生杨梅氨基酸含量为 13.369 mg/kg,大乌杨梅氨基酸含量为 12.472 mg/kg,胭脂蜡氨基酸含量为 10.238 mg/kg,红蜡氨基酸含量为 6.044 mg/kg,野生杨梅氨基酸含量为 5.763 mg/kg。由此可见,广东的几个杨梅品种中,除野生杨梅和红蜡杨梅外,其他品种的氨基酸含量比较高,必需氨基酸的种类较齐全,是难得的果中佳品。

表 10-3   不同杨梅种类氨基酸含量 （mg/kg）

氨基酸种类	野生杨梅	实生杨梅	大乌杨梅	乌酥梅	胭脂腊	红腊
天门冬氨酸	0.624	1.856	1.265	2.862	0.935	0.756
丝氨酸	0.372	0.753	0.651	0.624	0.580	0.428
甘氨酸	0.125	0.568	0.541	0.325	0.245	0.023
谷氨酸	0.524	0.698	0.627	0.902	0.891	0.759
组氨酸	0.326	0.547	0.359	0.658	0.523	0.368
精氨酸	0.126	0.624	0.428	0.326	0.231	0.157
苏氨酸	0.213	1.025	0.956	0.546	0.254	0.183
丙氨酸	0.652	0.856	0.721	1.263	0.615	0.435
脯氨酸	0.458	0.845	0.951	0.982	1.325	0.626
胱氨酸	0.102	0.126	0	0.265	0	0.017
酪氨酸	0.254	1.821	1.564	2.664	2.123	0.157
缬氨酸	0.327	0.846	0.865	0.956	0.429	0.359
蛋氨酸	0.075	0.521	0.427	0.365	0.124	0.046
赖氨酸	0.361	0.235	0.354	0.125	0.329	0.354
异亮氨酸	0.216	0.659	0.729	0.684	0.334	0.259
亮氨酸	0.723	0.756	0.983	1.329	0.905	0.741
苯丙氨酸	0.262	0.369	0.576	0.256	0.383	0.325
色氨酸	0.023	0.264	0.475	0.321	0.012	0.051
合计	5.763	13.369	12.472	15.453	10.238	6.044

(二)杨梅叶中杨梅素含量的分析

1. 仪器、材料与试剂

本试验用到的仪器为：Agilent1260 高效液相色谱仪（四元泵、紫外检测器）；Simon Aldrich-C$_{18}$ 固相萃取小柱；JT2003 电子精密天平,河北路仪公路仪器有限分公司；DFY-500 摇摆式高速万能粉碎机,温岭市林大机械有限公司；旋转蒸发仪 RE-52A,上海亚荣生化仪器厂；DHG-9053 型电热恒温鼓风干燥箱,上海三发科学仪器有限公司；DKS-24 型电热恒温水浴锅,嘉兴市中新医疗仪器有限公司。

本试验用到的材料为采于江西乐平的荸荠种杨梅树叶；选取新鲜杨梅树叶，用蒸馏水洗净，放入 50 ℃烘箱中烘干后粉碎，过 40 目筛后保存备用。

本试验用到的药品为：杨梅素标品，阿拉丁试剂（上海）有限公司，纯度 >98%；无水乙醇，分析纯；甲醇、磷酸二氢钾，均为色谱纯。

2. 试验方法

1）杨梅素的提取工艺流程

杨梅树叶→烘干粉碎→ 40 目筛分→回流提取→抽滤→杨梅素粗提液

2）杨梅素的提取

准确称取 10 g 杨梅树叶粉末置于单口圆底烧瓶，加入 128 mL 82% 乙醇水溶液，在 85 ℃条件下回流提取 1.5 h 后，过滤，滤液即为杨梅素粗提液。

3）杨梅素的测定方法

将杨梅素粗提液旋蒸至浸膏状，用甲醇溶解并定容至 50 mL。吸取 0.5 mL 样品溶液用甲醇定容至 25 mL，取 5 mL 通过活化好的 Simon Aldrich-C$_{18}$ 固相萃取小柱，弃去最初 2 滴后开始收集，用 0.22 μm 针头过滤器过滤，用高效液相外标法进行分析。

4）HPLC 检测条件

色谱柱为 Thermo-C$_{18}$ 液相色谱柱（4.6 mm× 250 mm，5 μm）；流动相为 0.005 mol/L 磷酸二氢钾溶液 - 甲醇（体积比为 30：70）；流速为 0.5 mL/min，进样量为 10 μL，柱温为 25 ℃，检测波长为 360 nm。

5）标准曲线绘制

准确称取杨梅素标品 10 mg 置于 100 mL 容量瓶中，用甲醇溶解并定容，作为对照品溶液。用甲醇稀释并定容，配成 10 μg/mL、20 μg/mL、30 μg/mL、40 μg/mL、50 μg/mL 系列浓度的杨梅素标品溶液。进样 10 μL，在上述色谱条件下进行 HPLC 分析。以峰面积为纵坐标（Y），以浓度为横坐标（X）绘制标准曲线。所得回归方程为 $Y=54.155X-161.47$，$R^2=0.999\ 6$，表明样品在 10~50 μg/mL 内线性关系良好。

6）得率计算

$$提取得率 =（杨梅素提取量 / 杨梅树叶粉末干质量）× 100\%　　　　（10\text{-}1）$$

3. 测定结果

1）HPLC 检测结果

标品和样品在 360 nm 波长处色谱如图 10-1 所示。

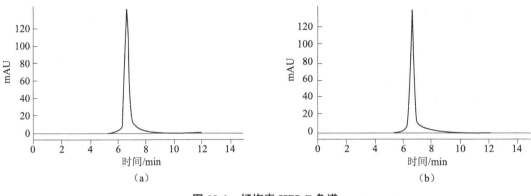

图 10-1　杨梅素 HPLC 色谱

（a）标品　（b）样品

2）杨梅素的提取得率

在上述提取条件下,杨梅素的提取得率为 1.355%(表 10-4)。

表 10-4　杨梅素得率试验结果(n=3)

结果	1	2	3	平均值
杨梅素提取得率 /%	1.349	1.360	1.357	1.355

本章参考文献

[1] 何新华,陈力耕,陈怡,等. 中国杨梅资源及利用研究评述 [J]. 果树学报, 2004, 21（5）: 467-471.

[2] 张奇志,邓欢英,林丹琼. 广东杨梅果的主要营养成分分析 [J]. 食品研究与开发, 2012, 33（3）: 181-183.

[3] 唐霖,张莉静,王明谦. 杨梅中活性成分杨梅素的研究进展 [J]. 中成药, 2006, 28（1）: 121-122.

[4] 张莉静. 杨梅树不同部位及不同生长年限茎皮中杨梅素含量比较研究 [J]. 现代中医药,2006, 26（5）: 66-67.

[5] 张伟清,林娟,冯先桔,等. 杨梅的营养保健值及其加工技术进展 [J]. 浙江柑橘, 2012, 29（4）: 26-30.

[6] 夏其乐. 杨梅的营养价值及其加工进展 [J]. 中国食物与营养,2005(6): 21-22.

[7] 张泽煌. 杨梅果实氨基酸组成及营养评价 [J]. 热带作物报, 2012, 33（12）: 2279-2283.

[8] 林旭东,凌建刚,朱麟,等. 杨梅活性成分的药理作用与产品开发 [J]. 农产品加工, 2015（20）:56-59, 62.

[9]   梁森苗,任海英,郑锡良,等. 杨梅采前落果及其安全防控对策 [J]. 中国南方果树,
        2014, 43（6）: 126-127.

[10]   CHENG H, CHEN J, CHEN S, et al. Characterization of aroma-active volatiles in three
        Chinese bayberry(*Myrica rubra*)cultivars using GC-MS-olfactometry and an electronic
        nose combined with principal component analysis[J]. Food Research International, 2015
        （72）:8-15.

[11]   YANG Z, ZHENG Y, CAO S. Effect of high oxygen atmosphere storage on quality,
        antioxidant enzymes, and DPPH-radical scavenging activity of Chinese bayberry
        fruit[J]. Journal of Agricultural and Food Chemistry, 2008,57(1):176-181.

[12]   FANG Z, ZHANG M, WANG, L. HPLC-DAD-ESIMS analysis of phenolic com-
        pounds in bayberries(*Myrica rubra* Sieb. et Zucc.)[J]. Food Chemistry,2007,100(2):
        845-852.

[13]   BAO J, CAI Y, SUN M, et al. Anthocyanins, flavonols, and free radical scavenging
        activity of Chinese bayberry (*Myrica rubra*) extracts and their color properties and sta-
        bility[J]. Journal of Agricultural and Food Chemistry,2005, 53(6):2327-2332.

[14]   SUN C, ZHENG Y, CHEN Q, et al. Purification and anti-tumour activity of cyani-
        din-3-O-glucoside from Chinese bayberry fruit[J]. Food Chemistry, 2012, 131（4）:
        1287-1294.

[15]   SUN C,HUANG H,XU C, et al. Biological activities of extracts from Chinese Bayber-
        ry(*Myrica rubra* Sieb. et Zucc.): a review[J]. Plant Foods for Human Nutrition, 2013,
        68(2):97-106.

[16]   WEI R Y, HE Y W, SHI T W, et al. Assessment of the antibacterial activity and the an-
        tidiarrheal function of flavonoids from bayberry fruit[J]. Journal of Agricultural and
        Food Chemistry,2011,59(10):5312-5317.

[17]   FANG Z, ZHANG M, SUN Y, et al. How to improve bayberry(*Myrica rubra* Sieb. et
        Zucc.)juice color quality: effect of juice processing on bayberry anthocyanins and poly-
        phenolics[J]. Journal of Agricultural and Food Chemistry,2006,54(1):99-106.

[18]   DU J, HAN F, YU P, et al. Optimization of fermentation conditions for Chinese bay-
        berry wine by response surface methodology and its qualities[J]. Journal of the Institute
        of Brewing,2016,122(4):763-771.

[19]   XIE R J, ZHOU J, WANG G Y, et al. Cultivar identification and genetic diversity of
        Chinese bayberry (*Myrica rubra*) accessions based on fluorescent SSR markers[J].
        Plant Molecular Biology Reporter,2011,29(3):554-562.

第十一章　红毛丹

一、红毛丹的概述

红毛丹(拉丁学名: *Nephelium lappaceum* L.)是无患子科韶子属大型热带果树,又名毛荔枝、韶子、红毛果。成熟的红毛丹果并非都是红色的,也有黄色的。红毛丹的味道类似于荔枝。常绿乔木,高十余米。小枝圆柱形,有皱纹,灰褐色,仅嫩部被锈色微柔毛。叶连柄长 15~45 cm,叶轴稍粗壮,干时有皱纹。小叶 2 或 3 对,很少 1 或 4 对,薄革质,椭圆形或倒卵形,长 6~18 cm,宽 4~7.5 cm,顶端钝或微圆,有时近短尖,基部楔形,全缘,两面无毛。侧脉 7~9 对,干时褐红色,仅在背面凸起,网状小脉络呈蜂巢状,干时两面可见;小叶柄长约 5 mm。花序常多分枝,与叶近等长或更长,被锈色短绒毛,花梗短。萼革质,长约 2 mm,裂片卵形,被绒毛,无花瓣。雄蕊长约 3 mm。果实为核果,呈椭圆形或卵圆形。果皮有肉质刺,色红、黄或粉红。果肉与荔枝肉类似,呈乳白色,半透明。种子 1 枚,与果肉分离或不分离(以分离者为佳)。

二、红毛丹的产地

作为亚热带水果,红毛丹原产于马来西亚,在印度、泰国、菲律宾、越南等国家十分常见,泰国红毛丹有"果王"之称。在亚洲,红毛丹是一种很重要的经济作物,其果实具有清新的气味,多汁、多肉,可鲜吃,也可加工成水果罐头、果酱。泰国作为世界上栽培红毛丹面积最大的国家,年产量高达 130 万吨,年出口量达 60~70 万吨。20 世纪 60 年代,海南农垦保亭热带作物研究所引进红毛丹种植;从 1995 年开始,我国开始大规模推广种植;到 2002 年,种植面积达到 2 700 公顷。云南省热带研究所于 1993 年从海南保亭热带作物研究所引进红毛丹开始试种。

红毛丹的主产国是泰国,其次是马来西亚、菲律宾和斯里兰卡。在我国的云南西双版纳和海南保亭县及三亚也有种植,种植面积在 3.3 万亩左右。泰国的红毛丹种植面积达 10 万公顷,较 2019 年增加了 0.79%,种植面积和产量均占世界 70%。

三、红毛丹的主要营养和活性成分

(一)红毛丹的营养成分

成熟的红毛丹每 100 g 可食部分的营养物质含量如表 11-1 所示。

表 11-1 成熟的红毛丹每 100 g 可食部分的营养物质含量

食品中文名	红毛丹	食品英文名	Rambutan
食品分类	水果类及制品	可食部	79.0%
来源	食物成分表 2004	产地	中国
营养素含量（100 g 可食部食品中的含量）			
能量/kJ	330	蛋白质/g	1.0
脂肪/g	1.2	饱和脂肪酸/g	
碳水化合物/g	17.5	膳食纤维/g	1.5
可溶性膳食纤维/g	1.0	不溶性膳食纤维/g	0.5
钠/mg	2	维生素 A/μg 视黄醇当量	（Tr）
维生素 B_2（核黄素）/mg	0.04	维生素 E/mg α- 生育酚当量	（Tr）
维生素 B_{12}/μg	0.00	维生素 B_1（硫胺素）/mg	0.01
烟酸（烟酰胺）/mg	0.31	维生素 B_6/mg	0.05
钾/mg	13	维生素 C（抗坏血酸）/mg	35.0
钙/mg	11	叶酸/μg 叶酸当量	19
锌/mg	0.24	生物素/μg	0.3
硒/μg	0.1	磷/mg	20
碘/μg	1.30	镁/mg	12
铜/mg	0.21	铁/mg	0.3
锰/mg	0.35		

　　红毛丹外观美,性味甘温,果肉甘香,味甜至酸甜且多汁,带荔枝或葡萄风味,可口怡人,有人称它为中国岭南的荔枝,更有毛荔枝的别名。红毛丹营养丰富,果肉中含葡萄糖、蔗糖、维生素 C、氨基酸和多种矿物质,如磷、钙、铁、钾等。

　　红毛丹果皮中,钙、镁、硫含量比较高,而果皮和果肉中砷、镉、铅等有害元素的含量却很低。红毛丹种子中含有大量的脂肪酸,包括单不饱和脂肪酸、多不饱和脂肪酸、饱和脂肪酸等,其中 50% 为饱和脂肪酸。除此之外,红毛丹种子中含有丰富的氨基酸,包括除色氨酸之外的 7 种必需氨基酸,以及丙氨酸、精氨酸和天冬氨酸等 10 种非必需氨基酸。研究发现,红毛丹果实种子具有非常高的脂肪含量（在 14 g/100 g 与 41 g/100 g 之间）。此外,从红毛丹种子中提取的脂肪可用于制造蜡烛、肥皂和燃料,也可作为天然可食用脂肪使用。除脂肪外,红毛丹种子内还含有单宁、生物碱、苷类等活性物质。夏威夷地区的红毛丹果实中维生素 C 含量为 36.4 mg/100 g 鲜重。正常成年人食用 10~20 颗,即可满足对维生素 C 的日推荐摄入量（75~90 mg）。

（二）红毛丹的活性作用

　　红毛丹不仅口味鲜甜可口,还富含多种维生素、矿物质、氨基酸等营养物质,对人体是非常有益的:(a)红毛丹含有丰富的维生素(如维生素 A、维生素 B、维生素 C)和丰富的矿物质(如钾、钙、镁、磷等),具有滋养强壮、消除皱纹、健美发肤、增强皮肤张力、补血理气的功效;(b)红毛丹味苦,能清心泻火、清热除烦,能够消除血液中的热毒,适合容易上火的人士食用,以清理身体内长期淤积的毒素,增进身体健康;(c)红毛丹中的蛋白质是维持免疫机能最重要的营养素,为构成白细胞和抗体的主要成分,食用红毛丹可以增强人体免疫力;(d)红毛丹热量颇高,能增强人体对疾病的抵抗力、补充体力,改善下痢及腹部寒凉不适;(e)红毛丹含铁量亦高,有助于改善头晕、低血压等;(f)红毛丹果壳洗净加水煎煮当茶饮可改善口周炎与腹泻,树根洗净加水熬煮当日常饮料能降火解热,树皮水煮当茶饮,对舌头炎症具有显著的功效。但红毛丹属温性水果,多吃容易上火,平常口干舌燥,脸长青春痘,患高血压、牙周病、便秘、痔疮的人群不宜常吃。红毛丹的甜度虽不及荔枝,但仍然会使血糖上升,故糖尿病及癌症患者均要忌口。胃炎、消化性溃疡以及阳虚体质者也应少吃。红毛丹的果核上有一层坚硬且脆的保护膜,与果肉紧密相连,人的肠胃是无法消化这层膜的,吃到肚子里会划破肠胃内壁,食用时一定要将这层膜剔除干净。目前,国外对红毛丹果皮的研究大多针对多酚含量、抗氧化活性等展开,国内对红毛丹果皮的研究较少。以下为红毛丹果皮的主要研究内容。

1. 抗氧化作用研究

国内外研究报道证明,红毛丹果皮中可溶性多酚含量丰富,抗氧化活性很高。Ruttiros 等指出,红毛丹果皮中多酚含量很高且显著高于椰子皮中的多酚含量。它的抗氧化能力与多酚含量具有良好的线性关系。这说明红毛丹果皮良好的抗氧化活性大多归功于红毛丹果皮中丰富的酚类化合物。

Siriporn 等指出,红毛丹果皮提取物在自由基清除活性实验中,表现出较好的抗氧化活性,自由基的清除效果优于芒果、香蕉、椰子、火龙果、西番莲果等泰国市场常见水果的果皮提取物。多酚化合物并非只有抗氧化活性。已有不少报道指出,一些被证实是抗氧化剂的天然产物在一定的实验体系中也会显示出促氧化作用,即当体系中有还原性的金属离子存在时,多酚化合物就会变成促氧化剂。尤其是在高浓度的金属离子存在时,促氧化作用更加明显。Cao 等采用 Cu^{2+}-H_2O_2 作为羟自由基生成剂,考察类黄酮的结构与清除羟自由基活性之间的相关性,发现一些类黄酮化合物在浓度达到一定值后,增加浓度会降低其对自由基的抑制率。但是,Uma 等研究发现,相比于葡萄籽和绿茶,红毛丹果皮具有较强的抗氧化作用。

2. 细胞毒理学研究

Ruttiros 等指出,红毛丹果皮提取物对人表皮癌细胞和大肠腺癌细胞具有很好的抑制增殖能力。红毛丹果皮乙醇提取物对健康大鼠无毒性,可单独或者与其他化合物混合后用于商业品、保健品和药品的保鲜。

3. 降糖活性研究

Uma 等研究指出,红毛丹果皮乙醇提取物可抑制碳水化合物水解酶、葡萄糖苷酶和淀粉酶的活性,且效果显著优于阿卡波糖,可以很好地控制非胰岛素依赖型糖尿病(2 型糖尿病)。另外,红毛丹果皮乙醇提取物富含老鹳草素(具有抗菌、抗病毒、抗氧化、保肝、降糖、镇咳、降糖等功效),这种物质可降解为没食子酸、鞣花酸等酚类化合物,可抗高糖应激损伤。

4. 抑菌活性研究

已有研究发现,多酚类物质具有抗菌、抗病毒、防腐保鲜的作用,其抑菌机理一方面是能特异性地凝固细菌蛋白,破坏细菌的细胞膜结构,通过与细菌结合改变细菌生理,抑制细菌生长;另一方面是使微生物酶类失活,通过干扰代谢而抑制微生物的活性。Nont 指出,红毛丹果皮甲醇提取物对敏感致病菌株具有良好的抑制效果,具有一致功能的最低提取物浓度为 2.0 mg/ mL。

5. 其他活性研究

Ahmad 等研究指出,可以将红毛丹果皮转化为活性炭,吸附染料业废水中的雷马素艳蓝。这样在减少环境污染的同时,也降低了生产活性炭原材料的费用。

四、红毛丹中活性成分的提取、纯化与分析

(一)红毛丹中老鹳草素的分离、纯化与分析

1. 仪器、材料与试剂

本试验用到的仪器为: LC-MS-8040 型超高效液相色谱 - 三重四极杆质谱(UPLC-QqQ-MS)仪,日本岛津公司;1260 制备型高效液相色谱仪,美国安捷伦公司;Q-Exactive-Focus 型超高效液相色谱 - 四极杆 - 静电场轨道阱高分辨质谱仪、U3000 分析型高效液相色谱仪,美国赛默飞公司;中压分离装置,瑞士步琦公司。

本试验用到的材料为新鲜红毛丹,购于云南墨江县农贸市场。挑选果皮全红、无虫害的果实,依次用流动水和蒸馏水清洗后平铺于滤纸上自然晾干,收集果皮。

本试验用到的试剂为:老鹳草素标准品(纯度 >98%),上海源叶生物科技有限公司;甲醇、乙醇、乙腈,色谱纯,德国默克公司;甲酸,色谱纯,美国 Sigma 公司;无水乙醇、甲醇等,分析纯。

2. 试验方法

1)样品干燥方式的优化

将收集的红毛丹果皮分成 5 份,分别进行室温通风干燥(自然风干)、40 ℃鼓风干燥、60 ℃鼓风干燥、80 ℃鼓风干燥和真空冷冻干燥处理,待果皮质量不再变化,视为干燥完全。将通过 5 种干燥方式得到的干燥果皮粉碎,过 40 目筛,取筛下物于聚乙烯样品袋

中于 -20 ℃下冻藏备用。准确称取 1 g 果皮样品，加入 100 mL 体积分数为 60% 的乙醇溶液，超声 10 min。离心（4 000 r/min、15 min）后，取上清液，即可得到果皮多酚提取液，真空冷冻干燥后得到多酚制取物。称量质量，按式（11-1）计算多酚提取物的产率。按 Sun 等的方法测定 5 种方式干燥处理的果皮的总酚含量和体外抗氧化活性，优选果皮干燥处理方式。

$$多酚提取物产率 = \frac{多酚制取物质量(g)}{果皮干质量(g)} \times 100\% \qquad (11\text{-}1)$$

2）老鹳草素的快速分离纯化

通过中压液相色谱反相 C_{18} 柱系统和制备型高效液相色谱 C_{18} 柱系统实现老鹳草素的快速分离纯化。中压液相色谱反相 C_{18} 柱系统初步纯化老鹳草素时，以最优方式干燥处理的果皮粉为原料，得到多酚提取液，减压浓缩制成浸膏。根据 $m_{果皮粉} : m_{硅胶} = 1 : 3$ 的比例，将浸膏与细粒硅胶拌样，装柱，接入系统，利用甲醇 - 去离子水洗脱，按照每瓶 200 mL 定量分批接收洗脱流分。收集老鹳草素组分，减压浓缩得到中压分离组分，备用。

C_{18} 柱系统分离洗脱条件如下。色谱柱的填料为反相 C_{18} 材料，粒径为 30~50 μm，中压玻璃柱（36 mm×310 mm）；流动相 A 为去离子水，流动相 B 为无水甲醇；流速为 20 mL/min；梯度洗脱方式为 0~40 min 时，15% 的流动相 B，40~80 min 时 20% 的流动相 B，80~120 min 时 25% 的流动相 B，120~160 min 时 30% 的流动相 B，160~200 min 时 35% 的流动相 B，200~240 min 时 100% 的流动相 B。

制备型高效液相色谱纯化老鹳草素时，将减压浓缩的老鹳草素组分用色谱纯甲醇稀释，采用 Shimadzu C_{18} 制备型色谱柱（250 mm × 20 mm，5 μm）分离，流动相为体积分数 15% 的甲醇溶液，流速为 10 mL/min。收集老鹳草素组分，减压浓缩后得到制备型液相色谱组分，冻干备用。

3）老鹳草素的定量分析

采用 UPLC-QqQ-MS 法对红毛丹果皮多酚制取物及分离纯化组分中的老鹳草素进行定量分析。

色谱分离和洗脱条件如下。色谱柱为 Infinity Lab Poroshell 120 EC-C_{18} 柱（100 mm × 2.1 mm，1.9 μm）。流动相 A 为体积分数 0.1% 的甲酸溶液，流动相 B 为乙腈。梯度洗脱方式为 0~1 min 时 5% 的流动相 B，1~5 min 时 5%~15% 的流动相 B，5~10 min 时 15%~38% 的流动相 B，10~15 min 时 38%~65% 的流动相 B，15~18 min 时 65%~80% 的流动相 B，18~20 min 时 80%~100% 的流动相 B，20~22 min 时 100% 的流动相 B。流速为 0.2 mL/min，进样量为 2.0 μL，柱温箱温度为 35 ℃。质谱条件：电喷雾电离（ESI）源，采用负离子模式，雾化气流流速为 3 L/min，传输线温度为 250 ℃，加热块温度为 350 ℃，干燥气流流速为 15 L/min。以老鹳草素标准物质的质谱信息进行定性和定量，分析计算果皮中老鹳草素的含量，并按式（11-2）~ 式（11-4）分别计算老鹳草素产率、纯度、回收率。

$$产率 = m_1/m_2 \times 100\% \tag{11-2}$$

$$纯度 = m_1/m_3 \times 100\% \tag{11-3}$$

$$回收率 = m_1/m_4 \times 100\% \tag{11-4}$$

式中：m_1 为组分中老鹳草素的质量，mg；m_2 为果皮原料的干质量，mg；m_3 为组分干物质质量，mg；m_4 为进一步纯化前老鹳草素的质量，mg。

3. 试验结果

基于总酚含量及其制取物的抗氧化活性，结合真空冷冻干燥技术对物料品质保持的优势，选用真空冷冻干燥的红毛丹果皮作为多酚和老鹳草素制取原料。经测定，真空冷冻干燥红毛丹果皮多酚制取物的产率为 54.34%（以果皮干质量计），多酚制取物中总酚含量为 537.00 mg/g，老鹳草素含量为 320.90 mg/g。

经过中压液相色谱 C_{18} 柱系统分离和纯化，再经 UPLC-QqQ-MS 系统进行定量分析，老鹳草素纯度为 59.76%，回收率为 85.70%。将收集的老鹳草素组分采用制备型液相色谱系统纯化，洗脱的老鹳草素纯度为 95.63%，回收率为 47.32%，最终得到的纯化后老鹳草素的产率为 6.00%。

（二）红毛丹中色素的提取、分离与纯化

1. 仪器、材料与试剂

本试验用到的仪器为：UV-2802 型紫外可见分光光度计，上海尤尼柯仪器有限公司；RE-52A 型旋转蒸发器，上海青浦沪西仪器厂；SHZ-CB 型循环水式多用真空，河南巩义市英峪予华仪器厂；ZF-2 型三用紫外仪，上海市安亭电子仪器厂。

本试验用到的材料为新鲜红毛丹，购于广西南宁，挑选色泽鲜艳、无病虫害的果实。洗净后剥取紫红色果皮，液氮速冻后于 –20 ℃冰箱中保存。

本试验用到的试剂为：柱层析硅胶（200~300 目），青岛海洋化工厂分厂；Amberlite XAD-7 树脂，美国 Sigma 公司；乙醇、石油醚、氯仿、乙酸乙酯、丙酮等，均为分析纯。

2. 试验方法

1）色素提取工艺

红毛丹紫红色果皮清洗后冻干。称取 100 g 干果皮，经粉碎后用 650 mL 浓度为 85% 的酸化乙醇水溶液浸提 2 次，浸提时间分别为 24 h 和 3 h。抽滤 2 次后将滤液合并，于 50 ℃下真空浓缩，用 2 倍体积的石油醚对浓缩液萃取 2 次，弃有机相。将 2 次的水相合并后浓缩，得到色素粗品。

2）色素的分离与纯化

将色素粗品上 450 mm × 25 mm 硅胶柱，依次用 100% 氯仿、乙酸乙酯、丙酮、乙醇梯度洗脱。收集在 510 nm 波长处吸光度最大的流分并浓缩至干，得初步纯化样品。将初步纯化样品上 200 mm × 10 mm Amberlite XAD-7 树脂柱，先用蒸馏水洗脱，继而用含

0.1% HCl 的甲醇洗脱,收集在 510 nm 波长处吸光度最大的流分,浓缩干燥后得纯化的色素精品。

3. 试验结果

利用硅胶柱层析法对红毛丹果皮色素粗品进行初步分离,得到黄、褐、红褐、紫红、淡紫色等 5 个洗脱流分。从提取色素的角度出发,选择 510 nm 波长处吸光度最大的紫红色乙醇洗脱液进一步纯化。紫红色乙酸洗脱液样品经 Amberlite XAD-7 树脂柱纯化并浓缩干燥,得到约 0.58 g 色素精品,其纯化率约为 5.8‰,外观为紫红色固体粉末。

（三）红毛丹中原花青素的提取

1. 仪器、材料与试剂

本试验用到的仪器为：WF-2000 微波快速反应系统,上海屺尧分析仪器有限公司；TDL-5 台式离心机,上海安亭科学仪器厂；721 型分光光度计,上海精密科学仪器有限公司；GR-200 电子天平,日本 A&D 公司；SHZ-D(Ⅲ)循环水式真空泵,巩义市予华仪器有限责任公司。

本试验用到的材料为红毛丹(市售,产自广东)。

本试验用到的试剂为：儿茶素标准品(美国 Sigma 公司),纯度 99.9%；香草醛、浓硫酸、甲醇、乙醇、氯仿 - 冰醋酸、饱和碘溶液、碘化钾、淀粉指示剂等,均为分析纯。

2. 试验方法

1)原花青素含量测定标准曲线

准确称取一定量儿茶素,分别配制成浓度为 0.15 g/L、0.3 g/L、0.45 g/L、0.6 g/L 和 0.75 g/L 的儿茶素标准溶液。取各标准溶液 1 mL 分别置于 5 支试管中,加入浓度为 45 g/L 香草醛溶液(溶剂为甲醇)5 mL,再加入 40% 硫酸溶液(溶剂为甲醇)5 mL。30 ℃条件下避光反应 20 min。用蒸馏水做空白对照,在 500 nm 处测吸光度。各组试验反复测定 3 次,求平均值。对所得的数据采用二次回归,得标准曲线的回归方程为 $y=0.000\,4x+0.047\,6$(式中：y 为吸光度；x 为儿茶素浓度,mg/L),$r=0.999\,9$。

2)红毛丹果皮中原花青素的提取工艺

红毛丹果皮→洗净→低温烘干→粉碎→筛分(60 目)→提取→离心→过滤→浓缩→低温干燥→原花青素粗品

3. 试验结果

红毛丹果皮中富含原花青素,是一种可利用的原花青素资源。通过单因素试验、回归正交试验得出最优工艺组合为微波作用时间 69.41 s、乙醇浓度 58.78%、料液比为 1：21.37、微波功率 300 W、提取 1 次可达到最佳提取效果。在此最佳工艺组合下,红毛丹果皮原花青素的最高提取率可达 7.463%。

本章参考文献

[1] RUTTIROS K, SIRIPORN O, CHADARAT A, et al. Investigation of fruit peel extracts as sources for compounds with antioxidant and antiproliferative activities against human cell lines[J]. Food Chem Toxicol, 2010, 48(8-9): 2122-2129.

[2] Palanisamy U, Cheng H M, Masilamani T, et al. Rind of the rambutan, *Nephelium lappaceum*, a potential source of natural antioxidants[J]. Food Chem, 2008, 109(1): 54-63.

[3] 赵亚, 郭利军, 胡福初, 等. 海南不同地区红毛丹种质资源的果实表型性状差异分析[J]. 分子植物育种, 2018, 16(22): 7487-7494.

[4] 钟曼茜, 黄绵佳, 王斌, 等. 6个不同红毛丹品种果实品质模型评价[J]. 热带作物学报, 2016, 37(9): 1690-1694.

[5] 张瑜, 张换换, 李志洲. 红毛丹果皮中原花青素提取及其抗氧化性[J]. 食品研究与开发, 2011, 32(1): 188-192.

[6] 孙健, 蒋跃明, 彭宏祥, 等. 红毛丹果皮色素的提取及其稳定性的研究[J]. 食品科学, 2009, 30(11): 71-75.

[7] OKONOGI S, DUANGRAT C, ANUCHPREEDA S, et al. Comparison of antioxidant capacities and cytotoxicities of certain fruit peels[J]. Food Chemistry, 2007, 103(3): 839-846.

[8] CAO G, SOFIC E, PRIOR R L. Antioxidant and prooxidant behavior of flavonoids: structure-activity relationships[J]. Free Radic Biol Med, 1997(22): 749-60.

[9] 朱文靖, 张容鹄, 邓浩, 等. 不同成熟度红毛丹果实果肉品质特性及抗氧化活性比较[J]. 现代食品科技, 2021(9): 138-144, 293.

[10] 陈娇, 李芬芳, 李奕星, 等. 红毛丹果实保鲜技术研究进展[J]. 现代食品科技, 2020, 36(6): 328-334.

[11] NEGI P S, CHAUHAN A S, SADIA G A, et al. Antioxidant and antibacterial activities of various seabuckthorn(*Hippophae rhamnoides* L.) seed extracts[J]. Food Chemistry, 2005, 92(1): 129-124.

[12] AHMAD M A, ALROZI R. Optimization of rambutan peel based activated carbon preparation conditions for Remazol Brilliant Blue R removal[J]. Chemical Engineering Journal, 2011, 168(1): 280-285.

[13] 李钰景, 孙丽平, 庄永亮. 红毛丹果皮中老鹳草素的分离纯化及其热稳定性[J]. 食品科学, 2021, 42(15): 44-49.

[14] 乔晓玲, 闫祝炜, 张原飞, 等. 食品真空冷冻干燥技术研究进展[J]. 食品科学, 2008(5): 469-474.

[15]　赵亚,郭利军,胡福初,等.海南不同红毛丹品系资源果实质构特性的比较分析 [J].
分子植物育种,2019, 17（8）: 2646-2654.

[16]　李红梅.把红毛丹产业作为保亭特色农业的王牌:保亭红毛丹产业发展思路分析
[J].今日海南,2016（2）: 49-51.

[17]　崔志富,易杰祥,陈兵,等.真空和低温处理对红毛丹保鲜效果的研究 [J].基因组学
与应用生物学,2015, 34（9）: 1988-1992.

[18]　AHMAD M A, ALRAZI R. Optimization of rambutan peel based activated carbon
preparation conditions for Remazol Brilliant Blue R removal[J]. Chemical Engineering
Journal, 2011, 168(1):280-285.

第十二章　石榴

一、石榴的概述

石榴(拉丁学名:*Punica granatum* L.)为落叶乔木或灌木,高 2~7 m,稀达 10 m。幼枝常具棱角,老枝近圆形,顶端常具锐尖长刺。叶对生或近簇生,纸质,长圆形或倒卵形,长 2~9 cm,宽 1~2 cm,先端钝或微凹或短尖,基部稍钝,叶面亮绿色,背面淡绿色,无毛,中脉在背面凸起,侧脉细而密;叶柄长 5~7 mm。花两性,1 至数朵,生于小枝顶端或叶腋,具短梗。花萼钟形,红色或淡黄色,质厚,长 2~3 cm,顶端 5~7 裂,裂片外展,卵状三角形,长 8~13 mm,外面近顶端具一黄绿色腺体,边缘具乳突状突起。花瓣与花萼裂片同数,互生,生于花萼筒内,倒卵形,红色、黄色或白色,长 1.5~3 cm,宽 1~2 cm,先端圆形;雄蕊多数,花丝细弱,长 13 cm;子房下位,上部 6 室,为侧膜胎座,下部 3 室为中轴胎座,花柱长过花丝。浆果近球形,径 6~12 cm,果皮厚,顶端具宿存花萼。种子多数,乳白色或红色,外种皮肉质,可食,内种皮骨质。花期 5—7 月,果期 9—10 月。

二、石榴的产地与品种

(一)石榴的产地

石榴原产于伊朗、阿富汗等小亚细亚国家,是人类引种栽培最早的果树和花木之一。现在亚洲、非洲、欧洲沿地中海各地均作为果树栽培,而以非洲尤多。石榴传入我国后,因其花果美丽,容易栽培,深受人们喜爱。它被列入农历五月的"月花",因此五月又称为"榴月"。现在我国南北各地除极寒地区外均有石榴的栽培和分布,其中以陕西、安徽、山东、江苏、河南、四川、云南及新疆等地较多。我国石榴以产果为主的重点产区有陕西省的临潼、乾县、三原等,安徽省的怀远、萧山、濉溪、巢县等,江苏省的苏州、南京、徐州、邳州等,云南省的蒙自、巧家、建水、呈贡等,四川省的会理地区等。新疆叶城石榴,果大质优,闻名于世。石榴的全名,本来该叫"安石榴"。相传石榴自张骞通西域时被带入中原,因为果实外形如同巨大的瘤子,取了谐音,命名为"榴"。至于安石榴这个全称,在晋朝人编纂的《博物志》中记载"汉张骞出使西域,得涂林安石国榴种以归",因而用西域的国名,作为水果的名称,后人渐渐传为"石榴"。然而由于《汉书》中有关西域的部分,并没有安石国的记载,因此李时珍在说到石榴时,同时引证了《齐民要术》里的一种说法:"凡植榴者,需安礓石枯骨于根下。"礓石指富含钙质的石头,作用与枯骨类似,在石榴树下埋上钙质,可谓古人的园艺秘方。

目前,中国石榴的栽植面积约 175 万余亩,位居世界第一位。2017 年国内石榴总产量达 169.71 万吨。其中,四川会理、云南蒙自、陕西临潼和新疆地区的果品产量分别为 60 万吨、28 万吨、8 万吨和 6 万吨,占据中国石榴产量的半壁江山。规模和产量给予国内石榴产业更大的发展空间。国内最大石榴产区为四川会理,2017 年其石榴种植面积达 34 万亩,约占全国的 32%,果品产量 60 万吨,实现综合产值 45 亿元,果农人均纯收入 1.7 万元。云南蒙自也不逊色,拥有 12.5 万亩的石榴种植规模,产量逾 28 万吨,产值近 10 亿元。从生产和消费情况来看,2017 年国内石榴总产量达 169.71 万吨,石榴产品的需求量有 167.90 万吨,同比增长 13.1%。从需求情况来看,经济发达、人口密集的华东、华南、华北等是主要的消费区域。2017 年华东地区石榴产品的需求量占比为 35.4%,华北地区的需求占比为 19% 左右,华南地区的需求量占比为 17% 左右。

(二)石榴的品种

1. 白石榴

白石榴得名于开白花、长白果,里面的肉也是白色的。白石榴的根很珍稀,可以作为药来食用。白石榴的产量低,故物以稀为贵。白石榴的果皮细薄,颗粒饱满,汁液甘甜,享有“白糖石榴”的美称。

2. 黄里石榴

黄里石榴又分软籽 1 号、软籽 2 号、冰糖籽、玛瑙籽、青皮糙、珍珠红等十几个品种。其中软籽石榴具有健脾益胃、生津化食、止咳化痰、补钙等功效,是辅助消化的上好果品,是黄里石榴中最为出名的品种,也是目前种植规模最大的石榴。

3. 玛瑙石榴

玛瑙石榴的花边是白色的,很适合观赏,很多盆景爱好者将其作为观赏性植物来养。其核软,甜度高,果实晶莹剔透,还具有很好的食用性。

4. 重瓣石榴

重瓣石榴花大、重瓣,红色花朵惹人夺目,因此主要是观赏性的石榴品种。

5. 月季石榴

月季石榴是石榴中最为稀有的品种,石榴树全年开花,鲜果一年四季都挂满树梢,对于盆景爱好者来说是一大奇观。月季石榴主要用于观花和观果,食用价值低。

6. 墨石榴

墨石榴是一种极端矮小的品种,秋季成熟后果实裂开,露出紫红色的果实,很是诱人。

7. 蒙自石榴

蒙自石榴是彝族自治州蒙自市特产,有 70 多个品种,分为观赏和食用两种。食用石榴果实中富含有维生素 C 及 B 族维生素、有机酸、糖类、蛋白质等,可以补充人体所需的多种营养成分。

8. 怀远石榴

怀远石榴是安徽省怀远县地理标志性产品。果实硕大,颗粒洁白如水晶,肉多汁甜,很受人们喜爱。

9. 河阴石榴

河阴石榴的花和果都惹人注目。河阴石榴具有颗粒饱满、甘甜回味、无核软渣等独特优势。

10. 突尼斯软籽石榴

突尼斯软籽石榴是我国经过 10 多年的实验培育出来的优良品种。尤以成熟早、果实大、颜色美丽、核软、可以直接食用等为突出特点,食用性和经济性都很高,给种植者带来很大的经济利益。

11. 会理石榴

会理石榴是四川会理县特产,成熟期比其他品种要早很多,一般种植 3 年左右就开花结果。会理石榴果大籽软,甘甜多汁,富含多种维生素和人体所需的氨基酸。

12. 临潼石榴

临潼石榴是陕西西安市特产。临潼石榴涵盖了所有石榴的优点,以果大、肉多、籽软、渣少等优良特点而著称,被视为水果中之珍品。

三、石榴的主要营养和活性成分

(一)石榴的营养成分

石榴果实如一颗颗红色的宝石,果粒酸甜可口且多汁,并且营养价值高,富含糖分、优质蛋白质、易吸收脂肪等,可以在补充人体能量和热量的同时不增加身体负担。石榴的化学成分及含量根据植物体的部位不同而不同(表 12-1)。果汁、果皮、叶及树皮中以鞣质类、黄酮类、生物碱、有机酸等为主,石榴籽及其他部位则多含甾类、磷脂、甘油三酯等,这些物质是石榴具有多种生物活性的物质基础。果实中含有维生素 C 及 B 族维生素、有机酸、糖类、蛋白质、脂肪以及钙、磷、钾等矿物质。石榴还富含丰富的各种酸类,包括有机酸、叶酸等对人体有益的物质。成熟的石榴每 100 g 可食部分的营养物质含量详见表 12-2。

表 12-1 石榴各部位的化学成分

部位	化学成分
石榴汁	花色苷、葡萄糖、维生素 C、鞣花酸、没食子酸、咖啡酸、儿茶素、表儿茶素、槲皮素、芦丁、氨基酸、铁等多种矿物质元素
石榴籽油	石榴酸、鞣花酸、脂肪酸、甾醇类等

续表

部位	化学成分
石榴果皮	没食子酸和其他脂肪酸、儿茶素、表儿茶素、槲皮素、芦丁及其他黄酮醇类、二氢黄酮、花青素
石榴叶	单宁（包括安石榴林和石榴叶素）、黄酮苷（包括木樨草素和芹菜素）
石榴花	没食子酸、熊果酸、三萜类化合物（包括山楂酸和积雪草酸）以及其他不明化合物
石榴根和树皮	鞣花单宁（包括安石榴林和安石榴苷）、多种哌啶类生物碱

表 12-2　成熟的石榴每 100 g 可食部分的营养物质含量

食品中文名	石榴	食品英文名	Pomegranate
食品分类	水果类及制品	可食部	57.0%
来源	食品成分表 2009	产地	中国
营养素含量（100 g 可食部食品中的含量）			
能量/kJ	304	蛋白质/g	1.4
脂肪/g	0.2	不溶性膳食纤维/g	4.8
碳水化合物/g	18.7	维生素 E/mg α- 生育酚当量	4.91
维生素 B_2（核黄素）/mg	0.06	维生素 B_1（硫胺素）/mg	0.05
钾/mg	231	维生素 C（抗坏血酸）/mg	9.0
钙/mg	9	磷/mg	71
锌/mg	0.19	镁/mg	16
铁/mg	0.3	锰/mg	0.17
铜/mg	0.14		

（二）石榴的活性成分

1. 鞣质类化合物

石榴中含有丰富的鞣质类化合物，以可水解鞣质类为主，在不同部位分布有所不同。石榴汁中的鞣质成分主要为没食子酸、安石榴林和安石榴苷。石榴皮中的鞣质含量较其他部位高，主要为安石榴林和安石榴苷，还有没食子酸、没食子酰双内酯、鞣花酸、石榴皮亭 A、石榴皮亭 B、鞣云实精、木麻黄宁、英国栎鞣花酸、特里马素 I、鞣花酸鼠李糖苷、2, 3-(S)- 六羟基联苯二酰基 -D- 葡萄糖等。石榴叶中的鞣质类成分主要为石榴皮亭 A、石榴皮亭 B、鞣云实精、鞣花酸及没食子酰葡萄糖。石榴根中的鞣质主要为安石榴林和安石榴苷。

2. 黄酮类化合物

目前从石榴中分离得到的黄酮类成分主要有黄酮、黄酮醇、花色素、黄烷 -3- 醇类等 10 多种化合物。石榴皮中总黄酮含量（以干物质计算）为 5.804%，石榴叶中为 4.622%，石榴籽中为 1.056%。石榴籽中还含有芦丁和山柰素，含量分别为每千克鲜重 1 936.24 mg

和 0.211 mg,不含槲皮素。石榴果汁、果皮因含有较多的花色素类成分而呈黄、红等颜色。果汁中 6 种花色素(天竺葵素的单糖苷和二糖苷、矢车菊素的单糖苷和二糖苷、飞燕草素的单糖苷和二糖苷)的含量随果实成熟度增加而上升:在成熟早期,3,5-二葡萄糖苷是主要的花色素,飞燕草素衍生物成为其主要成分;在成熟后期,单糖苷的含量不断增加,达到甚至超过二糖苷的含量,矢车菊素衍生物成为其主要成分。果汁中除了 6 种花色素类成分外,还含有芦丁、原花青素、儿茶酚和儿茶素等化合物,果皮中含有天竺葵素和矢车菊素衍生物、原花青素、异槲皮苷等化合物,石榴籽种皮中则含有飞燕草素和矢车菊素的单糖苷和二糖苷。

3. 有机酸类化合物

石榴汁中含有机酸类成分较多,其中柠檬酸含量最高,平均含量达 4.85 g/L;其次为 L-苹果酸,平均含量为 1.75 g/L;另外还有草酸、酒石酸、奎宁酸和琥珀酸等。酚酸类化合物有咖啡酸、原儿茶酸、阿魏酸、邻香豆酸、绿原酸、新绿原酸和对香豆酸。石榴果皮中的有机酸有奎宁酸、熊果酸、桦木酸和苹果酸。石榴籽中富含脂肪酸类化合物,其中饱和脂肪酸占 4.43%,其余为不饱和脂肪酸。石榴酸(9(Z),11(E),13(E)-十八碳三烯酸)为不饱和脂肪酸的主要成分(含量 31.8%~86.6%),其次还有亚油酸(0.7%~24.4%)、油酸(0.4%~17.7%)、棕榈酸(0.3%~9.9%)、硬脂酸(2.8%~16.7%)、二十碳烯酸、花生酸等。各成分、含量因产地和品种而有所不同。

4. 生物碱类化合物

石榴中主要含哌啶类和吡咯烷类生物碱,果实中的生物碱主要存在于果皮内,包括石榴碱、伪石榴碱、N-甲基石榴碱、N-乙酰石榴碱等。在根皮、枝皮和果皮中均有生物碱分布。

5. 其他化合物

石榴中还含有苯丙素类化合物、甾类化合物以及三萜类化合物。甾类、磷脂主要分布于石榴籽中。甾类有雌甾酮、雌二醇、睾丸激素、雌甾三醇、胆甾醇,非甾类雌激素为拟雌内酯等,磷脂包括卵磷脂、磷脂酰乙醇胺、磷脂酰肌醇、溶血磷脂酰乙醇胺等。此外,石榴籽中还含有豆甾醇。

(三)石榴的活性作用

近年来,国内外在开发研究石榴中具有医疗保健功能的化学成分方面开展了大量的工作,研究发现最具医疗特性的化学成分是鞣花酸、鞣花单宁(包括安石榴苷)、石榴酸、类黄酮、花青素和黄酮类物质。关于石榴各部分在抗氧化、消炎、抗癌、抗菌、调节血脂、预防动脉粥样硬化等方面的积极作用也逐步得到证实。众多的研究工作使石榴在传统医学中的应用功效得以科学地验证,进一步拓展了其在防病治病方面的应用范围。

1. 抗氧化活性

石榴多酚中的鞣质类具有较强的抗氧化作用。鞣花酸能与金属离子螯合、与自由基反应，从而具有抗氧化功能。鞣花酸和它的衍生物对线粒体、微粒体中的类脂化合物的过氧化作用有很好的抑制活性。郭长江等比较了 66 种蔬菜、水果的抗氧化活性，发现水果中石榴的抗氧化力较为突出，比苹果、梨、桃高出 3.5~10 倍。

石榴皮提取物可通过清除多种自由基（$O_2^-\cdot$、$\cdot OH$、$ROO\cdot$）提高相关抗氧化酶（GSH-Px、SOD、PON）的活性，增强血抗氧化防御体系功能、减小氧化低密度脂蛋白（Ox-LDL）产生的氧化应激损伤，同时通过促进一氧化氮（NO）合成来抑制血小板及单核细胞的黏附、平滑肌细胞的迁移和增殖。此外，石榴皮提取物对血脂也有潜在的调节作用。石榴叶和石榴皮的提取物对 DPPH 自由基的清除率分别为 93.35% 和 80.65%，能很好地抵御猪油的氧化作用。对比茶的研究发现，石榴叶茶的茶多酚含量是绿茶的 1.594 倍，对 DPPH 自由基的清除力是绿茶的 1.70 倍，对 ABTS 自由基的清除力是绿茶的 1.56 倍，充分说明榴叶茶的抗氧化能力显著强于绿茶。

Sudheesh 等用石榴提取物以每日 10 mg 口服的方式饲喂大鼠，结果表明，大鼠肝脏中丙二醛、氢过氧化物和共轭二烯烃含量显著降低，而过氧化氢酶、超氧化物歧化酶、谷胱甘肽过氧化物酶和谷胱甘肽还原酶的活性显著增强，且组织中谷胱甘肽含量增加，证明石榴提取物具有显著的抑制氧化作用。

Seeram 等对从石榴汁中提取的石榴鞣花素、石榴单宁、鞣花单宁、鞣花酸与石榴汁提取物的抗氧化性做比较。结果发现，石榴汁提取物的抗氧化性最强，其次是石榴单宁、石榴鞣花素，最弱的是鞣花酸。这说明石榴汁总提取物比单个成分具有更强的生物活性，也说明石榴汁所具有的生物活性是多个成分的化学协同作用。

2. 消炎、抗肿瘤活性

石榴果皮提取物具有防治人脐静脉内皮细胞氧化应激损伤的作用，对细胞一氧化氮合成和一氧化氮合酶（NOS）的基因表达也有抑制作用。Lee 等的研究表明，石榴皮亭 B 是石榴具有消炎作用的特性成分。石榴及其产品中含有延缓衰老、预防心脏病及减缓癌变进程的高水平抗氧化剂。研究发现，石榴提取物作用于 MCF-7 乳腺肿瘤细胞时，在 8 mg/mL 浓度下，肿瘤细胞的抑制率在 65.96%~99.34%，这说明石榴提取物具有明显抑制 MCF-7 细胞生长的作用。大量的研究发现，鞣花酸具有强大的抗癌和抗氧化活性。Lansky 等发现，石榴提取物有抑制前列腺癌的作用，且几种石榴化学成分协同作用抑制前列腺癌的效果要优于单独的鞣花酸。

3. 抗菌与抗病毒活性

石榴果皮提取物在体外对志贺、施氏、福氏、宋氏等 4 种痢疾杆菌及伤寒杆菌、结核杆菌、大肠杆菌、变形杆菌、绿脓杆菌、金黄色葡萄球菌、脑膜炎双球菌等多种细菌均有抑制作用，对堇氏毛癣菌、同心性毛癣菌等多种皮肤真菌也有不同程度的抑制作用。以上抗菌作用可能与石榴果皮提取物所含大量鞣质有关。鸡胚法试验证明,石榴皮煎剂稀释1~10万倍仍有抑制流感病毒(甲型 PR8)的作用。近几年发现石榴皮水煎剂在体外试验中能明显抑制生殖器疱疹病毒(HSV-2)、淋球菌的生长,并证实鞣质是其抗 HSV-2 的活性成分。石榴皮水提液在体外对乙型肝炎病毒(HBV)也有灭活作用。

4. 其他活性

石榴果皮因含大量鞣质,能调节人体凝血酶含量,有助于局部创面愈合或保护其免受刺激,因而有涩肠、止血的功能。石榴果皮驱除肠道寄生虫的机制可能是作用于其肌肉,使之持续收缩,达到驱虫的目的。动物试验表明,石榴果皮、叶提取物对大鼠胃具显著保护作用,可加强小鼠小肠的蠕动。石榴果皮多酚提取物还具有降低血脂和肝脂的作用。近年来,石榴广泛用于预防和治疗心血管疾病、糖尿病、牙齿疾病、男性功能障碍等疾病和防止紫外线辐射。除此之外,石榴提取物还对婴幼儿脑部缺血、阿尔茨海默病、关节炎和肥胖症等具有一定疗效。

四、石榴中活性成分的提取、纯化与分析

(一)石榴中安石榴林、安石榴苷等鞣质类成分的分析

1. 仪器、材料与试剂

本试验用到的材料为石榴皮,购自哈药集团世一堂制药厂。

本试验用到的试剂为:安石榴林、安石榴苷和鞣花酸对照品,纯度 ≥ 98%,中国药品生物制品检定所;乙醇,广州友联化工试剂有限公司;甲酸,色谱纯,天津科密欧化学试剂有限公司;甲醇,色谱纯,天津科密欧化学试剂有限公司;超纯水,由 Milli-Q Academic 超纯水系统自制,美国 Millipore 公司;娃哈哈矿泉水,杭州娃哈哈集团有限公司。

本试验用到的仪器为:Waters E2695 高效液相色谱仪,沃特世科技(上海)有限公司;Gemini C_{18} 色谱柱(250 mm × 4.6 mm,5 μm),美国 Phenomenex 分析仪器有限公司;KAT-8 循环水多用真空泵,无锡中恒仪器厂;TGL-16G 高速台式离心机,上海利鑫坚离心机有限公司;DH6000 A 电热恒温水浴锅,天津市泰斯特仪器有限公司;BT224S 分析天平,深圳明科科技有限公司。

2. 试验方法

1)色谱条件

高效液相色谱仪器采用 2998 PDA 检测器,流动相由 0.1% 甲酸(A)和甲醇(B)组成,梯度洗脱分离程序为 0 min 时 5% 的流动相 B、8 min 时 16.3% 的流动相 B、17 min 时 20.5% 的流动相 B、47 min 时 62.8% 的流动相 B,流速为 1.0 mL/min,进样量为 10 μL,柱温为 30 ℃,检测波长为 377 nm。

2）标准曲线回归方程

测得标准曲线回归方程：安石榴林，$y=13\,422\,812.5x+12\,453.1$（$R^2=0.999\,1$）；安石榴苷，$y=2\,503\,656.25x-5476.95$（$R^2=0.999\,5$）；柠檬酸，$y=27\,681\,401.9x-438.15$（$R^2=0.999\,3$）。

3）安石榴林、安石榴苷和鞣花酸的提取

将石榴皮（5.00 g）研磨成粉末后过筛，乙醇回流提取。过滤，使药渣与提取液分离，提取液以 3 000 r/min 的转速离心 10 min。用高效液相色谱法测得物质含量，共测 3 次。

4）田口法优化提取条件

在单因素试验条件下，初步确定乙醇体积分数（A）、提取温度（B）、提取时间（C）、液料比（D）和粒径（E）的适宜范围。在单因素试验基础上，设计五因素三水平 L_{27}（3^5）的田口法试验，因素水平表如表 12-3 所示。整个设计包括 27 次试验点，随机进行。

表 12-3　田口设计的因素和水平

水平	因素				
	A	B	C	D	E
1	0	60	1.5	30∶1	0.150
2	10	70	2.0	40∶1	0.125
3	20	80	2.5	50∶1	0.090

3. 试验结果

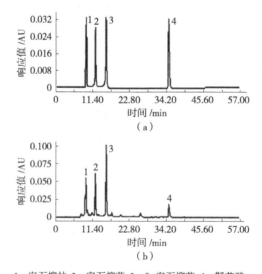

1—安石榴林；2—安石榴苷；3—β- 安石榴苷；4—鞣花酸

图 12-1　石榴中鞣质成分的分析
（a）标准品　（b）样品

在单因素试验基础上，利用田口法得到提取石榴皮中安石榴林、安石榴苷和鞣花酸的最佳提取工艺，为乙醇体积分数 20%、提取温度 70 ℃、提取时间 2 h、液料比 50∶1（mL/g）、粒径 0.125 mm、提取次数 2 次。

测得含量分别为安石榴林（17.89 ± 0.27）mg/g、安石榴苷（498.66 ± 2.13）mg/g 和鞣花酸（7.30 ± 0.05）mg/g。

（二）石榴中果胶的提取与分析

1. 仪器、试剂与材料

本试验用到的仪器为：202A-2 型电热恒温干燥箱，上海一恒科学仪器有限公司；MKX-J1-3 型微波提取仪，青岛迈可威有限责任公司；FA2204B 型电子天平，上海一恒科学仪器有限公司。

本试验用到的材料为石榴，产自四川省攀枝花市域。

本试验用到的主要试剂为无水乙醇、95% 乙醇（均为分析纯）。

2. 试验方法

1）石榴皮的预处理

将石榴皮洗净，在 50 ℃下恒温烘至恒重，粉碎后过 60 目筛，保存备用。

2）试验流程

取 5.00 g 石榴皮粉末置于三口烧瓶中，加一定量蒸馏水。设置提取温度为 70 ℃，提取时间为 7 min，微波提取功率为 500 W。按液料比 25∶1（mL/g）加入 80% 乙醇进行提取，提取完毕后，于离心机中 4 000 r/min 离心 10 min，取上清液，再倒入 2 倍体积的 95% 乙醇混合，置于 4 ℃冰箱中。待果胶析出后，再次在 4 000 r/min 的转速下离心 10 min，倾去上层清液，后在 40 ℃烘箱中烘至恒重，得到果胶产品。

3）石榴皮果胶提取率的测定

按照式（12-1）计算果胶提取率。

$$W = E/M \times 100\% \tag{12-1}$$

式中：W 为果胶提取率，%；E 为提取得到的果胶质量，g；M 为石榴皮粉末的质量，g。

4）单因素试验

（1）提取时间

在提取温度 70 ℃、微波提取功率 500 W、液料比 25∶1（mL/g）、乙醇体积分数 80% 的条件下，设置提取时间 3、5、7、9 和 11 min，考察微波提取时间对石榴皮果胶提取率的影响。

（2）提取温度

在提取时间 7 min、微波提取功率 500 W、液料比 25∶1（mL/g）、乙醇体积分数 80% 的条件下，设置微波温度 40、50、60、70 和 80 ℃，考察提取温度对石榴皮果胶提取率的影响。

（3）微波提取功率

在微波时间 7 min、微波提取温度 70 ℃、液料比 25∶1（mL/g）、乙醇体积分数 80% 的条件下，设置微波功率为 300、400、500、600 和 700 W，考察微波功率对石榴皮果胶提取率的影响。

（4）料液比

在微波时间 7 min、提取温度 70 ℃、微波提取功率 500 W、乙醇体积分数 80% 的条件下，设置液料比 15∶1、20∶1、25∶1、30∶1 和 35∶1（mL/g），研究液料比对石榴皮果胶产率的影响。

3. 试验结果

通过响应面法优化了微波辅助提取石榴皮果胶的工艺，得到的最佳工艺条件为提取温度 80 ℃、提取时间 8 min、微波提取功率 560 W、液料比为 23∶1（mL/g），此时实际果胶提取率为 26.25%。

（三）石榴中油类成分的分析（1）

1. 仪器、材料与试剂

本试验用到的仪器为：FW80 型微型高速试样粉碎机；电子天平（1‰）；三用恒温水箱，北京化玻联医疗器械有限公司；旋转蒸发仪；微波炉，格力电器有限公司。

本试验用到的材料为石榴籽。

本试验用到的试剂为正己烷。

2. 试验方法

1）石榴籽的预处理

取干燥石榴籽，用高速粉碎机粉碎，过 40 目筛。

2）石榴籽油的提取

使用微波法提取石榴籽油。按照功率为 350 W、料液比为 1∶6、时间为 50 s 的提取条件，称取 30 g 石榴籽粉放入三角瓶中，加入 180 mL 正己烷，将三角瓶放入微波炉中，调节功率为 350 W、间歇辐射 250 s（辐射 5 次，每次 50 s）。每次辐射完用冷水冷却至室温，擦干瓶外水分后，再放入微波炉中辐射。辐射后，取出样品，用抽滤瓶过滤。滤渣用 50 mL 正己烷洗涤，合并滤液和洗涤液，置于 300 mL 圆底烧瓶中。在 45 ℃ 下，使用真空旋转蒸发仪回收正己烷，剩余的油状物质即为石榴籽油。用微波提取，平行试验 3 次，计算石榴籽油的出油率。

$$出油率 = 石榴籽油质量 / 石榴籽质量 \times 100\% \tag{12-2}$$

式中石榴籽油质量、石榴籽质量的单位为 g。

3. 测定结果

微波萃取是一种新的提取技术，它利用超高频电磁波强大穿透作用实现在颗粒内外同时均匀、迅速加热,因此具有能耗低、操作方便、时间短、提取率高、节省试剂等优点,已成为提取天然产物的主要手段。

比较常规回流提取与微波提取的结果(表 12-4)可以看出:常规回流提取耗时长,操作较烦琐,提取率较低;微波浸提时间短,提取率高,作为提取手段有很大的发展空间。

表 12-4　回流提取与微波提取的结果比较

提取方法	石榴籽油质量 /g			平均质量 /g	得油率 /%
	1	2	3		
回流提取	8.920	8.760	8.720	8.800	29.33
微波提取	10.17	10.27	9.875	10.10	33.70

研究结果表明:微波提取法的石榴籽油得油量高于常规回流提取法 4.47%。微波提取石榴籽油的最优条件为功率 350 W、时间 50 s、料液比 1:6。在此提取条件下出油率最高,为 33.70%。

(四)石榴中油类成分的分析(2)

1. 仪器、材料与试剂

本试验用到的仪器为:粉碎机,北京德永科仪科技有限公司;C21-RK2102 电磁炉,广东美的生活电器制造有限公司;数显恒温水浴锅,常州市华普达教学仪器有限公司;YXQ-LS-50 A 立式压力蒸汽灭菌器,上海博迅实业有限公司;FA1001N 电子天平,上海菁海仪器有限公司。

本试验用到的材料为石榴籽,购于馥济堂药材行(网购)。

本试验用到的试剂为:95% 乙醇溶液,分析纯,上海埃彼化学试剂有限公司;氯仿、冰醋酸,分析纯,烟台三和化学试剂有限公司;碘化钾,分析纯,上海埃彼化学试剂有限公司;硫代硫酸钠,分析纯,上海埃彼化学试剂有限公司;可溶性淀粉,分析纯,天津市博迪化工有限公司。

2. 试验方法

将干石榴籽放入粉碎机中充分粉碎研磨成粉末。取 5.00 g 石榴籽粉,加入 250 mL 锥形瓶中,并加入 100 mL 95% 乙醇溶液在 50 ℃下提取 2 h。取出后经离心操作,滤渣用 95% 乙醇溶液洗涤。合并滤液和洗涤液后放入圆底蒸发瓶中,在 78 ℃的条件下,蒸馏回收乙醇。剩余油状物质即为石榴籽油。称量提取得到的石榴籽油质量,计算石榴籽油的出油率。石榴籽油出油率的公式计算如下。

出油率 = 石榴籽油质量 / 石榴籽粉质量 × 100%　　　　　(12-3)

式中石榴籽油质量、石榴籽粉质量的单位为 g。

3. 测定结果

本试验以石榴籽为原料,以石榴籽油的提取率为评价指标,研究料液比、水浴温度和水浴时间对提取率的影响。通过试验研究,确定乙醇提取石榴籽油的最佳工艺条件为料液比 1：20、水浴温度 50 ℃、水浴时间 2 h。此工艺条件下提取出的石榴籽油出油率最大,可以达到 11.80%。

本章参考文献

[1]　张倩,杜海云,陈令梅,等. 石榴化学成分及其生物活性研究进展 [J]. 落叶果树,2010,42（6）：17-22.

[2]　GIL M I, GARCIA-VIGUERA C, ARTES F, et al. Changes in pomegranate juice pigmentation during ripening[J]. Journal of Agricultural and Food Chemistry, 1995, 68（1）：76-81.

[3]　ARTIK N, CEMEROGLU B, MURAKAMI H, et al. Determination of phenolic compounds in pomegranate juice by HPLC[J]. Fruit Process, 1998（8）：492-499.

[4]　ANAND P K, SOMARADHYA M A. Chemical changes and antioxidant activity in pomegranate arils during fruit development[J]. Food Chemistry, 2005（93）：319-324.

[5]　刘延泽, 李海霞. 石榴皮中的鞣质及多元酚类成分 [J]. 中草药, 2007, 38（4）：502-504.

[6]　JURENKA J S. Therapeutic applications of pomegranate（*Punica granatum* L.）: a review [J]. Alternative Medicine Review, 2008, 13（2）：128-144.

[7]　NAWWAR M A M, HUSSEIN S A M, MERFORT I. Leaf phenolics of *Punica granatum*[J]. Phyto-chemistry, 1994, 37（4）：1175-1177.

[8]　郭玲. 新疆石榴生理活性物质的提取及其特性的研究 [D]. 乌鲁木齐:新疆医科大学, 2006.

[9]　JAISWAL V, DERMARDEROSIAN A, PORTER J R. Anthocyanins and polyphenol oxidase from dried arils of pomegranate（*Punica granatum* L.）[J]. Food Chemistry, 2010, 118（1）：11-16.

[10]　王如峰,向兰,杜力军,等. 石榴的生物活性研究 [J]. 亚太传统医药, 2006（6）：79-81.

[11]　李海霞,王钊,刘延泽. 石榴科植物化学成分及药理活性研究进展 [J]. 中草药,2002, 33（8）：765-766.

[12]　MEERTS I A T M, VERSPEEK-RIP C M, BUSKENS C A F, et al. Toxicological evaluation of pomegranate seed oil[J]. Food and Chemical Toxicology, 2009, 47：1085-1092.

[13] FADAVI A，BARZEGAR M，AZIZI M H. Determination of fatty acids and total lipid content in oilseed of 25 pomegranates varieties grown in Iran[J]. Journal of Food Composition and Analysis，2006，19（6-7）：676-680.

[14] 王周玉，何其，赖鹏，等. 伪石榴碱的提取与合成及其衍生物的应用研究进展 [J]. 西华大学学报（自然科学版），2015，34（4）：42-46.

[15] MONEAM N M，SHARAKY A S，BADRELDIN M M. Oestrogen content of pomegranate seeds[J]. Journal of Chromatography，1988，438（2）：438-442.

[16] LANSKY E P，NEWMAN R A. *Punica granatum*（pomegranate）and its potential for prevention and treatment of in inflammation and cancer[J]. Journal of Ethnopharmacology，2007（109）：177-206.

[17] OKUDA T，KIMURA Y，YOSHIDA T，et al. Ellagitanninsas active constituents of medicinal plants[J]. Planta Med，1989，55（2）：117-122.

[18] 郭长江，韦京豫，杨继军，等. 66 种蔬菜、水果抗氧化活性的比较研究 [J]. 营养学报，2003，25（2）：203-207.

[19] 李云峰. 石榴皮抗氧化物质提取及其抗氧化、抗动脉粥样硬化作用研究 [D]. 天津：中国人民解放军军事医学科学院，2004.

[20] 张立华，孙晓飞，张艳侠，等. 石榴叶茶与绿茶在抗氧化活性方面的比较 [J]. 现代农业科学，2008，15（3）：40-42.

[21] SUDHEESH S，VIJAYALAKSHMI N R. Flavonoids from *Punica granatum*：potential antiperoxidative agents[J]. Fitoterapia，2005，76（2）：181-186.

[22] SEERAM N P，ADAMS L S，HENNING S M，et al. *In vitro* antiproliferative, apoptotic and antioxidant activities of punicalagin, ellagic acid and a total pomegranate tannin extract are enhanced in combination with other polyphenols as found in pomegranate juice[J]. Journal of Nutritional Biochemistry，2005，16（6）：360-367.

[23] LEE C J，CHEN L G，LIANG W L，et al. Anti-inflammatory effects of *Punica granatum* Linne *in vitro* and *in vivo*[J]. Food Chemistry，2010，118（2）：315-322.

[24] 王晓瑜. 新疆石榴果实提取物体外抗 MCF-7 人乳腺癌细胞作用的研究 [D]. 乌鲁木齐：新疆医科大学，2008.

[25] LANSKY E P，JIANG W，MO H，et al. Possible synergisticprostate cancer suppression by anatomically discrete pomegranate tractions[J]. Invest New Drugs，2005（23）：11-20.

[26] 杨丽平，杨永红. 石榴皮的研究进展 [J]. 云南中医中药杂志，2004，25（3）：45-47.

[27] 王雪莉，邢东明，丁怡，等. 石榴叶鞣质中短叶苏木酚在大鼠体内药代动力学变化 [J]. 中国药理学通报，2005，21（3）：369-372.

[28] 程霜,郭长江,杨继军,等. 石榴皮多酚提取物降血脂效果的实验研究 [J]. 解放军预防医学杂志,2005, 23（3）: 160-163.

[29] CHUNG C P, PARK J B, BAE K H. Pharmacological effects of methanolic extract from the root of *Scutellaria baicalensis* and its flavonoids on human gingival fibroblast[J]. Planta Med, 1995, 61（2）:150-153.

[30] KHENNOUF S, GLARZOULI K, AMIRA S, et al. Effects of *Quercus ilex* L. and *Punica granatum* L. polyphenols against ethanol-induced gastric damage in rats[J]. Die Pharmazie, 1999, 54（1）: 75-76.

[31] CUCCIOLONI M, MOZZICAFREDDO M, SPARAPANI L, et al. Pomegranate fruit components modulate human thrombin[J]. Fitoterapia, 2009（80）: 301-305.

[32] 李定格,张葵,林清义,等. 石榴叶对消化机能影响的试验研究 [J]. 中药药理与临床,1998, 14（1）: 35-36.

[33] 李佳璇,赵姗姗,盛尊来. 田口法优化石榴皮中 3 种活性成分的提取工艺 [J]. 食品工业,2021, 42（1）: 174-178.

[34] 邓建梅,余传波,甘雨薇. 响应面法优化石榴皮果胶微波辅助提取工艺 [J]. 食品工业,2020, 41（9）: 127-131.

[35] 周航,王军. 石榴籽油的微波提取工艺研究 [J]. 安徽农学通报, 2020, 26（15）: 144-146.

[36] 高珊. 石榴籽油的提取及抗氧化作用研究 [J]. 现代食品,2018（16）: 127-130.

第十三章　羊奶果

一、羊奶果的概述

羊奶果(拉丁学名: *Elatagnus conteta*)又名密花胡颓子,别名牛奶咪、牛虱子果、长匍茎胡颓子、羊奶头等。胡颓子科多年生常绿攀缘灌木,长 2~10 m。无刺,幼枝密被锈色鳞片,芽绿色。叶柄锈色,长 10~16 mm;单叶互生,叶纸质或近革质,椭圆形,长 8~16 cm,宽 2.2~6 cm,先端渐尖或钝尖,基部阔楔形、钝形或圆形,全缘;侧脉 7~9 对,干燥后网状叶脉在上面略明显。花褐色,外被褐色鳞片,常 1~3 朵簇生于叶腋,花梗长 3~6 mm;花被筒圆筒形,长 8~9 mm,上部 4 裂,裂片宽三角形,内面密生星状短柔毛;雄蕊 4 个,花丝极短,花药椭圆形,长 1.5~1.8 mm;花柱无毛,几与花被裂片平齐。果实大,长椭圆形,长 24~26 mm,直径 10~13 mm,具锈色鳞片,果核具明显的八肋。羊奶果呈椭圆形,色红如血,略大于鸽卵。

二、羊奶果的产地与品种

(一)羊奶果的产地

羊奶果产于亚洲热带地区,在越南、马来西亚、印度及我国云南、广东、四川(巴中)、湖北、河南南部、广西南部、安徽有分布。羊奶果生于海拔 1 100~1 500 m 的山地,通常生长于山地杂木林内或向阳沟谷旁,有时生长在三角枫或麻栎等树上,形成树上生树的奇特景象。

(二)羊奶果的品种

羊奶果一般为食用水果,有两个品种,一个果型大一点、味甜些,另一个果型小一点、味淡些。小果型的现在山上还有野生的。

三、羊奶果的主要营养和活性成分

(一)羊奶果的营养成分

羊奶果每 100 g 鲜果含蛋白质 2.45 g、水分 90.6 g、脂肪 2.3 g、碳水化合物 5.1 g、总酸量 1.45 mg、钙 20.6 mg、磷 57.2 mg、胡萝卜素 3.15 mg、维生素 B_2 0.7 mg、维生素 C 30 mg。

羊奶果营养丰富,果实多汁无毒,可鲜食也可加工成果汁、汽水、罐头、蜜饯等食品,可食率为 73.3%~91%。由于其果实成熟较早,可作水果淡季市场和食品工业原料的新品种。

(二)羊奶果的活性成分

羊奶果以根、果、叶入药。中医学认为,羊奶果根苦平,祛风利湿、行淤止血,对传染性肝炎、风湿关节炎、小儿疳积、咯血、吐血、便血、崩漏、白带、跌打损伤等有疗效;叶微苦、平,止咳平喘,对支气管炎、咳嗽、哮喘等有疗效;果甘、酸、平,消食止痢,对肠炎、痢疾、食欲不振等有治疗作用。还有研究发现,羊奶果果实含的有机酸经浓缩后,内服对肠内细菌有抑制作用。

四、羊奶果中活性成分的提取、纯化与分析

(一)羊奶果种子脂肪酸组成和矿物质元素分析

本书对羊奶果种子的脂肪酸组分及矿物质元素进行分析测定。

1. 材料、试剂与仪器

本试验用到的羊奶果是从福建省亚热带植物研究所内繁育的多年生植株上采收成熟的果实,洗净沥干,去果皮、果肉及坚硬的种皮,取种子于 105 ℃烘箱中烘干,用研钵碾碎成粉末备用。

本试验用到的试剂为无水乙醚、$CuSO_4$、K_2SO_4、H_2SO_4、HNO_3、高氯酸等。

本试验用到的仪器为:上海 3500 原子吸收分光光度计;日本岛津 GC-17 A 型气相色谱仪(含 C-RTA 色谱数据处理器、检测器 FID);TG328 A 分析天平(分度值 0.1 mg);PHS-3 精密数显酸度计;80-2B 调速离心机等。

2. 试验方法

1)种子脂肪酸的含量测定

用索氏提取-残渣重量法测定。溶剂为无水乙醚,抽提温度为 49 ℃,抽提时间为6 h。

2)气相色谱

取种子油 3 滴,置于 10 mL 容量瓶中,加入 2 mL 石油醚与苯的混合溶液(按照 1∶1 体积比混合)。轻摇使油脂溶解,加入 2 mL 0.5 mol/L 的 KOH-甲醇液,混匀。室温下静置 10 min 后,加蒸馏水使全部石油醚苯甲酯溶液升至瓶颈上部,放置待澄清。吸取上层澄清液,置干燥试管中,加少量无水 Na_2SO_4。

3)色谱条件

色谱柱为 DB-WAX(0.25 mm × 30 m)毛细管柱;载气为 N_2;柱前压为 75 kPa;空气压强为 55 kPa;H_2 压强为 65 kPa;柱温为 220 ℃;进样口温度为 280 ℃;检测器温度为

280 ℃;进样量为 1 μL。以归一化法(峰面积法)确定物质的相对含量。

4)种子的矿物质元素测定

用原子吸收分光光度法测量种子的矿物质元素含量。

3. 结果和分析

1)羊奶果种子脂肪酸含量及组分

研究结果发现,羊奶果种子的脂肪酸含量较低,为 1.98%。脂肪酸组成较为简单,以油酸(Oleicacid,$C_{18:1}$)、亚油酸(Linoleicacid,$C_{18:2}$)两个不饱和脂肪酸含量最高,分别为 34.15% 和 31.51%;亚麻酸(Linolenicacid,$C_{18:3}$)的含量也较多,为 14.50%;饱和脂肪酸只有软脂酸(Palmiticacid,$C_{16:0}$)和硬脂酸(Stearicacid,$C_{18:0}$)两种,含量较少,分别为 13.83% 和 2.88%。

2)种子脂肪酸类型分析

脂肪酸中单不饱和脂肪酸、多不饱和脂肪酸含量较高,分别为 37.28%、46.01%;不饱和脂肪酸的含量高达 83.29%;而饱和脂肪酸的含量很低,只有 16.71%。饱和脂肪酸、单不饱和脂肪酸与多不饱和脂肪酸的比例为 1 : 2.23 : 2.75。

3)种子矿物质元素含量

对羊奶果种子的几种矿物质元素进行测定,结果如下:N 含量为 14 100 mg/kg,K 含量为 7 837.69 mg/kg,Ca 含量为 44.21 mg/kg,Mg 含量为 737.52 mg/kg,Na 含量为 259.5 mg/kg,Fe 含量为 30.99 mg/kg,Zn 含量为 10.13 mg/kg,Mn 含量为 6.07 mg/kg,Cu 含量为 6.85 mg/kg。种子中的 K、Ca、Mg、Na 等常量元素,以 K 含量最高,是 Na 含量的 30.20 倍;Fe、Zn、Mn、Cu 等微量元素中 Fe、Zn 含量较高。

4. 讨论

油脂中的总不饱和脂肪酸含量和人体必需的亚油酸含量是评价油脂营养价值的两个重要指标。研究表明,与饱和脂肪酸相比,多不饱和脂肪酸能降低血清胆固醇(TC)和低密度脂蛋白胆固醇(LDL-C)的水平。近年的实验也证明,单不饱和脂肪酸能使 TC、LDL-C 水平下降,能降低血清甘油三酯(TG)的水平。因此,多不饱和脂肪酸和单不饱和脂肪酸很受人们推崇。常见的食用植物油中 $C_{18:1}$ 含量高的较少,仅有茶油(83.3%)、花生油(60.0%)、麻油(49.3%)等几种。此外,还含有一定比例的 $C_{18:2}$,茶油为 7.4%,花生油为 21.0%,麻油为 37.7%。

羊奶果种子脂肪油组分较简单,以油酸($C_{18:1}$)、亚油酸($C_{18:2}$)为主要成分,含量分别为 34.15%、31.51%,亚麻酸($C_{18:3}$)的含量也较多,为 14.50%,单不饱和脂肪酸、多不饱和脂肪酸含量较高,分别为 37.28%、46.01%。不饱和脂肪酸的含量高达 83.29%,而饱和脂肪酸的含量很低,只有 16.71%,不饱和脂肪酸与饱和脂肪酸的含量比为 4.98 : 1。饱和脂肪酸、单不饱和脂肪酸与多不饱和脂肪酸含量的比为 1 : 2.23 : 2.75。可见,羊奶果种子脂肪油对心血管具有重要的保健意义。虽然种子脂肪油的含量较少,仅为 1.98%,但由于采收量大,种子较大,而且种子矿物质元素丰富。种子和种子脂肪油具有较大的利用价值。

现代医学证明,经常食用高钠低钾的食物,易引发高血压和心脏病。羊奶果种子有高钾低钠的特点,经常食用对预防和治疗高血压、肾脏疾病,维持机体的酸碱平衡有一定的益处。羊奶果中还含有 Fe、Zn 等人体重要的微量元素,具有重要的生理功能和营养作用。

(二)羊奶果叶及树皮中单宁含量的分析

有关羊奶果单宁提取工艺及含量测定国内尚未见报道。我们采用正交试验寻找羊奶果单宁的最佳提取方法,并测其含量,旨在为更好地开发羊奶果资源提供科学依据。

1. 材料

成熟叶(深绿、较硬)、幼叶(浅绿、柔软,一般从树皮端起第 1~4 片)、树皮(多年生树皮),清洗后,于 80~90 ℃烘箱中烘干,用粉碎机磨成粉末备用。

2. 试验方法

取 1 g 样品粉末,加入 50% 丙酮溶液溶解。根据时间、温度、料液比这 3 个因素设计正交试验,寻找最佳提取方法(表 13-1),然后采用最佳提取方法测定幼叶及树皮的单宁含量。

表 13-1　单宁含量测定的三因素和三水平

水平	时间 /h	温度 /℃	料液比
1	2	30	1∶20
2	12	40	1∶15
3	22	50	1∶10

注:加高岭土后在 50~55 ℃水浴中加热 5 min 左右,随后用约 40 mL 热水洗涤几次。

单宁含量的计算公式如下:

$$单宁含量 =(V_1-V_2) \times N \times 0.041\ 6/W \times 100\% \tag{13-1}$$

式中:N 为 $KMnO_4$ 标准溶液的当量浓度;V_1 为样品滴定所消耗的 $KMnO_4$ 标准溶液的量,mL;V_2 为样品吸收单宁后滴定所消耗 $KMnO_4$ 标准溶液的量;W 为 10 mL 样品溶液相当于样品的量,g;0.041 6 为中国单宁的 mg 当量。

3. 结果与分析

对结果(表 13-2)进行方差分析和显著性检验结果分析可得 $R_B>R_A>R_C$。温度、时间、料液比 3 个因素对得率影响的主次顺序为温度影响最大,时间次之,料液比最小。

因素 A(时间)中第一水平(2 h)最佳,因素 B(温度)中第三水平(50 ℃)最佳,因素 C(料液比)中第三水平(1∶10)最佳。由此确定,提取单宁的最佳水平是时间 2 h、温度

50 ℃、料液比 1∶10。

取成熟叶、幼叶、树皮粉末按最佳提取条件提取并测定单宁的含量,结果显示,成熟叶的单宁含量为 8.11%,幼叶的单宁含量为 7.70%,树皮的单宁含量为 4.16%。可见,三者中,成熟叶单宁含量水平最高,幼叶次之,而树皮最低。

表 13-2 正交试验结果

编号	A	B	C	得率 /%
1	2	30	1∶20	6.032
2	2	40	1∶15	7.488
3	2	50	1∶10	8.112
4	12	30	1∶15	4.784
5	12	40	1∶10	7.904
6	12	50	1∶20	8.112
7	22	30	1∶10	5.616
8	22	40	1∶20	6.448
9	22	50	1∶15	6.864
水平 1 三次得率之和	21.632	16.432	20.592	—
水平 2 三次得率之和	20.800	21.840	19.136	—
水平 3 三次得率之和	18.928	23.088	21.632	—
极差(R)	2.704 30	6.656	2.493	—

4. 讨论

单宁具有多种生理活性,除可消炎抗腐外,还有收敛止血作用,对重金属中毒也有解毒疗效。单宁还能与生物碱作用生成沉淀,对生物碱引起的中毒症也有解毒作用。羊奶果的叶和树皮的单宁含量都很高,尤其是成熟叶,单宁含量高且采收量大,具有较高的药用价值。对其他药用成分(如黄酮、蒽醌等)的提取和含量的研究还有待深入。

本章参考文献

[1] FENG W Y,WANG C T,CHEN Y G. Report on introduction of *Elaeagnus conferta* Roxb.[J]. Chin J Trop Crops,1986,7(1):139-146.

[2] HUANG F L. *Elaeagnus conferta* Roxb.: medicine food superior in both aspects[J]. Chin Food,1989(9):8-9.

[3] HUANG W K. Food examines and analyses[M]. Beijing:Light Industry Press,1989.

[4] Wuhan University Medical School. Nutritionand food hygiene[M]. Beijing:Pepole's Medical Press,1981.

[5]　Chinese Grease Plant Compiled Committee. Chinese grease plant[M]. Beijing：Science Press，1987.

[6]　ZHANG W M，ZHONG G，WANG W. Study survey of nutrition and biological function of MUFA[J]. Cereals Oils，2005（3）：13-15.

[7]　HE Z Q. Human nutriology[M]. Beijing：People's Medical Publishing House，1987.

[8]　Chengdu Institute of Biology，Chinese Academy of Sciences. Sichuan grease plant[M]. Chengdu：Sichuan Science and Technology Press，1987.

[9]　黄奋良. 药食兼优的水平：羊奶果 [J]. 中国食品，1989（9）：8-9.

[10]　黄绍华，严慧和. 单宁的提取与纯化 [J]. 南昌大学学报（理科版），2000，24（3）：278-285.

[11]　北京医学院. 中草药成分化学 [M]. 北京：人民卫生出版社，1980.

[12]　化工部. 中国化工商品大全（上册）[M]. 北京：中国物资出版社，1989.

[13]　傅勤. 中国红树林及其经济利用的研究 [D]. 厦门：厦门大学，1993.

第十四章　人心果

一、人心果的概述

人心果（拉丁学名：*Manikara zapota*（Linn.）van Royen）又称吴凤柿或沙漠吉拉，为山榄科热带常绿乔木。人心果树冠呈圆锥形，枝条为细长状。叶片呈椭圆形至倒卵形，颜色为深绿色，鲜亮光泽，全年均可开花结果。花朵很小，单生、壶状，长在叶腋，花的颜色绿中带白。果实为浆果，形状为球状或倒卵形，果皮很薄，未成熟的果实为青绿色，成熟后为灰色或锈褐色。人心果树四季常绿，树形优美，是很好的园林绿化树种。

二、人心果的产地与品种

人心果原产于墨西哥及中美洲，目前大多数热带及亚热带国家均有栽培。美国佛罗里达州、墨西哥和印度是人心果的适生区与主产区，人心果的分布与栽培面积较大，品种优良，苗木及果品产业发展迅速，经济效益十分显著。我国早在 1900 年引种种植于福建，广东和台湾也相继引种种植。

美国、印度、墨西哥等国家的科学家对人心果进行了大量而深入的研究，在种质资源保存、优良品种选育、栽培管理技术及加工利用等方面取得了较多的成果。以佛罗里达大学热带作物研究与教育中心为代表的科研机构在人心果品种资源收集、优良品种培育、栽培管理及产品贮藏保鲜等方面做了大量研究工作，他们的生产与科研经验对于我国人心果产业发展具有重要的借鉴和参考意义。佛罗里达大学热带作物研究与教育中心和 Fairchild 热带植物园都建立了人心果种质资源圃，用来收集、保存源于世界各地的人心果种质资源。这些种质资源主要来源于墨西哥、印度、菲律宾、泰国及其他中美洲国家。部分属自主培育，如 Tikal、Prolific、Russell、Alano、Modello 等。

有关人心果的分类研究工作开展较少。Campbell 等利用园艺学特征对佛罗里达州的曼妹人心果进行分类。Pennington 将曼妹人心果栽培品种分为 5 大类，其中有 3 类非常相似，仅叶脉数量和花芽形态有微小差异，可做区分依据。Heaton 等运用随机扩增多态性 DNA（Random amplified polymorphic DNA，RAPD）标记技术对生长在不同地理环境条件下的 4 种人心果群体进行分子标记，结果表明不同群体在基因型上并无显著差异，环境因素是引起个体差异的主要原因，但不同群体间基因渐渗现象较为普遍。Susan 等的研究也表明，人心果不同品种个体植物学特征受环境影响较大，作为分类依据缺乏科学性。在此基础上，他们于 2003 年用扩增片段长度多态性（Amplified fragments length polymorphism，AFLP）分子标记技术对曼妹人心果主栽品种进行分类研究，取得了较好的结果。人心果在我国属稀有果树，市场前景十分广阔，积极开展人心果引种及相关研究工作对于丰富我国热带水果种类、促进人心果产业的发展具有重要意义。

三、人心果的主要营养和活性成分

人心果生果、树皮、种子、叶片均有药用价值。人心果果实气味芳香，味道甜美，营养丰富。人心果具有丰富的 Ca、Co、Ni、Mn、Zn、Cu、Mg、Fe、Al、Pb、Ba、Cd 等微量元素。这些微量元素在人体内具有广泛且重要的生理功能，如：参与酶的构成，成为体内重要的电子传递载体；参与激素与维生素的合成，影响内分泌系统调控水平，维持身体正常的生理功能。此外，人心果还含有氨基酸、黄酮、糖、蛋白质等多种营养物质。人心果果实可润肺止咳，而且其中具有保健功能的牛磺酸的含量明显高于其他水果。捣碎的种子具有排肾结石的功能，也可用作利尿剂、镇静剂、催眠药和解毒剂。人心果除鲜食外还可加工制作果酱、果汁及果晶等。总之，人心果全身是宝，具有十分重要的开发利用价值。因此，人们纷纷对人心果的营养物质进行研究。

张建和等的研究结果表明人心果富含多种生命所需的微量元素和多种氨基酸，还富含超氧化物歧化酶、糖分、多种维生素及矿物质。莫凤珊等对人心果的微量元素进行了研究，结果表明人心果中富含人体所需的多种维生素和氨基酸，具有高蛋白、低糖等特点。每 100 g 果肉中含蛋白质 910 mg、脂肪 650 mg，维生素 C 16.38 mg。蓝唯对人心果中的微量元素进行了研究，发现人心果中对人体有益的 Fe、Cu、Zn、Ca、Mg 等微量元素的含量较高。这些微量元素对人体的细胞代谢、生物合成及生理功能起着重要作用。其中，Fe是血液、肝脏等组织的重要组成部分，Zn 是蛋白质、核酸合成的必需品，Cu 是机体生物转化、电子传递氧化还原和组织呼吸的必需元素，Ca、Mg 是骨骼和牙齿的重要组成部分。林栖凤等对海南野生人心果营养成分进行了研究，结果表明海南野生人心果含有氨基酸、蛋白质、维生素 C、糖、水分、微量元素和总酸及超氧化物歧化酶等多种营养成分。王明月等对人心果中的维生素 E 进行了研究，结果表明人心果中的维生素 E 含量为 10.6 mg/kg。张秀梅等对人心果进行了研究，结果表明不同人心果中总酚和总黄酮的含量不同。马飞跃等对人心果叶片含有的黄酮类和酚类物质进行了研究。薛华指出人心果鲜食柔软香甜，可制果酱、果汁、干片等，具清心润肺功效。每 100 g 人心果含水分69.0%~75.7%、抗坏血酸 8.9~41.9 mg、总糖 11.14%~20.43%（其中葡萄糖 5.84%~9.23%，果糖 4.47%~7.13%，蔗糖 1.48%~8.75%）、总可溶性固形物 17.4%~23.7%、总酸 0.09%~0.15%。

陈燕玉等对人心果进行了研究，结果表明人心果中含有果胶。目前口香糖胶基为人工合成胶基，在自然环境中不能自然降解，严重污染环境。因此寻找一种能被自然界的微生物降解的胶基替代品迫在眉睫，而人心果果胶就具有自然降解这一特点。人心果树富含胶状乳液，树的全身可分泌的白色胶汁，称为奇可胶，是制造口香糖的高档环保胶基，具有天然安全、易被生物降解、不污染环境等优点,因而成为制造口香糖的上等原料。何钢等对人心果进行研究发现,人心果果实、树皮、叶片中含乳状汁液,是制造口香糖胶基的原料。

四、人心果中活性成分的提取、纯化与分析

(一)人心果中提取物的分析

1. 材料与仪器

本试验用到的克里斯特人心果、马来 1 号木菠萝和石峡龙眼的成熟叶片均采自广东湛江南亚热带作物研究所。采后用自来水冲洗干净,自然风干,粉碎后备用。

本试验用到的试剂为:甲醇、正己烷、丙酮、乙腈、乙酸乙酯等有机溶剂,均为色谱级试剂,福林 - 乔卡试剂、DPPH、Trolox 等,购自美国 Sigma 公司;没食子酸、维生素 C、醋酸钾、七水合硫酸亚铁等常规试剂,均为国产分析纯试剂。

2. 试验方法

1)DPPH 法测定抗氧化能力

参照 Ma 等的方法,取不同质量浓度(1 g/100 L、2.5 g/100 L、5 g/100 L)的粗提液 0.1 mL 分别加入 2 mL 浓度为 6.25×10^{-5} mol/L 的 DPPH- 甲醇溶液中,暗处反应 30 min。用甲醇溶剂做空白对照,测量其在波长 517 nm 处的吸光度(A_i),测定 2 mL 的 DPPH- 甲醇溶液与 0.1 mL 甲醇混合后在波长 517 nm 处的吸光度(A_0),测定 2 mL 甲醇溶液与 0.1 mL 样品溶液在波长 517 nm 处的吸光度(A_j)。计算自由基清除率。

2)ABTS 法测定抗氧化能力

将等量的 7 mmol/L 的 ABTS 溶液与 2.45 mmol/L 过硫酸钾混合,使之反应并置于暗处 12~16 h 以制备 ABTS⁺·。用甲醇稀释 ABTS⁺·溶液直至其在波长 734 nm 处吸光度为 0.70 ± 0.02。将 25 μL 样品溶液加入 2 mL ABTS⁺·溶液中稀释,6 min 后测量其在波长 734 nm 处的吸光度(A_i)。测定 2 mL ABTS⁺·溶液与 25 μL 甲醇混合后在波长 517 nm 处的吸光度(A_0);测定 2 mL 甲醇溶液与 25 μL 样品溶液在波长 517 nm 处的吸光度(A_j)。计算自由基清除率。

3)以铁离子还原(FRAP)法测定抗氧化能力

参照 Benzie 等的方法,取 10 μL 上清液,加入 1.8 mL TPTZ(2,4,6- 三吡啶基三嗪)工作液(由 0.3 mol/L 醋酸盐缓冲液、10 mmol/L TPTZ 溶液、20 mmol/L $FeCl_3$ 溶液组成),混匀后在 37 ℃下反应 10 min,测定反应液在波长 593 nm 处的吸光度。另以不同浓度(0 mmol/L、100 mmol/L、200 mmol/L、400 mmol/L、800 mmol/L、1 200 mmol/L、2 000 mmol/L)的 $FeSO_4$ 溶液的测定数据绘制标准曲线。样品抗氧化活性(FRAP 值)以每克干质量达到同样吸光度所需的 $FeSO_4$ 毫摩尔数表示(mmol $FeSO_4$/g)。

4）以金属螯合能力（MCC）法测定抗氧化能力

参照 Dinis 等的方法，将 1 mL 的提取液加入 2.8 mL 蒸馏水中。再与 50 μL 2 mmol/L 的 $FeCl_2 \cdot 4H_2O$ 和 150 μL 2 mmol/L Ferrozine 振荡混合。10 min 后，在波长 562 nm 处测量亚铁离子 -Ferrozine 联合体的生成量以确定 Fe^{2+} 的量。同时以 0.1 mg/mL 的 EDTA 溶液做对照。

5）PMC 测定抗氧化活性参照

参照 Prieto 等的方法，将 1 mL 的提取液（配比详见本章参考文献 [25]）加入 1 mL 反应液中，混合后于 95 ℃水浴中反应 90 min。待样品冷却至室温后，测定其在 695 nm 处的吸光度值。

3. 试验结果

1）不同提取物清除 DPPH 自由基的能力

DPPH 自由基是一种很稳定的以氮原子为中心的紫色自由基，在 517 nm 处有最大吸收，且其浓度与吸光度呈线性关系。该检测方法简单、快速、灵敏，目前被广泛应用于测定天然植物及食品等的体外抗氧化能力。不同提取物的清除能力都随着浓度的增加而不断增强，清除能力由强到弱的顺序为维生素 C、人心果叶、木菠萝叶和龙眼叶。对照品维生素 C 的 IC_{50}=0.010 05 mg/mL，人心果叶提取物的 IC_{50}=0.058 9 mg/mL，木菠萝叶提取物的 IC_{50}=0.105 8 mg/mL，龙眼叶提取物的 IC_{50} 值为 0.139 mg/mL。这说明人心果叶具有极强的清除 DPPH 自由基的能力。

2）不同提取物清除 $ABTS^{+\cdot}$ 的能力

在有过氧化物或过硫化物存在的情况下，ABTS 能够被氧化成绿色的 $ABTS^+ \cdot$ 自由基，在 734 nm 处有吸收。当有抗氧化物质存在的时候，ABTS 能够提供氢供体，导致吸光值下降，下降程度与抗氧化物质的抗氧化活性相关，据此例判断抗氧化活性的强弱。研究表明，不同提取物都有较强的清除 $ABTS^+ \cdot$ 的能力，且随着浓度的增加逐渐增强。其中，人心果提取物的活性最强（IC_{50}=5.873 0 μg/mL），当浓度为 17.5 μg/mL 时，清除率已达到100%；其次为木菠萝叶（IC_{50}=13.029 4 μg/mL）、龙眼叶（IC_{50}=16.222 2 μg/mL）。

3）不同提取物的总抗氧化能力

在一定的条件下，抗氧化剂能够将 Fe^{3+} 还原为 Fe^{2+}。Fe^{2+} 与 TPTZ 结合生成蓝色化合物，在波长 593 nm 处有最大光吸收。根据吸光度大小可计算样品抗氧化活性的强弱，吸光度越大，表明抗氧化剂有越强的还原能力，抗氧化活性越高。不同提取物的 Fe^{3+} 还原能力由高到低依次是人心果、木菠萝叶和龙眼叶，且人心果的还原能力接近维生素 C，说明人心果叶子有很强的供电子能力，是一种很好的抗氧化剂原料。

4）不同提取物的金属螯合能力

Ferrozine 能够与 Fe^{2+} 形成紫红色的螯合物，当其他有竞争力的螯合剂存在时，紫红色会变浅。因此，通过螯合物颜色的变化，可以评价物质对 Fe^{2+} 的螯合能力。由试验结果可知,提取液浓度为 0.02 g/mL 时,人心果叶、木菠萝叶和龙眼叶对 Fe^{2+} 的螯合率分别为 12.31%、10.86% 和 9.42%,而 0.01 g/mL 的维生素 C 的金属螯合率为 13.04%,表明不同提取物均有较强的金属螯合能力。

5)不同提取物在钼酸铵体系中的抗氧化能力

在一定的条件下,抗氧化剂能够将 Mo^{3+} 还原为 Mo^{2+},Mo^{2+} 与磷酸盐结合生成绿色化合物,在波长 695 nm 处有最大光吸收。由试验结果可知,对照物及提取物的钼离子还原能力由强至弱依次为维生素 C、人心果叶、木菠萝叶和龙眼叶。人心果叶的还原能力显著高于木菠萝叶和龙眼叶,说明人心果叶的还原能力最强。

6)相关性分析

研究结果表明,总酚含量与 DPPH、ABTS、FRAP 和 PMC 活性之间有极显著相关性,与 MCC 之间有显著相关性,与类黄酮含量没有显著相关性($r=0.192\,8$)。类黄酮含量与所分析的任何一种抗氧化方法之间都没有相关性。DPPH 与 ABTS 和 FRAP 方法均表现出显著或极显著相关性。MCC 与 FRAP 和 PMC 方法均没有显著相关性。

4. 结论

前人评价体外抗氧化活性的方法较多,但大多是针对某一种自由基的清除活性,不同评价体系的反应原理、评价的侧重点都不同,评价结果有时会存在很大差异,不能代表样品对其他自由基的清除能力或总抗氧化活性。因此,本研究采用 5 种方法来评价不同材料的抗氧化性更有说服力。本试验采用 DPPH、ABTS、FRAP、金属螯合能力、PMC 评价方法研究不同树种的叶片提取物的抗氧化性。结果发现,3 种提取物均具有较强的抗氧化性,尤其是人心果叶。清除自由基的能力及金属螯合能力由强到弱都为维生素 C>人心果叶 > 木菠萝叶 > 龙眼叶;总酚含量与抗氧化活性显著正相关。由此可见,多酚在 3 种不同提取物的抗氧化活性中起着主要作用,这与 Hassimotto 等和 Sun 等的结果一致。李倩等对马铃薯的研究表明,DPPH 法测得的结果与 FRAP、ABTS 法所得结果不具有相关性。而本研究结果表明,DPPH、ABTS 和 FRAP 方法之间均有极显著相关性,说明不同材料之间的多酚、维生素 C、黄酮类化合物的种类和含量有差异。俞坚对桑叶的研究也发现,芦丁具有较好的抗亚油酸的氧化能力,且明显强于山奈素,但其清除 DPPH 的能力最差,远远低于山奈素。Ferreres 等在研究甘蓝叶中多酚提取物的抗氧化活性时也得到了类似的结果。因为一种方法只是针对某一特性及其机理进行分析,所以在评价某种材料的抗氧化活性时要使用多种评价体系,才能综合考察其抗氧化能力。综上所述,人心果叶、木菠萝叶和龙眼叶是很好的天然抗氧化剂或天然抗氧化物质的原料,尤其是人心果叶,将具有广阔的应用价值和开发利用前景。人心果叶、木菠萝叶和龙眼叶的抗氧化能力不仅与多酚含量有关,还与多酚种类有关。但具体作用机理还有待进一步分析其主要化合物种类及含量并进行系统研究。

本研究表明 3 种叶子提取物的总酚含量由高到低依次为人心果叶、木菠萝叶和龙眼叶;木菠萝叶的类黄酮含量最高为 18.85%,人心果叶为 11.51%、龙眼叶为 10.82%。3 种提取物均具有较强的清除 DPPH 和 ABTS 自由基的能力,且对铁离子和钼离子的还原能力也较强。3 种提取物的总酚含量与抗氧化性有显著相关性,与类黄酮含量无密切关系。

(二)人心果中营养成分的分析

林栖凤等将海南野生人心果样品通过加入磷酸缓冲液(100 mmol/L、pH=8.0,含 4 mmol/L 的 EDTA、2 mmol/L 疏基乙醇)中提取人心果的营养物质,发现人心果种具有氨基酸、蛋白质、维生素 C、糖、水分、元素和总酸及超氧化物歧化酶等营养物质。

1. 材料与试剂

本试验用到的人心果分别采自海南尖峰岭、保亭县和儋州市。

本试验用到的试剂为标准氨基酸、牛血清白蛋白、考马斯亮蓝 G-250(进口试剂,上海化学试剂厂分装站分装)、氯化硝基四氮唑蓝(NBT,上海前进试剂厂)、维生素 C(广州试剂厂),均为分析纯或生化试剂。

2. 试验方法

1)样品制备

取新鲜果实,洗净去皮去核,称重,按 1∶1(W∶V)加入磷酸缓冲液,匀浆,四层纱布过滤。滤液于 4 ℃冰箱中保存,供测定氨基酸组成、蛋白质含量、糖含量之用。

2)氨基酸组成分析

采用日立 830 型氨基酸自动分析仪和 Waters Pico-Tag 氨基酸自动分析仪进行氨基酸组成的分析。

3)蛋白质含量的测定

按 Bradford 的蛋白质 - 染料结合法进行蛋白质含量的测定。在酸性溶液中,考马斯亮蓝 G-250 与蛋白质结合,测其 595 nm 处的光密度值。在以牛血清白蛋白溶液为标准溶液绘制的工作曲线上,查得样品的蛋白质含量。

4)糖含量的测定

按文献 [3],采用费林试剂热滴定法进行糖含量的测定。将样品直接稀释至标准曲线最适范围内。加入费林试剂,加热至液体呈蓝色。加入硫酸析出碘,以硫代硫酸钠滴定之。在无水葡萄糖标准曲线上,查得样品还原糖的含量。

5)维生素 C 含量的测定

用 8% 醋酸作为提取液提取人心果、海南子京样品中的维生素 C,采用 0.1 mg/mL 的抗坏血酸溶液作为标准对照进行维生素 C 含量的测定。

6)SOD 活性测定

取新鲜果实,洗净去皮,称重,按 1∶1(W∶V)加入磷酸缓冲液(100 mmol/L 磷酸钾缓冲液,pH=8.2,含 1 mmol/L EDTA、2 mmol/L 疏基乙醇),匀浆,过滤,滤液用 NaOH 溶液调 pH 至 7.8。4 ℃下静置 3 h,以 7 000 r/min 的转速离心 20 min。取上清液,加入(NH_4)SO_4,达 40% 饱和度,静置过夜。以 7000 r/min 的转速离心,取上清液,调整(NH_4)SO_4 饱和度为 80%。以 15 000 r/min 的转速离心 20 min。取沉淀,用 500 mmol/L 磷酸钾缓冲液($pH=7.8$,含 1 mmol/L EDTA、2 mmol/L 巯基乙醇)溶解,即可用于测定 SOD 活性。SOD 活性采用 NBT 光还原法测定,于分光光度计上测定反应液在 560 nm 处的消光值。将在 1 mL 反应液中抑制 NBT 光还原 50% 的酶量定义为一个活力单位,计算出每克鲜果的 SOD 酶活力单位。

7)元素分析

将鲜果匀浆,称重,干燥,于(520 ± 20)℃下灰化。用稀盐酸溶解灰分,制成待测液。在日立 180-80 塞曼偏振原子吸收分光光度计上测定元素含量。

8)水分测定

采用恒重法进行水分的测定。鲜果去皮去核称重,于 75 ℃烘箱内烘 24 h 以上,称量至恒重。

(三)人心果中微量元素的分析

1. 试剂与仪器

本试验用到的试剂为 HNO_3(优级纯)、H_2O_2(分析纯)、去离子水、100 g/L 氯化镧(分析纯)。

本试验用到的仪器为微波消解仪(美国 GME)、原子吸收分光光度计(Varian 220FS)。

2. 试验方法

1)样品前处理

将人心果去皮,以四分法取样后,置于打浆机中制成果浆,转移到聚乙稀塑料瓶中,放到冰箱中冰冻保存。

2)待测液的制备

称 2.50 g 均匀果浆加于消化罐中,加 5 mL HNO_3、2.5 mL H_2O_2。加盖,置于微波消解仪中消化。消化程序:25 min 升温至 180 ℃,保持 5 min,取出,待冷却至室温,将消化液转入 25 mL 容量瓶中。使用去离子水,按少量多次的原则清洗消化罐,并将清洗液全部转入容量瓶。向 Ca、Mg 的消化液中加入 100 g/L 氯化镧溶液 0.25 mL 作为基体改进剂,然后用水定容,待测。

3)仪器工作条件

Fe、Zn、Mn、Cu、Ca、Mg 的测定均采用空气 - 乙炔火焰原子吸收光度法。各元素根据浓度范围稀释至一定的浓度后进行测定,样品重复测定 5 次。

4）标准曲线的制备

取 Fe、Zn、Mn、Cu、Ca、Mg 标准储备液分别用去离子水稀释成相应的标准溶液,得到各元素相应的 6 种标准浓度,测定相关数据,绘制工作曲线,进而得到回归方程及相关系数。

5）回收率试验

在已知含量的样品中,加入一定量的 Fe、Zn、Mn、Cu、Ca、Mg 的标准溶液,和样品在同等条件下进行消化,分别测定其回收率、相对标准偏差。样品中每个元素重复测定 5 次,测定结果取平均值。

3. 结果与分析

根据上述条件对样品进行测定。由测定结果可以看出,6 种元素的回收率在 90.5%~102.0%,RSD 在 1.5%~5.8%,表明火焰原子吸收光谱法精密度好,回收率高。同时,测定结果表明,人心果中对人体有益的 Fe、Zn、Cu、Ca、Mg 微量元素的含量较高。

（四）人心果中果胶的提取

何钢等以人心果果实为材料,用溶剂法提取人心果胶,并通过比较不同含量 NaOH 溶液（5%、10%、15%）、不同温度、不同溶剂（甲醇、乙醚、石油醚）、不同抽提次数、不同提取时间、不同颗粒大小的原料对提取果胶效果的影响。结果表明,提取果胶效果的最佳条件为:将粉碎的细粒（<1 mm）用 5% NaOH 溶液在 45 ℃下煮 3 h,再用浓 HCl 处理 2 h,用石油醚回流抽提 3 次,回流温度为 80 ℃,抽提时间为 5 h。

1. 材料

本试验用到的材料为采自海南省的人心果果实,采收时间为 3 月下旬。

2. 试验方法

1）溶剂法的工艺流程

原料→漂洗→烘干→破碎→碱煮→酸煮→溶剂→抽取（甲醇、乙醚和石油醚）→胶净化（加丙酮）

2）试验步骤

漂洗人心果,洗去泥沙、微生物及残留的化学药品,剔除腐烂变质部分。先用解剖刀将果实切成 8 瓣,然后用剪刀剪成大约 3 mm 见方的颗粒。把这些颗粒放入 80 ℃干燥箱中烘干,时间为 4 h。取出烘干的颗粒,一半用粉碎机粉碎,使之变成细粒,得干燥原材料。分别用碱煮（用 15% NaOH 溶液处理 3 h）和酸煮（浓 HCl 处理 2 h）法对原材料进行处理,尽量除去非果胶部分。然后分别用 3 种溶剂（甲醇、乙醚、石油醚,各 150 mL）,在 80 ℃及各种其他条件下进行抽提。提取液用 4 层纱布过滤,弃滤渣,将所得滤液进行蒸馏,即得粗制胶。粗制胶用 50 mL 丙酮在 85 ℃时进行除杂,得精制胶。最后将精制胶在减压干燥箱中减压干燥并贮藏。

3）人心果胶提取条件的试验

（1）不同大小颗粒的原料试验

在相同时间和相同温度下，用同一种溶剂分别对粒径为 1~3 mm 的粗粒和粒径小于 1 mm 的细粒进行人心果胶提取试验，比较不同大小颗粒原料的提胶效果。

（2）不同含量的 NaOH 溶液碱煮试验

分别称取 30 g 人心果原料（已经烘干），破碎。选用 40 ℃、70 ℃、95 ℃及 5%、10%、15% NaOH 溶液，按照不同组合碱煮，每次 3 h。选出最佳碱煮温度和最佳含量下的 NaOH 溶液。

（3）不同抽提溶剂的试验

分别用甲醇、乙醚、石油醚对经过碱煮、酸煮的人心果样进行抽提，溶剂用量 150 mL，抽提温度为 80 ℃（其中乙醚温度为 60 ℃）。在同一提取时间下选出最佳抽提溶剂。

（4）不同回流次数试验

比较 3 种不同溶剂在每次回流 3 h 的情况下，采用不同的回流次数的抽提效果，选出较佳的回流次数。

（5）不同抽提时间试验

在人心果细粉中分别加入 3 种 150 mL 的溶剂（甲醇、乙醚及石油醚），回流时间分别选用 3 h、5 h、7 h，比较不同抽提时间的提胶效果。

4）人心果果胶的检验

采用醋酐-浓 H_2SO_4 反应进行人心果果胶的检验。

3. 结果与分析

1）不同大小颗粒的人心果原料对粗制胶提取的影响

由不同大小颗粒的人心果原料对粗制胶提取的影响结果可知，用粒径小于 1 mm 的原料提取的人心果粗胶量比粒径为 1~3 mm 的原料提取的人心果粗胶量要多。以甲醇为溶剂提取时，两者相差 1.15 g，高出 48.5%；以乙醚为溶剂提取时，两者相差 1.53 g，高出 124.4%；以石油醚为溶剂提取时，两者相差 1.16 g，高出 65.9%。由此可见，采用细粒原料所提取的胶含量要明显高于用粗粒原料所提取的胶含量。因此，在提取人心果胶时，原料应选择粒径小于 1 mm 的细粒。其主要原因是细粒原料能与溶剂充分接触，细粒原料中的胶外露，结构松散、柔软，更易溶解于溶剂中。

2）不同含量的 NaOH 溶液处理的效果

由试验结果可知，用同一含量的 NaOH 溶液碱煮时，温度越高，碱煮后的得率越低。当使用 5% NaOH 溶液碱煮时，在 45 ℃下碱煮后剩余的人心果颗粒为 10.06 g，果胶粗得率为 35.3%；在 70 ℃下碱煮后剩余的人心果颗粒为 7.02 g，果胶粗得率为 23.4%；而在 95 ℃下碱煮后剩余的人心果颗粒为 5.34 g，果胶粗得率为 17.8%。在同一温度下，用相同含量的 NaOH 溶液碱煮后的效果不同，以 15% NaOH 溶液碱煮的得率最高。我们设计不同含量 NaOH 溶液和不同温度碱煮效果的双因素方差分析试验。由试验结果可知,碱煮温度对碱煮后人心果胶得率的影响存在极显著差异,而碱含量对碱煮后人心果胶得率的影响只存在显著差异。考虑到成本因素,在选择提取人心果胶碱煮的最佳条件时,选用 5% NaOH 溶液和 45 ℃的碱煮温度较合适。

3)不同溶剂抽提对提取人心果胶的影响

由试验结果可知,以甲醇为溶剂时提取的粗胶量最多,石油醚次之,乙醚最少。但从提取胶的外观质量来看,以甲醇为溶剂时提取的胶的杂质含量最多。溶剂提取法是根据相似相溶原理将目的物质分离出来的一种方法。提取溶剂对目的物质的溶解度大而对其他无关成分(即杂质)的溶解度小,从而将目的物质与杂质分离开来。用于提取植物化学成分的溶剂,按亲脂性由强到弱的顺序是石油醚＞苯＞氯仿＞乙醚＞乙酸乙酯＞丙酮＞乙醇＞甲醇＞水。因此,考虑到人心果胶的用途及试验结果,人心果胶的提取应当选用石油醚作为抽提剂。

4)不同回流次数对提取人心果胶的影响

由不同回流次数对提取人心果胶的影响试验可知,以甲醇为溶剂提取人心果胶时,3 次回流所得胶含量总和高达 2.98 g;而以石油醚为溶剂时,3 次回流所得胶含量总和只 2.15 g,仅为以甲醇为溶剂时提取胶量的 72.15%。主要原因在于以甲醇为溶剂时,提取胶所含杂质较多。同时从试验结果也可知,第 1 次回流时,人心果果实中大部分胶及杂质被提取,回流次数越多,所得胶量越少;到第 3 次回流时,提取的粗胶只占 3 次回流所提总胶量的 3%。由此可见,如果再增加回流次数,抽提的效果将变化不大。因此,在用溶剂抽提人心果胶时,选择 3 次回流抽提较为合适。

5)不同回流时间对提胶人心果胶的影响

从不同回流时间对提取人心果胶的影响试验结果可看出,以甲醇为溶剂提取人心果胶时,在回流 3 h 到 5 h 时所提得的胶含量逐渐增加,由 3 h 时的 3.52 g 增加到 5 h 时的 4.46 g;而在回流 5 h 到 7 h 时所提得的胶含量逐渐减少,下降到 7 h 时的 4.02 g。以乙醚和石油醚为溶剂提取人心果胶时有同样的结果,不过变化幅度没有以甲醇为溶剂时变化幅度大。随着回流时间延长,提取的胶量反而减少,可能是由于,随着时间的延长,胶成分的结构发生变化,生成不溶于溶剂的化合物;或者结构变化后使物质间或物质内的结构更加紧密,使溶剂不易提取出胶类物质。因此在选择人心果胶提取最佳条件时,应以石油醚为提取溶剂,5 h 为适当的回流时间。

6)人心果胶的检验结果

人心果胶系聚异戊二烯类化合物,这类化合物在无水条件下,可与强酸、中强酸或路易斯(Lewis)酸作用,将出现一系列的颜色变化,久置后颜色逐渐消失。醋酐 - 浓 H_2SO_4 反应的试验结果是产生黄→红→紫→蓝等颜色变化,久置后颜色褪去,证明提取的物质系人心果果胶。

4. 结论

在用不同含量的 NaOH 溶液碱煮原材料时，5% NaOH 溶液的提取效果较优。NaOH 可除去一些水溶性杂质，从而减少杂质的干扰，但消耗的 NaOH 量越大，成本越高，对环境的污染也越严重。在选择所使用的抽取剂时，应考虑到 3 个因素：一是溶解度，对目的物质的溶解度应尽量大，而对杂质的溶解度应尽量小；二是溶剂的稳定性，要保证溶剂不和目的物质发生化学变化（包括成键或成缔合状态）；三是经济性，抽提剂应价格低廉、使用安全，而且最终浓缩方便。石油醚、乙醚是亲脂性溶剂，甲醇是亲水性溶剂，它们所溶解的物质成分及其含量有所不同，故在提取时会出现胶含量的差异。对于亲脂性溶剂而言，它们具有沸点低、浓缩和回收方便、选择性强、容易得到纯品的优点，但它们易燃或有毒，且因其亲脂性强而不易渗入植物细胞内部，从而使得提取时间较长。同时，亲脂性溶剂的挥发性大，在提取过程中损失较大，尤其是在大量提取时成本太高，使其应用受到局限。亲水性溶剂具有提取液黏度小、容易过滤、沸点低、浓缩和回收方便、不易发生变质的优点。然而在大量提取时，不如水价格低廉且方便，成本相对较高，而且易燃。对于本试验，综合考虑后，认为石油醚的提取效果较好。

将溶剂加入样品中后，由于扩散和渗透双重作用，溶剂分子渗入细胞内部，在细胞内外形成浓度差，从而使细胞内溶质向细胞膜外扩散，细胞膜外的溶剂又不断向内渗入，达到细胞内外溶液浓度平衡。颗粒表面积越大，与提取溶剂的接触面积越大，溶剂渗透和溶解速度越快，因而提取效率越高。但是粉末过细，会因其表面积过大而增强吸附作用，导致扩散速度降低，而且对于富含蛋白质和多糖类成分的样品的提取液，还会因过于黏稠甚至胶冻，而严重干扰整个提取过程，故选择粒径接近 1 mm 的原料颗粒较好，有利于人心果胶的完全提取。就提取时间而言，一般来说，提取时间越长，在提取溶剂和供试样品之间达到该溶液浓度的平衡状态之前，其提取量也越大。当溶剂量充足时，提取时间会受到一定的限制，过长会改变目的物质的结构。本试验认为 5 h 的回流时间相对较佳。就提取次数而言，第 1 次回流时，人心果果实中大部分胶及杂质被提取，回流次数越多，所得胶含量越少。而提取次数为 3 次时，提取效果较好。为节约成本，本试验认为提取 3 次效果较好。

利用上述条件提取人心果不同部位人心果胶的结果如下，叶子中的果胶含量为 3.72%，茎中的果胶含量为 7.56%。本试验美中不足的是，脱色效果不好。人心果果胶是一种天然橡胶，其分子结构与橡胶、杜仲胶有相似之处，都属聚异戊二烯类物质。许多研究人员在杜仲胶的实验室提取方法上做了大量的工作，但人心果胶的提取在国内尚未见报道。此次试验纯属探索性试验，况且还有许多条件需要通过试验确定其最佳值，譬如溶剂的量、温度和 pH 值等。因此，人心果胶提取的各种最佳条件的确定，还有待以后的进一步研究。人心果胶存在于人心果乳汁中，人心果树的茎干、叶片、果实中均存在大量的乳汁，国内对人心果乳汁还没开发利用。如何割取人心果乳汁、直接从人心果乳汁中提取人心果胶更有待进一步的研究。

本章参考文献

[1]　文亚峰,谢碧霞,何钢. 人心果研究现状与进展 [J]. 经济林研究,2005, 23（4）:84-88.

[2]　谢碧霞,文亚峰,何钢,等. 我国人心果的品种资源、生产现状及发展对策 [J]. 经济林研究,2005, 23（1）:1-3.

[3]　赖运和. 一种值得开放的热带水果:人心果 [J]. 云南热作科技,1994,17（4）:34-35.

[4]　文亚峰,何钢,谢碧霞. 美国佛罗里达州人心果考察报告 [J]. 经济林研究，2004, 22（3）:92-9

[5]　代沙,吴卫,李钰. HPLC 法测定不同品系紫苏酚类物质的含量 [J]. 核农学报，2014, 28（1）:108-115.

[6]　周萌,李明,丁新华,等. 不同番茄品种中类黄酮和咖啡酰奎尼酸含量测定及与抗氧化能力相关性分析 [J]. 核农学报,2014, 28（4）:662-669.

[7]　方敏,王耀峰,宫智勇. 15 种水果和 33 种蔬菜的抗氧化活性研究 [J]. 食品科学,2008,9（10）:97-100.

[8]　杨红澎,蒋与刚,崔玉山,等. 蓝莓等 10 种果蔬提取物体外抗氧化活性的比较 [J]. 食品研究与开发,2010,31（11）:69-71.

[9]　沈建福,车璐,胡小明,等. 不同颜色香水莲花抗氧化活性比较 [J]. 中国食品学报,2013, 13（4）:214-218.

[10]　齐高强,赵忠,李巨秀,等. 山杏种皮提取物体外抗氧化活性研究 [J]. 中国食品学报,2013, 13（7）: 40-45.

[11]　房玉林,齐迪,郭志君,等. 超声波辅助法提取石榴皮中总多酚工艺 [J]. 食品科学,2012,33（6）:115-118.

[12]　PAN X J, NIU G G, LIU H Z. Microwave-assisted extraction of tea polyphenols and tea caffeine from green tea leaves[J]. Chemical Engineering and Processing, 2003, 42（2）: 129-133.

[13]　艾志录,郭娟,王育红,等. 微波辅助提取苹果渣中苹果多酚的工艺研究 [J]. 农业工程学报,2006, 22（6）:188-191.

[14]　彭芍丹,李积华,唐永富,等. 菠萝蜜不同部位抗氧化性的研究 [J]. 热带作物学报,2013,34（9）:1737-1741.

[15]　覃伟权,凌冰,彭正强,等. 3 种热带植物次生物质对小菜蛾的干扰作用 [J]. 植物保护学报,2004,3l（3）:269-275.

[16]　覃伟权,彭正强,凌冰,等. 20 种热带植物乙醇提取物对小菜蛾产卵驱避和拒食作用 [J]. 热带作物学报,2004,25（1）:49-53.

[17] 覃伟权,彭正强,张茂新. 菠萝蜜乙醇提取物对小菜蛾的控制效果及其活性成分初步分析 [J]. 园艺学报,2007, 34(6):1387-1394.

[18] 李安平,谢碧霞,王森,等. 人心果、星苹果和曼密苹果抗氧化活性比较 [J]. 园艺学报,2008, 35(2):75-180.

[19] JANG S, XU Z. Lipophilic and hydrophilic antioxidants and their antioxidant activities in purple rice bran[J]. Journal of Agricultural and Food Chemistry, 2009, 57(3): 858-862.

[20] KIM D O, CHUN O K, KIM Y J, et al. Quantification of polyphenolics and their antioxidant capacity in fresh plums[J]. Journal of Agricultural and Food Chemistry, 2003, 51(22):6509-6515.

[21] MA X W, WU H X, LIU L Q, et al. Polyphenolic compounds and antioxidant properties in mango fruits[J]. Scientia Horticulturae,2011,129(1):102-107.

[22] RE R, PELLEGRINI N, PROTEGGENTE A, et al. Antioxidant activity applying an improved ABTS radical cation decolorization assay[J]. Free Radical Biology & Medicine,1999,26(9-10):1231-1237.

[23] BENZIE I F F, STRAIN J J. The ferric reducing ability of plasma(FRAP)as a measure of "antioxidant power": the FRAP assay[J]. Analytical Biochemistry, 1996, 239(1): 70-76.

[24] DINIS T C P, MADEIRA V M C, ALMEIDA L M. Action of phenolic derivates(acetoaminophen, salicylate, and 5-aminosalicylate)as inhibitors of membrane lipid peroxidation and as peroxyl radical scavengers[J]. Archives of Biochemistry and Biophysics, 1994, 315(1):161-169.

[25] PRIETO P, PINEDA M, AGUILAR M. Spectrophotometric quantitation of antioxidant capacity through the formation of a phosphomolybdenum complex: specific application to the determination of vitamin E[J]. Analytical Biochemistry,1999,269(2):337-341.

[26] 陈玉霞,刘建华,林锋,等. DPPH 和 FRAP 法测定 41 种中草药抗氧化活性 [J]. 实验室研究探索,2011,30(6):11-14.

[27] HYSLOP P A, HINSHAW D B, HALSEY W A, et al. Mechanisms of oxidant-mediated cell injury. The glycolytic and mitochondrial pathways of ADP phosphorylation are major intracellular targets inactivated by hydrogen peroxide[J]. The Journal of Biological Chemistry,1988,263(4): 1665-1675.

[28] 杨少辉,宋英今,王洁华,等. 雪莲果体外抗氧化和自由基清除能力 [J]. 食品科学,2010, 31(17):166-169.

[29] HOSSIAN A M, RAHMAN S M M.Total phenolics, flavonoids and antioxidant activity

of tropical fruit pineapple[J]. Food Research International,2011,44（4）:672-675.

[30]　HASSIMOTTO N M A，GENOVESS M I，LAJOLO F M. Antioxidant activity of dietary fruits,vegetables,and commercial frozen fruit pulps[J]. Journal of Agricultural and Food Chemistry,2005,53（8）:2928-2935.

[31]　SUN J，CHU Y F，WU X，et al. Antioxidant and antiproliferative activities of common fruits[J]. Journal of Agricultural and Food Chemistry,2002,50（25）:7449-7454.

[32]　李倩,柳俊,谢从华,等. 彩色马铃薯块茎形成和贮藏过程中花色苷变化及抗氧化活性分析 [J]. 园艺学报,2013,40（7）:1309-1317.

[33]　俞坚. 桑叶黄酮类化合物提取、分离鉴定及其抗氧化活性的研究 [D]. 杭州:浙江工商大学,2007.

[34]　FERRERES F，SOUSA C，VRCHOVSKÁ V，et al. Chemical composition and antioxidant activity of tronchuda cabbage internal leaves[J]. Europena Food Research and Technology,2006,222（1）:88-98.

[35]　李建喜,杨志强,王学智. 活性氧自由基在动物机体内的生物学作用 [J]. 动物医学进展,2006,27（10）:33-36.

[36]　潘剑用,汪志平,党江波,等. 夏桑叶的体外抗氧化活性及其主要功能成分研究 [J]. 核农学报,2011,25（4）:754-759.

[37]　阮征,邓泽元,严奉伟,等. 菜籽多酚和维生素 C 在化学模拟体系中清除超氧阴离子和羟自由基的能力 [J]. 核农学报,2007,21（6）:602-605.

[38]　ALESSANDRA D C，ANTONIO P. Polyphenol composition of peel and pulp of peel and pulp of two Italian fresh fig fruits cultivars（*Ficus carica* L.）[J]. European Food Research and Technology，2008,226（4）:715-719.

[39]　张建和,符伟玉,李尚德. 香瓜茄、人心果的营养成分分析研究 [J]. 广东微量元素科学,2007,03（14）:48-52.

[40]　莫凤珊,陈杰,李尚德. 人心果的微量元素含量分析 [J]. 广东微量元素科学，2006,4（21）:65-66.

[41]　蓝唯. 人心果中微量元素的测定 [J]. 广西热带农业,2010（5）:32-34.

[42]　林栖凤,曾驰,潘济文,等. 海南野生猕猴桃、子京、人心果的生化分析研究 [J]. 海南大学学报,1994,12（2）:117-120.

[43]　王明月,王秀兰,袁宏球,等. 高效液相色谱法测定热带水果中维生素 E 含量 [J]. 热带作物学报,2005,25（4）: 25-29.

[44]　张秀梅,骆党委,朱祝英,等. 3 种热带果树叶子甲醇粗提物的抗氧化活性比较 [J]. 核农学报,2015, 29（1）:95 -100.

[45]　马飞跃,张秀梅,刘玉革,等. 人心果叶片提取物抗氧化活性评价 [J]. 2016, 45（6）:

79-82.

[46] 薛华.广西发展几种热带稀有水果的前景 [J].广西热带农业,2002(2):46-47.

[47] 陈燕玉,李振华.几种亚热带水果果胶提取实验 [J].亚热带植物通讯,1998(2):47-48.

[48] 何钢,文亚峰,谢碧霞,等.人心果胶实验室提取方法的研究 [J].江西农业大学学报,2005,27(2):225-229.

[49] 邢福武,陈芳,李泽贤,等.广东猕猴桃属植物资源调查研究 [J].广东农业科学,1990(1):8-22.

[50] BRADFORD M M. A rapid and sensitive method for the quantitation of microgrum quantities of protein utilizing the principle of protein-dye binding[J]. Biochem, 1976(72):248.

[51] 北京大学.生物化学实验指导 [M].北京:高等教育出版社,1980.

[52] 南京大学.生物化学实验 [M].北京:人民教育出版社,1979.

[53] CETAL S R. Plant[J]. Phgsiol, 1980(65):24-248.

[54] 王爱国,罗广华,邵从本,等.大豆种子超氧化物歧化酶的研究 [J].植物生理学通讯,1983,9(1):77-83.

[55] 余厚敏.中华猕猴桃 [M].合肥:安徽科技出版社,1989.

[56] 中国科学院中国植物志编辑委员会.中国植物志:第六十卷第一分册 [M].北京:科学出版社,1987.

[57] 赖运和.一种值得开放的热带水果:人心果 [J].云南热作科技,1994,17(4):34-35.

[58] 何钢,文亚峰,毛绍名,等.人心果乳汁成分的定性分析 [J].经济林研究,2004,22(2):38-41.

[59] 高锦明.植物化学 [M].北京:科学出版社,2003:268.

[60] 安银岭.植物化学 [M].哈尔滨:东北林业大学出版社,1991:38-39.

[61] 李学锋,王刚.杜仲胶的溶剂沉淀法提取 [J].湖北化工,1997,1(1):35-37.

[62] 王柏林,王刚.杜仲胶实验室提取方法的研究 [J].西北林学院学报,1994,9(4):67-69.

[63] 赵桂红,王世平,黄香文.黑龙江省人参果不同部位营养成分分析 [J].食品科技,2002(11):70-71.

[64] RODRIGUEZ-BURRUEZO A, KOLLMANNSBERGER H, PROHENS J, et al. Analysis of the volatile aroma constituents of parental and hybrid clones of pepino(*Solanum muricatum*)[J]. J Agric Food Chem, 2004, 52(18):5663-5669.

[65] MORTON J. Fruits of warm climates[M/CD]. ECHOS Global Resources Center, 2000.

[66] BRADFORD M M. A rapid and sensitive method for the quantitation of microgram

quantities of protein utilizing the principle of protein-dye binding[J]. Analytical Biochemistry, 1976, 72(1):248-254.

[67] 北京大学. 生物化学实验指导 [M]. 北京:高等教育出版社,1980:24.

[68] 南京大学. 生物化学实验 [M]. 北京:人民卫生出版社,1979:116.

[69] 张昌颖. 生物化学 [M]. 北京:人民卫生出版社,1988:86-93.

[70] STEWART R R, BEWLEY JD. Lipid peroxidation associated with accelerated aging of soybean axes [J]. Plant Phy siol, 1980(65):245-248.

[71] 符伟玉, 张建和, 李尚德. 香瓜茄微量元素含量的分析 [J] . 广东微量元素科学, 2004, 11(8):49-51.

[72] 赵声兰, 魏大巧, 李涛, 等. 人参果的营养成分分析研究 [J]. 食品科学, 2000, 21 (12):137 -138.

[73] 倪士峰,谢彬,张振华,等. 人心果药学研究概况 [J]. 安徽农业科学, 2014, 42(3): 704-705.

[74] ISABELLE M, LEE B L, LIM M T, et al. Antioxidant activity and profiles of common fruits in Singapore[J]. Food Chemistry, 2010, 123(1):77-84.

[75] MICKELBART M V, MARLER T E. Root-zone sodium chloride influences photosynthesis, water relations, and mineral content of sapodilla foliage[J]. Hortscience, 1996, 31(2):230-233.

[76] JAMUNA S K, RAMESH K C, et al. Comparative studies on DPPH and reducing power antioxidant properties in aqueous extracts of some common fruits[J]. Journal of Pharmacy Research, 2010, 3(3):2378-2380.

[77] 王森,潘晓芳,李贞霞. 人心果的主要虫害及其防治方法 [J]. 中国南方果树, 2005, 34 (4):48-49.

[78] WANG H Y, LIU TT, SONG L X, et al. Profiles and α-amylase inhibition activity of proanthocyanidins in unripe *Manilkara zapota*(Chiku) [J]. Journal of Agricultural and Food Chemistry, 2012, 60(12):3098-3104.

[79] 王森,谢碧霞. 人心果的经济价值及在我国的开发前景 [J]. 林业科技开发, 2005, 19 (1):10-12.

[80] FAYEK N M, ABDEL MONEM A R, MOSSA M Y, et al. Chemical and Biological study of *Manilkara zapota*(L.) van ropen leaves (sapotaceae) cultivated in Egypt[J]. Pharmacognosy Research, 2012, 4(2):85-91.

[81] 周开兵,曾维强,晏继武,等. 人心果果实后熟过程中的生理生化变化 [J]. 山地农业生物学报,2008,27(2):114-118.

[82] DEVATKAL S K, KUMBOJ R, PAUL D. Comparative antioxidant effect of BHT and

water extracts of banana and sapodilla peels in raw poultry meat [J]. Journal of Food Science and Technology,2014,51(2):387-391.

[83] MA J, LUO X D, PROTIVA P, et al. Bioactive novel polyphenols from the fruit of *Manilkara zapota*(Sapodilla)[J]. Journal of Natural Products,2003,66(7):983-986.

[84] MATHEW A G,SLAKSHIMINAYANA A G. 未成熟的人心果果实的多酚类 [J]. 梁楚泗,译. 亚热带植物通讯,1979(2):74-76.

[85] 吴仁山. 果药两用的人心果 [J]. 农家之友,1994(1):19-20.

[86] MA F Y, GU C B, LI C Y, et al. Miccrowave-assisted aqueous two-phase extraction of isoflavonoids from *Dalbergia odorifera* T. Chen leaves [J]. Separation and Purification Technology,2013(115):136-144.

[87] 果胶及其在食品加工中的应用 [J]. 屠用利,译. 上海食品科技,1951(4):29-35 .

[88] 李振华,陈燕玉. 柑桔果胶提制工艺的研究 [J]. 亚热带植物通讯,1988(1):15 -19 .

[89] 符树柄,吴和清. 木瓜胶代血浆的制备 [J]. 药学通报,1983(10):24-25.

[90] 李建喜,杨志强,王学智. 活性氧自由基在动物机体内的生物学作用 [J]. 动物医学进展,2006, 27(10):33-36.

[91] 潘剑用,汪志平,党江波,等. 夏桑叶的体外抗氧化活性及其主要功能成分研究 [J]. 核农学报,2011, 25(4):754-759.

[92] 阮征,邓泽元,严奉伟,等. 菜籽多酚和维生素 C 在化学模拟体系中清除超氧阴离子和羟自由基的能力 [J]. 核农学报,2007, 21(6):602- 605.